程序设计基础(C99)

姜 沐 著

东南大学出版社
SOUTHEAST UNIVERSITY PRESS
·南京·

图书在版编目(CIP)数据

程序设计基础:C99/姜沐著. —南京:东南大学出版社,2015.9(2024.1重印)

ISBN 978-7-5641-6056-2

Ⅰ.①程… Ⅱ.①姜… Ⅲ.①C语言-程序设计
Ⅳ.①TP312

中国版本图书馆 CIP 数据核字(2015)第 234239 号

程序设计基础(C99)

出版发行	东南大学出版社
社　　址	南京市玄武区四牌楼 2 号
网　　址	http://www.seupress.com
出版人	江建中
责任编辑	夏莉莉

经　　销	全国各地新华书店
印　　刷	广东虎彩云印刷有限公司
开　　本	787 mm×1092 mm　1/16
印　　张	26
字　　数	540 千字
版印次	2015 年 9 月第 1 版　2024 年 1 月第 5 次印刷
书　　号	ISBN 978-7-5641-6056-2
定　　价	53.00 元

本社图书若有印装质量问题,请直接与营销部联系。电话(传真):025-83791830

目　　录

第1章 预备知识

有限的手段，无限的运用。

1.1 什么是编程

编程(Programming)就是编写计算机程序(Program)。那么，什么是程序？
要理解"程序"这个概念，必须首先了解计算机工作的基本原理。

1.1.1 计算机如何工作

1. 计算机的组成

通常我们所看到的计算机叫做 PC(Personal Computer)机，它一般至少由键盘、显示器、主机等部分组成。

机箱上的按钮用于开机或关机。开机启动操作系统之后，就可以通过键盘(或鼠标)来让计算机执行人们所要求的任务。

由于计算机主要通过键盘(或鼠标)接受外部的命令，所以键盘和鼠标在功能上属于计算机的输入设备(Input Device)。任务的完成情况通常会显示在显示器或打印机上，因而显示器或打印机都是输出设备(Output Device)。计算机的整体外观与运行情况如图1-1所示。

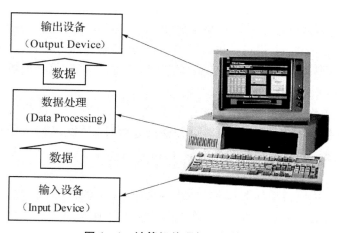

图 1-1 计算机外观与运行情况

从外部宏观地考察整个计算机的运行情况，可知计算机无外乎是从输入设备接受命令、获得数据，在内部按照命令的要求对数据进行处理之后，再把结果输出到输出设备上的一种电子设备。当然，输入设备不一定非得是键盘和鼠标，输出设备也不一定非得是显示器或打印机。

计算机对数据的处理工作主要是在机箱内部的主机中完成的。

在 PC 机箱内部一般有一块很大的电子线路板叫做主板(Main Board)，主板上面的所谓的总线(Bus)连接着计算机所有的设备，计算机的主要工作都是在这里完成的。在主板上有几个关键部件：CPU、ROM、RAM（参见图 1-2）。

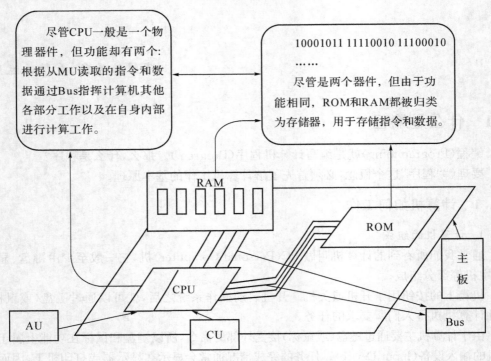

图 1-2　计算机内部工作原理示意图

2. CPU

CPU 是中心控制器(Central Process Unit)的简称。尽管 CPU 一般是一个单独的物理器件，但其功能却有两个：进行计算和指挥计算机其他各部分工作。CPU 进行计算工作的那部分叫做运算器(Arithmetic Unit，简称 AU)，指挥计算机其他各部分工作的那部分被称为控制器(Control Unit，简称 CU)。

CPU 的计算工作是由 CPU 内部的运算器部分完成的；指挥计算机其他各个部分完成指定动作则是由 CPU 内部的控制器部分通过总线(Bus)发出电信号实现的。这里的计算只是针对有限位数二进制数的算术运算，或者判断某个二进制数是否为 0 这样简单的逻辑运算。

我们要求计算机执行的任务都是被分解成这样极小的计算和极其简单的"小动作"的有序组合来完成的。尽管这种"小动作"极其微小而琐碎，但由于计算机完成得很快，所以平时我们感觉不到这一点。

为什么 CPU 需要从内存中读取工作命令和数据呢？因为如果 CPU 直接从键盘接受一个一个的"小动作"的命令再转发给计算机的各个部件的话，那么 CPU 会因为人的动作相对极慢而处于长时间等待的状态（这种情况和使用计算器类似），这样就无法发挥

CPU 高速、高效的特性。

　　此外大多数人既可能不了解那么多计算机的"小动作"，也可能不懂得如何把让计算机执行的任务分解成这样的"小动作"，所以使用计算机时一般只是通过键盘或其他输入设备发出一个关于任务的总的命令，而这个总的命令或任务所分解成的各个"小动作"或运算的命令则是存储记录在 RAM 和 ROM 中的。

　　3. 内存

　　尽管通常是两个物理器件，但由于功能相同，ROM 和 RAM 这两种元件都被归类为存储器（Memery Unit，简称 MU）。由于计算机的工作还需要另外一些辅助的存储设备，所以 RAM、ROM 被合称为主存或内存（计算机中其他的存储设备如磁盘、光盘等则叫做辅存或外存）。要求计算机执行的任务被分解成一个个的"小动作"，在任务被执行时存储在内存之中。

　　目前计算机的内存由半导体材料构成，其基本元件有两种状态，分别表示 0 和 1。大量的这种基本元件的状态组成了类似下面的序列：

00000011001010010111001010101010101010101010101011010101011010101011 …… 这就是 CPU 执行动作和计算的依据。

　　如图 1-3 所示，内存中的每个元件的状态（0 或 1）被称为一个 bit 或"位"（和平时使用十进制数时的"位"的概念相似，只是这里每一个位只能写一个 0 或一个 1，而十进制数的每一个位可以写 0～9 间的任意一个数字），每若干个相邻的元件被划分为一组（通常是 8 个 bit 一组），一个这样的元件组被称为一个字节（Byte），就如同下面这样：

00000011 00101001 01110010 10101010 10101010 10101101 01010110 10101011 ……

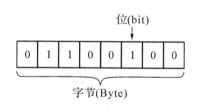

图 1-3　位与字节

　　每若干个连续的字节可能表示让计算机执行的一个动作，也可能表示一个需要被处理的数据，控制器每次读取若干字节，通过总线将其变成电信号，让计算机执行各种对应的操作或计算，完成之后再读取后面的若干字节继续执行。让计算机完成一个动作的一组二进制数叫做一条指令（Instruction）。

　　由此可见，所谓指令就是能被计算机 CPU 识别并执行的二进制代码，它确定了计算机的某一个具体操作。计算机的运行是在控制器的指挥、协调下完成的。

　　然而控制器本身并不了解为完成某个任务究竟应该让计算机各个部分执行哪些动作，控制器是根据存储器（这里指的是内存，也叫主存）中的内容来指挥各个部件应该做什么样的动作的。如果把计算机看成录音机的话，内存就相当于磁带，而 CPU 则相当于磁头和电磁—声音信号的转换元件。磁带上录制的是什么声音，录音机就会根据录制好的电磁信号播出什么样的声音。

　　用于解决某个具体问题或完成一项特定任务的许多指令的有序集合就叫程序。这种把计算机要执行的动作写成一系列二进制数形式的指令，并在执行前将之存储在内存中,再由控制器自动读取执行的思想就是所谓"存储程序控制原理"。

1.1.2 内存中的程序来自何处

现在我们已经知道计算机是如何运行的了。随之而来的问题是,程序是如何存储到内存中以及程序是如何编写出来的呢?

第一个问题的答案是,大多数程序平时都是以文件的方式存储在外部存储设备中的,这些文件的扩展名通常是".EXE",叫做可执行文件。

在需要执行这些可执行文件所表示的程序时,可以通过双击代表其文件的图标,或在命令行键入要执行的可执行文件的名称后按回车键,如图1-4所示,之后这个文件的内容就会被操作系统复制到内存,然后由控制器逐条读取并执行。

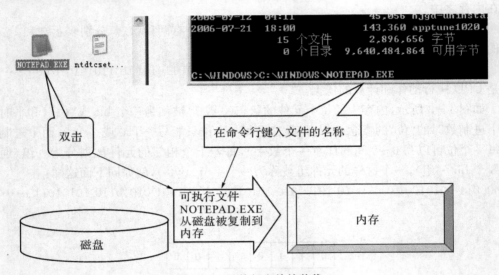

图1-4 可执行文件的装载

把可执行文件复制到内存的工作一般是由操作系统完成的,内存中的程序是可执行文件的一个"映像"。因此只要有了可执行文件,就相当于完成了程序的制作。

那么,这些文件是怎么生成的呢? 如何才能把我们的要求变成一条条的01101110……那样的指令,并"制造"出由这样的指令构成的可执行文件? 下面的内容将回答这个问题。

1.1.3 如何制作可执行文件

如前所述,在可执行文件中,所有指令和数据都用二进制代码形式表示。

1. 机器语言

直接用二进制代码表示给计算机的命令的编程语言叫做机器语言(Machine Language),这是计算机(CPU)唯一能够识别的语言。一般来说,不同型号的计算机(CPU)的机器语言是互不相同的。由于机器语言是CPU直接使用的语言,与人类的语言相距甚远,因此它被称为"低级语言"。

毫无疑问的是,完成下面这样用机器语言写出的程序

00000011 00101001 01110010 11101010

10101010 10101101 01110110 10001011

```
10111010 11101101 01000110 10111011
10100010 10111101 01011110 10100011
10101110 10111101 01010010 10101111
10101011 10111101 01010100 10101001
10111010 10100101 01010111 10101010
......
```

对绝大多数人来说是一种巨大的痛苦和折磨。要知道,即使是一个很小的程序,通常至少也需要几千条指令,而且这种形式的指令非常难于理解、阅读、记忆、编写、检查和修改。

2. 汇编语言

为了编写程序的方便,提高计算机的使用效率,继机器语言之后,人类又发明了汇编语言(Assembly Language)。汇编语言是用一些约定的文字、符号和数字按规定格式来表示各种不同的指令,然后再用这些指令来编写程序。例如:

```
data segment
text db "你好呀",0Dh,0Ah," $ "
data ends
code segment
assume cs：code ,ds：data
start：
mov ax,data
mov ds,ax
mov dx,offset text
mov ah,09h
int 21h
mov ah,4ch
int 21h
code ends
end start
```

显然,汇编语言程序要比机器语言程序更容易被理解、阅读、记忆、编写、检查和修改。汇编语言用助记符(add、mov……)代替了操作码(10101110 10111101……),用地址符代替了操作数,同时将常量也写成了十六进制形式,每一条语句都对应一条相应的机器指令。由于这种替代,机器语言被符号化了,所以汇编语言又被称为符号语言(Symbolic Language)。

汇编语言并不是 CPU 能够直接识别并执行的语言,因此用汇编语言编写的程序需要一种专门的软件(术语叫汇编器,Assembler)把汇编程序"翻译"成对应的机器语言,这个"翻译"的过程就叫"汇编"。

尽管用汇编语言编程比用机器语言要更加容易,但对于多数人来说,在能够使用汇编语言进行编程之前,仍需要花费大量时间去学习、熟悉 CPU 指令集及机器内部的种种细节,所以使用汇编语言编程依然是件很不容易的事情。而且汇编语言同机器语言一样也是低级语言,对于不同型号的计算机(CPU)来说也不具有通用性。

3. 高级语言

1) 高级语言的基本概念

使用低级语言编程极大地限制了计算机的广泛应用。因此人类后来又发明了比汇编语言更加易用的所谓高级语言(High-level Language)。这种语言有些类似于极简单的自然语言和数学语言,普通人经过强度不大的学习之后都可以用它进行编程,从此编程不再是程序员们的专利了。

高级语言使得人们可以把主要精力放在问题本身的解决方案上,而不是像低级语言那样要求人们在考虑问题本身的同时还必须考虑计算机硬件方面的繁琐的细节问题。

高级语言的另外一个优点是其通常与 CPU 型号无关,用高级语言编写的程序可以在不同的计算机上运行(通常把这叫做具有可移植性,Portability)。

用高级语言书写出的、可以供人阅读的、完整的解决问题的方案叫做源程序(Source Program),构成源程序的各种符号组合叫做源代码(Source Code)。源程序一般以一个或多个文件的形式存储在磁盘上,这些文件就叫源文件(Source File)。

和汇编语言编写的程序一样,由高级语言所编写的源程序也同样不能被 CPU 直接识别并执行。它需要用一种专门的软件(术语叫编译器,Compiler)被"翻译"成机器语言,这个过程叫做"编译"(Compile),编译后的结果再经过若干"工序"的处理,最后会形成一个二进制指令集合文件,扩展名通常是".EXE",叫做可执行文件①(如图 1-5 所示)。使用者通过操作系统将可执行文件复制到内存后,它就成了计算机真正执行的程序。

图 1-5　可执行文件的生成

2) 高级语言的特点

尽管高级语言比机器语言和汇编语言更接近人类的自然语言,但在本质上它是一种形式语言,从这点上来说,程序设计语言更接近数学语言。

形式语言与自然语言的区别在于前者是精确、严格且没有冗余的。使用这种形式语言描述命令计算机要执行的任务时,**不容许模棱两可,而且不容许有丝毫错误——哪怕是错一个字母或标点符号**。这一点在学习程序设计时务必要特别注意。

3) C 语言

有许多种高级语言,C 语言是其中之一。

(1) C 语言简介

C 语言是 D. M. Ritchie 于 1972 年至 1973 年间设计出的。1978 年,Brian W. Kernighian 和 Dennis M. Ritchie(两人合称为 K&R)出版了在计算机史上影响深远的名著《The C Programming Language》。此后,C 语言成为了世界上最流行、应用最为广泛的高级程序设计语言。

---

① 严格地说这里面步骤很多,也很复杂。不过目前没必要了解得那么详尽。

40 多年过去了,许多曾经风行一时的高级语言早已风光不再,影响力逐步下降甚至在逐步消失,但 C 语言的魅力依旧如昔。

追随 C 语言的设计理念并借鉴了 C 语言的成功经验,后来又有很多类似 C 语言的高级语言(如 C++、Java、C♯ 等)被设计出来,但是 C 语言自身却"一直被模仿,从未被超越"。除了承认 C 语言是最优秀和最杰出的一种程序设计语言之外,没有其他的办法可以理解、解释这种奇迹。

(2) C 语言的演化

C 语言,这种人为定义出来的语言,在问世之初并没有任何官方标准定义。1978 年 K&R 合著的《The C Programming Language》所描述的 C 语言是当时事实上的标准,也是稍后广泛使用的各种版本 C 语言的基础,它被称为 C78 或传统 C。

随着 C 语言的影响日益扩大,它迅速地成为最受欢迎的语言之一。使用 C 语言的人越来越多,C 语言出现了各种"方言"——各种编译器所翻译的 C 语言之间或多或少有一些差异,这种状况不可避免地给软件开发、移植带来许多问题。软件开发与移植需要一个公认的、统一的 C 语言。

1983 年,美国国家标准化协会(American National Standards Institute,简称 ANSI)成立了一个专门的委员会,根据 C 语言问世以来的各种版本对 C 语言开始进行发展、扩充和标准化工作。经过了六年的努力,该委员会于 1989 年给出了 C 语言的标准定义,这就是所谓的 C 标准。这个 C 标准被称为 ANSI C。ANSI C 比传统 C 有了很大的发展,但仍是以传统 C 作为基础的。

同一时期,K&R 按照 ANSI C 标准重新修订了他们的经典著作,于 1988 年出版了《The C Programming Language》(第二版),以表示对 ANSI C 的认同。

C 标准本身也是在不断改变中的。1989 年公布的目前多数编译系统所遵循的 ANSI C 标准被称为 C89,这个标准在 1990 年被国际标准化组织(International Organization for Standardization,简称 ISO)采纳为国际标准(ISO/IEC 9899：1990《Programming languages——C》),所以它有时也被称为 C90。这个版本的 C 标准是目前很多编译器(如 VC++6.0 等)依然执行的 C 语言标准。我国目前的国家标准(GB/T 15272—1994《程序设计语言 C》)等同于此标准。

1999 年 ISO 颁布了新的 C 语言标准(ISO9899：1999),这个标准被称为 C99。新标准的目标是支持国际化编程、改进那些明显的缺点并增强数值计算能力。目前并不是所有的编译器都支持 C99,比如微软前期的 Microsoft Visual Studio 开发工具包系列产品就不支持 C99。不过 Microsoft Visual Studio 2013 已经开始支持 C99 新特性。

2011 年 12 月,ISO 颁布了 C 语言的最新标准 C11(ISO/IEC 9899：2011),这是目前最新的 C 语言标准。目前已有全面支持 C11 的编译器。

1.2　怎样用 C 语言编程

1.2.1　学习 C 语言编程的条件

学习 C 语言编程需要具备如下几项条件:

1. 计算机

首先,需要一台能够正常运行的计算机。这是因为编程是一种实践性很强的技术,而不是纸上的夸夸其谈。

不仅编写源代码要用到计算机，而且把源程序"翻译"成可执行文件还需要使用特定的软件，而这种特定的软件必须要在计算机上才能运行。

最后，完成的程序还需要在计算机上运行、测试，如果发现错误还要反复修改，这同样离不开计算机。

2. 编辑器

C源程序是"写"出来的，不是说出来的，因此需要一个书写工具（术语叫编辑器）。这个问题比较容易解决。所有的操作系统都提供文本编辑功能，比如Windows操作系统自带的"记事本"程序。

MS Word等软件也能完成"写"代码这个任务，但其中那些用于文字处理的功能，比如字体、字号、颜色等对于源代码来说没有实际意义。编程真正需要的仅仅是一个文本编辑器，而不是字处理器。因而Word的功能对于编程来说有些过于"奢侈"，它的很多强大的字处理功能在写源代码时根本用不到。所以基本上没什么人使用Word这样的字处理软件来写源代码，一般情况下都使用纯文本编辑软件编辑代码。

3. "翻译"工具

在利用文本编辑器写完了用于描述问题解决方案的源代码之后，还需要一个专门的软件把C语言源代码翻译成机器语言并组装成一个可执行文件（.EXE文件），这种软件的比较专业但却不十分严格的叫法是"编译器"。

为了方便开发，编辑器和编译器等常用开发工具通常被组合在一起构成开发组件，这种开发组件通常称为集成开发环境（Integrated Development Environment，简称IDE）。

4. IDE

所谓集成开发环境，一般是指具备编辑、编译、调试甚至版本控制等软件开发所需要的各项功能的开发组件。换句话说，可以使用IDE编写源代码，可以利用IDE把源代码编译成可执行文件，也可以用IDE查找、修正程序中的错误，即IDE具有所谓的Debug（调试）功能，IDE还能替代操作系统把可执行文件拷贝到内存中自动执行而不必在操作系统中去手工运行。

不使用IDE显然也能进行C语言程序开发，但对于C语言的学习者来说，使用IDE更为方便，更易于把精力专注于C编程本身的学习，而不需要消耗精力去了解C语言之外的内容。

常见的用于C语言程序开发的IDE有：Dev-C++，VC++6.0，TC 2.0等。

1.2.2 编写最简单的C程序

具备了学习C语言的基本条件后，就可以开始学习C语言编程了。

就如同书信有固定的格式一样，C程序也有特定的格式。首先介绍C程序的基本框架。

1. C程序的基本框架

最简单的C程序如同下面的样子：

程序代码 1－1

```
int main(void)
{
    return 0;
}
```

这是所有 C 源程序最基本的框架，是 C 语言世界的起点，所以请务必记住，否则 C 程序世界中的一切都无从谈起。

从编程规范的角度来说，这段代码的任何部分在任何 C 源程序中都是必不可少的，任何 C 程序都是以此为基础搭建的。所以在每次写程序的最初，都应该先写好这个基本框架，然后再着手写其余的代码。经验表明这是一个非常好的编程习惯，可以避免无数无谓的错误。这种做法其实就和先盖房子再装修的道理一样。那种"边盖房子边装修"式写代码的方式，由于容易引起很多无谓的错误且效率低下而往往事倍功半，是极不可取的。

代码中"main"前面的"int"表示 **main( ) 函数的返回值为 int 类型**。至于什么叫函数返回值以及何为 int 类型，后面再详细讲述。

老式的 C 语言中"main"前面的"int"可写可不写，但在最新的 C 标准中（从 C99 开始）已经不再允许这样写。况且，即使是在 C99 标准之前，严谨的程序员一般也会写上这个"int"。所以，"main"前面不写"int"不但是一种不严谨的，也是一种过时的、已经被废弃的写法。接受现代 C 语言教育的人，不应该写那种早已过时的 C 代码。

"main"后面的"( )"表明 main 是一个函数，"( )"里的"void"表示这个 main( ) 函数不接受任何参数。"( )"里的"void"也同样应该写，而不应被省略。省写这个"void"也是一种落伍的风格，是 C 语言中正在逐步被淘汰的写法。在 C99 和 C11 标准中将这种省略 main( ) 内"void"的写法称为正在逐步废弃的特性（Obsolescent Feature）。

此外要说明的是"( )"内除了可以写"void"外还有另外一种形式并且"return"后面的"0"在需要时也可以写成其他整数，但目前对这两点还没有过分关注和深究的必要。

main( )是程序开始执行的地方，所以**每一个 C 源程序都必须且只能有一个main( )**[①]。main 是 main( )函数的函数名。在 C 源代码中，函数名在绝大多数情况下一定紧随一对小括号"( )"。

"{ }"括起来的部分叫做函数体，函数体内写的是要计算机完成的任务——具体的完成方法和步骤。

"return 0;"是 C 语言的一条语句。C 语言中，很多语句后面都有一个";"作为语句结束标志，但是并非所有 C 语句都以";"作为结束标志。"return 0;"这条语句的作用是返回给操作系统一个 0 值。这个值可能被用到也可能不被用到。至于这个值怎样用，不是目前所应该关心的问题。

2. 写代码的"笔顺"问题

英文单词的书写规则是从左到右，阿拉伯文通常是从右向左书写，而汉字的书写规则一般要求遵照"先横后竖，先撇后捺……"的笔顺规则。这些规则的作用是为了提高书

---

① 只要是在操作系统下运行的 C 程序就如此。

写效率并使字写得美观。笔顺规则并不是伴随着文字同时诞生的,而是对在实践中摸索出来的规律的总结,因此在不同的地区或人群中可能有不同的笔顺规则。但是笔顺规则对书写的重要性是不言而喻的,只有文盲才会坚决不承认笔顺的重要性。

写代码也是如此。不但应该写出正确的代码,更应该以"正确"的方式来写代码。因为"正确"的写代码方式可以大大减少那些无聊、无谓、原本可以避免的错误,并使得代码美观整洁。而美观整洁的代码,即使存在错误,也更容易查找和纠正。这一点是初学者往往难以体会得到的。

这里推荐一些优秀的编程习惯与代码风格。

建立源文件后,首先写出源程序的基本框架。但在写的过程中,编辑的次序很有讲究。

首先写出:

```
int main()
```

然后在"()"中写"void":

```
int main(void )
```

接着添加一对大括号"{}":

```
int main(void)
{

}
```

最后在"{}"之内写上"return 0;":

```
int main(void)
{
    return 0;
}
```

从上述过程不难发现,用 C 语言写代码和用自然语言写文章不同,写代码并不是按照自然的次序,采用从左到右、从上到下的线性方式编辑的。每逢"("与")"、"{"与"}"这样成对的代码元素,总是先写完一对,再填充其中的内容。养成这样的良好习惯,就不会犯"("与")"、"{"与"}"不成对这样的低级错误。写"{}"中的内容时,一般都应相对"{}"的位置向内缩进一段距离(一般是 2~4 个空格)。这样写出的代码更清晰,可读性更好,而可读性是衡量代码质量的一项重要指标。

或许有人浅薄地认为,不依照这个次序,最后依然能得到正确的运行结果。实际上这是以"能运行出结果"来为错误的完成过程所作的愚蠢的辩护。不能用最终的结果来说明完成过程的正当合理性,最终的运行结果丝毫掩盖不了实现过程的愚蠢。这就如用"反正吃饱了"来为用痰盂吃饭而不是用饭碗吃饭辩护一样。学习 C 语言不但要学习如何写正确的代码,更要学会用正确的方式写正确的代码。

代码并不是只给机器阅读的,更是给人阅读的。永远不要写那种虽然能够编译运行,但却令人感到"惨不忍睹"或"不忍直视"的代码(Write-only Code)。代码整洁、可读性好的重要性一点都不比程序正确运行的重要性低。

良好的编程习惯养成得越早越好。为了帮助大家更好更快地掌握规范的编程习惯,本书提供了关于这部分内容的微课视频,需要者请到出版社官方网站下载。

3. 更实用的框架

上面的程序虽然能够编译运行,但除了传递给操作系统一个 0 值以外,没有任何其他实质操作。

为了让程序能够完成一定的实际任务,必须向其中添加执行任务的语句以及其他必要的程序成分。为此将上面的程序修改如下:

程序代码 1 - 2

```c
# include <stdio.h>

int main(void)
{
    printf("你好,C! \n");
    return 0;
}
```

这段程序代码的功能是在标准输出设备上输出如下的一行文字:

你好,C!

然后把光标移至下一行的开头。

这个功能是通过"printf("你好,C! \n");"这条语句实现的(注意,这里的""你好,C! \n""也应该像前面提到的那样,先写""""之后再写中间的"你好,C! \n"。

注意,"printf("你好,C! \n");"这条语句是以";"作为结束标志的,写代码时不要忘记这个";"。顺便说一句,C 语言的很多语句都以";"作为结束标志。上面代码中的"return 0;"也是一条语句,后面也有一个";"。

"printf("你好,C! \n");"这条语句是一条函数调用语句。在目前的学习阶段还无法也没有必要详细解释什么叫做函数调用,只需把这句话理解为在程序中加入一段事先已经写好了的程序段就可以了。这条语句的功能是在标准输出设备(屏幕)上输出包含在两个""""之间的系列字符。

由于使用了一段事先写好了的程序段(这是编译器提供的),在代码中必须对这段程序段的来龙去脉有所交代,具体地说就是需要向编译器解释清楚"printf"这个"单词"(正式的名称叫标识符)的含义,"♯include <stdio.h>"这行的作用就在于此。

在 stdio.h 这个文件中有下面这样一行代码(不同的编译器中可能有些细微差异):

```c
_CRTIMP int __cdecl        printf (const char * , ...);
```

这就是对"printf"这个"单词"的说明。

"♯include <stdio.h>"这条预处理命令的作用在于把 stdio.h 这个文件中的所有内容都"复制、粘贴"在"♯include <stdio.h>"所出现的位置,因此也就相当于完成了对"printf"这个"单词"的含义的说明。

需要注意的是"♯include <stdio.h>"这一行写的并不是 C 语言的语句,而是所谓的预处理命令。它和语句的区别在于,预处理命令是说给编译器听的,作用是让编译器对代码进行适当的"改造"处理,而语句则是说给计算机听的,是让计算机(CPU)所做的事情。预处理命令通常以行为单位,并不以";"为结束标志。预处理命令的作用是让编译器在编译之前做些适当的准备工作。这里的"♯include <stdio. h>"这条编译预处理命令的目的是让编译器了解"printf"这个"单词"的含义。

对于初学者来说,由于几乎所有程序都要用到 printf()函数调用,所以"♯include <stdio. h>"这一行几乎总是必需的。即使在不需要的场合,写上这行也没任何坏处。

程序员应该要养成这样的良好习惯,那就是每出现一个用于函数调用的"生词"时都应立刻想到是否需要加上适当的预处理命令对该"生词"予以说明。这种良好的习惯在写代码时可以避免很多本不应该发生的错误。

printf()函数的功能之一是在标准输出设备(显示器)上依次输出在""""之内的一连串字符(术语叫字符串),即在这段代码中的"你好,C! \n"。你也可以尝试着把""""里的字符换成其他字符输出。

有些字符在源程序中是写不出来的(键盘上没有对应的键),有些虽然可以键出但会违反对源代码的语法格式要求,以至于可能无法编译,比如回车换行符。这样的特殊字符需要用另外的方法来表示,比如"\n"表示回车换行符("n"是"newline"的缩写)。

1.3　输出字符序列

1.3.1　输出指定图案

到目前为止,虽然本书只介绍了 C 源程序的基本框架和如何使用 printf()函数顺序输出若干字符,但仅仅借助这些看起来似乎微不足道且极为有限的知识,其实已经可以编程做很多有趣的事情了。

1. 问题

编写程序,要求程序在显示器上输出如下图案:

```
III        L      O O O     VV      VV    EEEEEEE    CCCCC
I          L      O   O      VV    VV     EE         CC   C
I          L      O   O       VV  VV      EEEEE      CC
I          L      O   O        VVV        EE         CC   C
III        LLLLL  O O O         V         EEEEEEE    CCCCC
```

2. 分析

问题要求程序输出的图案由字符组成,而 printf()函数的功能之一就是输出字符序列,所以可以借助 printf()函数解决这个问题。下面再进一步了解一下 printf()函数的基本功能和用法。

1.3.2　printf()函数的简单用法

printf()函数是一个标准库函数,其常用功能是在屏幕(术语叫做标准输出设备)上输出一系列字符。

所谓库函数就是一段别人事先已经写好了的、可以供程序直接使用的程序片段(函数)。标准库函数是指 C 标准要求编译器提供的支持函数,是和编译器一起发布的。只要你拥有编译器,就可以使用这些已经事先写好了的程序片段。

正如前面所提到的,使用库函数时需要对这个函数的函数名称加以说明,这可以通

过在库函数被调用之前加上一个"♯**include** <*文件名*>"预处理命令实现。对于 printf()
函数来说"<>"内的文件名称应是 stdio. h。顺便说一句"std"是"standard"的缩写,"io"
是 Input/Output(输入输出)的缩写。

printf()函数最简单的用法是:

printf("*字符序列*");

其中,*字符序列*的内容由程序的作者自己确定,其余部分都是固定的格式。这条语
句的功能是在标准输出设备(通常就是指显示器的屏幕)上输出*字符序列*的内容。例如:

printf("abcd\n");

其执行的结果就是在标准输出设备上(显示器)依次输出 a、b、c、d 和\n 这五个字符。输
出\n 这个字符的效果是显示器上的光标转到下一行的开头,以后的输出(如果有的话)将
从这里继续开始。

1.3.3　编写代码及测试

根据前面对问题的分析及对 printf()函数功能的介绍,很容易写出代码如下:

程序代码 1－3

```
♯include <stdio. h>

int main(void)
{
    printf("III  L      O O O    VV     VV    EEEEEEE  CCCCC \n");
    printf(" I   L      O   O    VV   VV      EE        CC  C \n");
    printf(" I   L      O   O      VV VV      EEEEE      CC   \n");
    printf(" I   L      O   O       VVV       EE        CC  C \n");
    printf("III  LLLLL O O O        V         EEEEEEE  CCCCC \n");

    return 0;
}
```

完成代码编写后,还需要运行测试。最后的运行结果为输出由 I、L、O、V、E、C 这几
个字符构成的"I LOVE C"这几个字的图案:

III	L	O O O	VV	VV	EEEEEEE	CCCCC
I	L	O O	VV	VV	EE	CC C
I	L	O O	VV	VV	EEEEE	CC
I	L	O O	VVV		EE	CC C
III	LLLLL O O O		V		EEEEEEE	CCCCC

请按任意键继续. . .

你也可以自己设计、创造出更多、更漂亮的输出,甚至输出一幅"画",只要这幅"画"
是由字符构成的。

从这个例子中不难发现,编程是一种对"有限手段进行无限运用"的一种创造性思维

活动。C语言本身的内容是有限的,但却为发挥人的创造力提供了无限的空间。编程的魅力就在于此。

1.3.4　一些特殊字符的输出

1. \n

有些字符无法按照本来的样子写在"""""之内,如新行字符(回车换行符)等。因为直接写出这些字符将会写出下面这样的代码:

```
printf("abcd
");
```

这样的写法违反 C 语言的语法规则。因为在 C 语言中,"abcd"是一个完整的"单词",原则上不允许把"单词"这样整体上不容割裂的东西直接割裂成两行来写。这就像在英语中不可以把一个单词割裂开分别写在上下两行一样(除非你使用连字符"-")。

因此不能在"""""之内直接写出新行字符,而要用另外的办法表示""之内的新行字符。办法就是用转义字符"\",后面再加一个"n",两个字符构成了一个转义字符序列——"\n",表示这里写的是一个回车换行符(newline)。

在源代码的"""""之内,"\"往往并不表示这个字符本身,而总是和后面一个或若干个字符组合在一起表示一个其他的字符。这种写法多用于表示那些无法直接写出的字符。

2. \\

现在新的问题出现了,"\"这个字符既然不表示"\"这个字符本身,而用于与后面的一个或几个字符共同表示转义,那么应该如何写"\"这个字符本身呢?

比如,要求程序输出:

```
\n
```

就不可能用下面这样的语句实现:

```
printf("\n");
```

因为这只表示输出一个新行字符,而不表示顺序输出"\"和"n"这两个字符。

解决办法是类似的。可以在"\"后面再加上一个"\",前一个"\"用于表示转义,后面的"\"与前一个"\"共同表示这里写的是一个"\"字符,像下面这样:

```
printf("\\n");
```

3. \"

"""""在 printf()函数的*字符序列*中同样无法直接写出,因为这个字符已经用来表示*字符序列*的边界。如果把"""(双引号)写入"""""之内将引起编译器的误解,编译器会认为前两个"""""已经构成了一个*字符序列*,而后一个则由于没有对应的"""""与之匹配而无法解释。这会导致源代码出现无法"翻译"的错误。

解决办法依然是采用转义。*字符序列*内的"\""表示的是*字符序列*之内的"""""字符。

4. \?

"?"的情况和前面几种不同,通常在*字符序列*里直接写"?"是没什么问题的。比如:

```
printf("?\n");
```

的输出为：

```
?
```

但是有时候会出问题，比如：

```
printf("??<\n");
```

的输出为：

```
{
```

这是因为在某些国家或地区习惯使用的键盘中没有"{"这个键，因此需要用替代的方法来表示"{"这个字符。这就是所谓的三合字符（Trigraphs），如表 1－1 所示。

表 1－1　三合字符

三合字符	替代字符	三合字符	替代字符	三合字符	替代字符
??＝	♯	??（	〔	??／	\
??）	〕	??′	^	??<	{
??!	|	??>	}	??－	~

在代码中连续使用多个"?"的情形比较罕见，因此才用这种办法来表示某些国家或地区键盘上没有的字符。但是这么一来一旦碰上确实需要连续使用多个"?"的情况也比较讨厌，因为输出可能会与预想的并不一致。因此在"**字符序列**"中写"?"时需要格外注意，最好把"?"都写成"\?"。

这种用"\"再加上一个其他的字符来表示其他字符所构成的序列，叫做简单转义字符序列（Simple-escape-sequence）。其意思是，"\"不是"\"本身而是与后面的一个字符合起来作为一个整体表示另一个字符。

除了以上几种，还有其他一些简单转义字符序列以及非简单转义字符序列，由于目前阶段暂时用不到，所以在本书的后面相关章节用到时再详细介绍。

5. %%

还有一个字符比较特殊，这就是"%"。

"%"这个字符可以出现在一般的"**字符序列**"中，但是出现在 printf（"**字符序列**"）函数调用的"**字符序列**"中则会出现问题。譬如：

```
printf("%\n");
```

你将会看到什么也没有输出。

这是因为 printf（"**字符序列**"）函数调用"（）"中的"**字符序列**"叫做格式控制字符串。其中"%"表示一个特殊的意义（具体意义在后面章节讲述），因此不能用"%"来表示这个字符本身，必须另想办法表示。

如果在 printf（"**字符序列**"）函数调用中确实想写一个"%"字符，需要写成"%%"。譬如：

```
printf("%%\n");
```

的输出将是：

％

特别需要说明的是,仅仅是在 printf("*字符序列*")等函数调用中作为格式控制的"*字符序列*"中需要这样写,其他场合下的"*字符序列*"中写"％"并不需要将"％"写成"％％"。

1.4　C 语言的"字母"和"单词"

1.4.1　C 语言的"字母"

作为一种语言,必须要有自己的字母表(或者类似于汉字的基本笔画一类的东西)、单词(或汉字)及标点符号。从最底层抽象地看,C 源程序无非就是一系列字符。最基本的构成 C 源程序的字母表(Basic Source Character Set)如下:

(1) 拉丁字母表中的 26 个大写字母(Uppercase Letters)

A　B　C　D　E　F　G　H　I　J　K　L　M
N　O　P　Q　R　S　T　U　V　W　X　Y　Z

(2) 拉丁字母表中的 26 个小写字母(Lowercase Letters)

a　b　c　d　e　f　g　h　i　j　k　l　m
n　o　p　q　r　s　t　u　v　w　x　y　z

(3) 10 个十进制数字(Digits)

0　1　2　3　4　5　6　7　8　9

(4) 29 个图形字符(Graphic Characters)

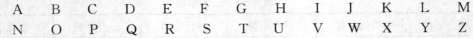

(5) 4 个空白字符

空格字符(Space Character)　　水平制表字符(Horizontal Tab)
垂直制表字符(Vertical Tab)　　换页字符(Form Feed)

这 95 个字符是构成 C 源程序的最基本元素,是必需的也是充分的。然而需要指出的是,C11 标准并不绝对排斥这个字符集以外的字符,但是具体的实现则取决于编译器各自的支持程度。就一般情况而言,源代码只能使用前面这 95 个字符。

此外要明确的是编写程序用的字符与程序所处理(输入、输出或其他)的字符是两个概念。也就是说,即使源程序使用的是前面所说的 95 个字符,但在程序所处理的文字(Execution character)中,还是可以使用汉字等其他字符的。如前面的"printf("你好,C! \n");"中的""你好,C! \n""中就出现了汉字。这是因为"你好,C! \n"是程序要处理的字符序列。当然,这同时还需要操作系统的支持。

在基本的 95 个字符中,有些明显是冗余的。所有的空白字符,加上作为一行的结束标志的字符(通常就是回车换行符),对于编译器来说,作用只可能有一个——作为各个单词之间必要的间隔,甚至可能有时没有作用。但是从另一个角度来讲它们却又是必要的,因为源程序除了编译器以外还有另一个读者——人。应该善于利用这些字符把源代码写得更美观、更具有可读性,使人读起来更加赏心悦目。

例如将程序代码 1-2 写成如下这样:

程序代码 1-4

```
#include <stdio.h>
int main(void)
{printf("你好,C! \n");return 0;
}
```

对比一下,就会发现明显比原来的难看得多。

还有一点需要注意,在有的程序设计语言中,同一字母的大小写被认为是相同的字母,但在 C 语言中大小写字母是完全不同的字符,而且在习惯上,C 语言以小写字母为主——多数情况下用小写字母,大写字母通常用在较为特殊的场合。

1.4.2　C 语言的"单词"

所谓 C 语言的"单词"是指源程序中若干连续的或成对的、具有独立语义的字符的组合。"单词"是语义的基本单位,在语义这个意义上是不容割裂的"原子"(当然,成对的通常是可以向其中填充其他内容的)。专业人士把这种东西统一称为"记号"(Token:an individual instance of a type of symbol)。

在 GB/T 15272—1994 中,"Token"被译成了"单词",这是一个很漂亮的翻译。本书正式采用这个术语。

在 C 语言中,有 5 种单词。它们正式的分类名称分别是:

■　常量(Constant)

■　裸串(String-literal)

■　标识符(Identifier)

■　关键字(Keyword)

■　标点(Punctuator)

下面从简单的开始粗略地介绍一下各种单词大概的含义。

1. 常量

在计算圆周长的数学公式 $C=2\pi r$ 中,2 和 π 都是所谓的常量。在程序计算中也有类似的情况,在源代码中直接写出的常数数据或对常数数据的文字表示就是所谓的常量。

在源程序中写常量时需要严格按照 C 语言规定格式书写。特别需要注意的是不可以把日常的或其他学科的书写习惯带到源代码编写中,比如把 1234 写成 1,234,或用空格把数字分组,把 1234 写成 1 234,或者随意在数字前加 0 等。前两者违背了单词不可分割的原则,而第三个写法在源程序中有特定的含义:1234 与 01234 在源程序中的含义是全然不同的。

常量的各种具体写法将会在后面用到时详细介绍。

2. 裸串

在书面自然语言中,当我们看到下面的表达时:

"Therefore, since brevity is the soul of wit,..."

Hamlet, Act 2, Scene 2

就会知道,"Therefore, since brevity is the soul of wit,..."是一段被实实在在原封不动

地引用的语言或文字。

在 C 源程序中也是如此,甚至形式上也完全相同。裸串(String-literal)就是一段实实在在的字符序列。它可以被程序处理,但本身并不是用来描述程序执行步骤而是程序执行处理的一个对象,这和常量在程序中的作用非常类似①。

为了有别于源程序中那些描述程序执行步骤的文字,裸串这种由程序所处理的对象必须在形式上与描述程序执行动作和过程的文字有所区别,这就是裸串一定要披着双引号这种马甲的原因。例如,123 在代码中表示的是一个常量,而"123"表示的则是由 1、2、3 这三个字符构成的一个文字序列。

String-literal 中的“literal”本意是“直接按字面文字写出的”,很难简洁地译出对应的汉语。有的书中将 String-literal 翻译为“字符串文字量”,在本书中则称之为“裸串”。

3. 标识符

大体上,标识符②(Identifier)相当于自然语言中的名词。类似于数学公式中变量的表示符号(例如 x),或者常数的表示符号(例如 π)。标识符是编程者为程序中用到的各种代码元素——有时是实的,比如一块内存,有时是虚的,比如一种数据类型等所取的名字。

C99 之前,为程序中的对象取名只可以使用大小写英文字母、下划线和数字字符,而且开头不可以是数字。C99 之后的 C 语言并不排斥使用其他字符作为标识符的组成元素,但具体情况取决于编译器的支持程度。在目前常见的多数编译器中,依然是只能用大小写英文字母、下划线和数字字符构成标识符。为具有很好的通用性,本书中的代码只使用这种形式的标识符。

要注意标识符与裸串的形式区别,在代码中,abc 是一个标识符,是代码中某种代码元素的名字,而"abc"表示的则是由 a、b、c 这三个字符构成的一个文字序列,是程序所要处理的文字对象。

此外要注意的是同一英文字母的大小写在 C 语言中是不同的两个字符,换句话说,C 语言区分大小写,在源程序中 abc 和 Abc 是不同的两个标识符。

4. 关键字

关键字(Keyword)是 C 语言所保留的、具有特定含义的一些单词,不可以作为普通的标识符来为其他代码元素取名。

关键字有些类似自然语言中的成语,其含义不是一两句话能说清楚的。精确全面地理解关键字的含义并能够恰到好处地使用关键字,是学习 C 语言的一项重要内容。

从使用方式的角度看,大体有两类关键字:一类是以固定格式构成某种句型的,这种句型一般是一套复杂计算动作的某种次序组合;另一类简单地相当于自然语言中的副词或形容词。

与其他语言相比,C 语言的关键字很少,这从一个侧面显示了 C 语言简洁的特点。

C 语言一共有 44 个关键字,见表 1-2。

---

① 事实上的确有很多人把“裸串”看成常量的一种,俗称“字符串常量”。但在 C 标准中,“裸串”(String-literal)与“常量”(Constant)是两种不同类别的“单词”(Token)。
② 读音:“标志符”。识:zhì,标志,记号。

表 1-2　C 语言的关键字

auto	break	case	char
const	continue	default	do
double	else	enum	extern
float	for	goto	if
inline ♣	int	long	register
restrict ♣	return	short	signed
sizeof	static	struct	switch
typedef	union	unsigned	void
volatile	while	_Alignas ♥	_Alignof ♥
_Atomic ♥	_Bool ♣	_Complex ♣	_Generic ♥
_Imaginary ♣	_Noreturn ♥	_Static_assert ♥	_Thread_local ♥

其中, ♣ 标记的为 C99 之后新增的关键字, ♥ 标记的为 C11 新增的关键字。

需要注意的是,除了标准规定的这些关键字,特定的编译器自己的"方言"中可能有自己的一些"方言关键字",在使用特定的编译器时,同样不能用这些"方言关键字"作为标识符。

5. 标点

C 语言中可以归类为标点(Punctuator)的单词一共有 48 个①,如表 1-3 所示。

表 1-3　C 语言的标点

[	]	(	)	{	}
.	->	++	--	&	*
+	-	~	!	/	%
<<	>>	<	>	<=	>=
==	!=	^	|	&&	||
?	:	;	...	=	*=
/=	%=	+=	-=	<<=	>>=
&=	^=	|=	,	#	##

在这些标点中,有些类似于自然语言中的标点符号(比如{});有些相当于数学运算式中的运算符号(比如+),被称为运算符(Operator)。特别需要注意的是有些标点在不同的场合下含义是不同的。C 语言的单词有一词多义的特点。一个 C 语言单词的语义经常需要根据单词所在的上下文才能确定,这是 C 语言的一个特点也是一个难点,在学习过程中要特别注意。

作为一个整体,标点是不容分割的(所有单词都这样),比如"<<"不可以写作"<

---

① 　实际上还有 6 个,分别是<:、:>、<%、%>、%:、%:%:,这 6 个标点完全等价于[、]、{、}、#、##,是为键盘上没有后 6 个字符的对应键而设的。

"<"，两个"<"之间不可以加入任何字符(包括空格)。此外"["与"]"、"("与")"、"{"与"}"一定是成对使用的。

6. 空白

在英语中，单词与单词之间是用空格或标点符号分隔开的，在源程序中也是如此。在单词之间可以自由地添加空白字符(White-space Character)：空格(Space)、换行(Newline)、水平制表(Horizontal Tab)、垂直制表(Vertical Tab)和换页(Form-feed)。对于编译器来说，这种空白有时是必要的，有时是可有可无的。但从代码的可读性以及可欣赏性来考虑，单词之间的空白是完全必要的。那些 C 语言大师们都是"留白"的高手。

所以，编写 C 代码的总的原则是：单词在原则上应该是一个整体，不容许割裂；常量、标识符、关键字这样的单词之间必须有空白字符或符合语法要求的标点。在写代码时，应该在遵循这个原则的条件下把代码写得清晰、自然、易读。

第 2 章　整数类型及其五则运算

请别搞错,计算机所做的是算术而不是代数。

2.1　整数常量

2.1.1　输出 123

1. 问题

编写程序,输出 123 的值。

2. 分析

这个问题可以归结为两个更小的问题:如何在 C 代码中写出 123 这个整数以及如何输出这个整数的值。

2.1.2　整数常量的写法

1. 整数常量的十进制写法

1) 在代码中写十进制整数

在代码中直接写出的整数叫整数常量(Integer Constant),C 语言对于在代码中写十进制整数常量的基本规则是:

■　**由 0~9 这十个数字组成；**

■　**开头一位不可以是 0。**

所以在代码中写 123 和平时在数学中的写法几乎完全一致,如下所示:

```
123
```

2) 禁忌

在代码中写整数常量时特别要注意的往往不是应该怎样写,而是不应该怎样写。

日常生活中,123 可以有多种多样的表示方法。例如:一百二十三,壹佰贰拾叁,one hundred and twenty three,123.000,1.23×10^2,0123……不一而足。但是这些表示方法都并不适合用来在 C 代码中表示整数。这是因为代码的阅读者不仅包括人,还包括编译器。所以在代码中写常量时,不但需要写得便于人阅读,还**必须严格遵照 C 语言的语法规则**——否则编译器看不懂。

此外要注意的是,常量只有非负值,"−345"并不是整数常量。因为根据规则,十进制整数常量是由 0~9 这十个数字构成的,并不包含"−"这种字符。

2. 整数常量的八进制写法

按照八进制写整数常量的基本规则是：

■ **由 0～7 这八个数字组成；**

■ **以 0 开头。**

例如：0123 表示的是八进制的 123，即十进制的 83。

3. 整数常量的十六进制写法

按照十六进制写整数常量的基本规则是：

■ **由 0～9，A～F(或 a～f)等字符组成；**

■ **以 0X 开头。**

例如：0X123 表示的是十六进制的 123，即十进制的 291。

2.1.3 用 printf( )函数输出整数值

1. EXE 文件中的 123

C 源文件经过编译将生成机器语言的二进制文件。代码中的整数常量 123 在经过编译之后，对应的二进制文件中得到的是 123 的二进制形式的机器数。也就是说，在机器内部表示 123 的其实是二进制数"0000 0000　0000 0000　0000 0000　0111 1011"。

顺便说一句，在不同的编译环境下，对应于代码中整数常量 123 的二进制数的位数和形式可能有所不同。但有一点可以确定，那就是机器内部对应于代码中整数常量 123 的机器数都是二进制形式。

2. 用 printf()函数输出整数值

如果希望把"0000 0000　0000 0000　0000 0000　0111 1011"以十进制形式在屏幕上输出，就需要把二进制数转换成相应的文字序列——1、2、3 这样三个数字，然后再依序输出。因为编译后的 123 在内存中为"0000 0000　0000 0000　0000 0000　0111 1011"，其中并没有 1、2、3 这几个文字，而在计算机屏幕上却只能显示文字。

这就是说，二进制数"0000 0000　0000 0000　0000 0000　0111 1011"必须被转换成文字序列后才能输出到屏幕上。这个转换和输出也可以通过调用 printf()函数完成。方法如下：

```
printf("%d", 123)
```

这里的%d 叫做转换说明(Conversion Specification)，转换说明总是以"%"开始，后面可以跟适当的转换说明符(Conversion Specifier)。这里的转换说明符"d"表示的意义是把"0000 0000　0000 0000　0000 0000　0111 1011"这样的内存内容当作一个二进制整数转换成对应的**十进制(Decimal)格式的字符序列**，并插入到%d 所在的位置输出。被转换的二进制整数写在格式控制字符串之后，两者之间用","分隔。

当然，也可以转换成其他格式。比如%X(或%x)表示的是转换成对应的十六进制格式的字符序列：

```
printf("整数 123 的十六进制为%X\n", 123)
```

它在标准输出设备上的输出将是：

整数 123 的十六进制为 7B

转换说明％o 则表示转换为八进制格式的字符序列：

```
printf("整数 123 的八进制为％o\n", 123)
```

它在标准输出设备上的输出将是：

```
整数 123 的八进制为 173
```

3. 代码

综上,完整的代码如下：

程序代码 2 − 1

```
#include <stdio.h>

int main(void)
{
  printf("%d\n",123);

  return 0;
}
```

运行结果为：

```
123
```

2.1.4　整数常量的局限

整数常量与数学中的整数不是一回事。数学中的整数是一个无限集合,C 语言中的整数常量构成的则是一个有限集。

首先,整数常量中并不存在负整数,因为从前面的整数常量构成规则来看,并不允许出现"−"字符。

其次,整数常量所能表示的整数有一个上限,这个上限由编译器自己确定。整数常量存在上限的原因在于,C 语言中所有的数据都属于某种数据类型,数据类型的一个基本特点就是它是一个有限集。

2.2　整数类型的五则运算

2.2.1　加法运算

1. 问题

计算 123 加 456 的值并按十进制形式输出。

2. 分析

要求计算机计算 123 加 456 的值,在代码中的写法是：

123＋456

其中,"＋"是一个运算符。"123＋456"是一个**表达式(Expression)**,它的含义有两层：

(1) 表明要求计算机计算 123 与 456 的和；

(2) 计算"123＋456"将得到一个值,这个表达式本身同时也表示这个计算得到的值。

在 C 语言中,整数常量是表达式,对整数常量的运算也是表达式。表达式最基本的含义是表示命令计算机去求一个值,同时也表示这个值本身。

3. 代码

根据前面的分析,可以用下面的代码实现问题要求:

程序代码 2-2

```
#include <stdio.h>
int main(void)
{
    printf("%d 加 %d 等于",123,456);
    printf("%d\n",123+456);
    return 0;
}
```

运行结果为:

```
123 加 456 等于 579
```

2.2.2 减法运算

整数类型的减法运算符为"-",使用方法与"+"类似。例如:

```
123 - 456
```

表示命令计算机求 123 与 456 的差,同时也表示这个差值本身。

2.2.3 乘法运算

C 语言中整数的乘法运算符为"*",如果需要求 123 与 345 的积,代码可写为:

```
123 * 456
```

下面以计算输出 2 的 1 到 10 次幂为例来介绍整数类型的乘法运算。

1. 问题

计算 2 的 1 次幂到 10 次幂并输出。

2. 分析

C 语言中并没有求幂的运算,所以只能根据幂的定义,用乘法求幂。

3. 初级代码

根据前面的分析,可以用下面的代码实现问题要求:

程序代码 2-3

```
#include <stdio.h>

int main(void)

{
    printf("2 的 1 次幂为:%d\n",2);
    printf("2 的 2 次幂为:%d\n",2*2);
    printf("2 的 3 次幂为:%d\n",2*2*2);
```

```
    printf("2 的 4 次幂为:% d\n",2 * 2 * 2 * 2);
    printf("2 的 5 次幂为:% d\n",2 * 2 * 2 * 2 * 2);
    printf("2 的 6 次幂为:% d\n",2 * 2 * 2 * 2 * 2 * 2);
    printf("2 的 7 次幂为:% d\n",2 * 2 * 2 * 2 * 2 * 2 * 2);
    printf("2 的 8 次幂为:% d\n",2 * 2 * 2 * 2 * 2 * 2 * 2 * 2);
    printf("2 的 9 次幂为:% d\n",2 * 2 * 2 * 2 * 2 * 2 * 2 * 2 * 2);
    printf("2 的 10 次幂为:% d\n",2 * 2 * 2 * 2 * 2 * 2 * 2 * 2 * 2 * 2);
    return 0;
}
```

程序输出为:

```
2 的 1 次幂为:2
2 的 2 次幂为:4
2 的 3 次幂为:8
2 的 4 次幂为:16
2 的 5 次幂为:32
2 的 6 次幂为:64
2 的 7 次幂为:128
2 的 8 次幂为:256
2 的 9 次幂为:512
2 的 10 次幂为:1024
```

尽管这段代码完成了给定的任务,但从更高的视角来看,这段代码有一些明显的缺点:这段代码中的 2 属于所谓的"Magic Number"。Magic Number 是指在代码中出现的莫名其妙的常数,对于其他人来说,很难弄懂代码中这些常数的含义。Magic Number 不但会导致代码可读性变差,还会导致下面一些潜在问题。首先,把 2 错写成其他整数时,编译期间无法发现错误。例如,误把

```
printf("2 的 10 次幂为:%d\n",2 * 2 * 2 * 2 * 2 * 2 * 2 * 2 * 2 * 2);
```

写成了

```
printf("2 的 10 次幂为:%d\n",2 * 2 * 2 * 2 * 2 * 2 * 2 * 2 * 3 * 2);
```

时,编译器是检查不出其中的错误的,因为无论是整数常量 2 还是整数常量 3 在这段代码中都是完全合法的。

其次,不便修改维护代码。如果问题改变要求,要求计算 3 的 1 次幂到 10 次幂并输出,那么就需要把代码中的 2 替换为 3。这个编辑工作不但很麻烦,而且容易一不小心改错。

为了克服以上弊端,代码的改进方法是为 2 这个整数常量起个名字,然后用这个名字代表 2 这个整数常量,就如同在数学中用 π 代表圆周率一样。

4. 改进写法

1) 标识符

由程序编写者为代码中的某种对象所取的"名字"都叫做"标识符"(Identifier)。标

识符的构建规则为：**由字母、下划线(_)、数字组成,不能以数字开头;此外不能是关键字(KeyWord)。**

比如,a1、a2、a3 都是合法的标识符。但从代码的可读性方面来说,这几个标识符通常属于很拙劣的风格。良好的代码不能仅仅满足对标识符的语法要求,还应该有意义,能够见名知意。

2) 编译预处理命令♯define

♯define 的用法如下：

♯define 常量的名字 常量的值

其中,**常量的名字**是编程者为该常量所取的名字,这是一个标识符。这种用标识符表示的常量有时被叫做符号常量(Symbolic Constant),以区别于那些直接写出的赤裸裸的常量。

为了区分这种符号常量与变量(通常小写表示),习惯上符号常量用大写字符命名。这一点经常被很多初学者所忽视。不要以为这种良好的风格与习惯是无所谓的事情,等到代码乱到一团糟的时候再想改正不良习惯就有些来不及了,而且改习惯的代价很高。编写代码,应该"勿以善小而不为,勿以恶小而为之"。

♯define 预处理命令的含义大体相当于文字处理软件中的"查找"与"替换":编译器将在代码中查找**常量的名字**,然后将其替换为**常量的值**。这个动作是在编译之前完成的,因此实际被编译的代码是和不做这个预处理而只在代码中直接写那些赤裸裸的常量是一样的,但写具有常量含义的名字的代码比直接写常量的值的代码更加具有可读性,可维护性也更好。

本质上♯define 命令就是用一个标识符代表一段代码,就一般意义而言,不一定只用来代表常量的值。用♯define 命令为常量取名只是它的用法之一。

3) 改进的代码

了解了标识符和♯define 预处理命令方面的知识,就可以对代码作如下改进：

程序代码 2-4

```
/* 题目:计算 2 的 1 次幂到 10 次幂并输出 */
#include <stdio.h>

#define DS 2          //底数
int main(void)

{
    printf("%d 的 1 次幂为：%d\n", DS, DS);
    printf("%d 的 2 次幂为：%d\n", DS, DS * DS);
    printf("%d 的 3 次幂为：%d\n", DS, DS * DS * DS);
    printf("%d 的 4 次幂为：%d\n", DS, DS * DS * DS * DS);
    printf("%d 的 5 次幂为：%d\n", DS, DS * DS * DS * DS * DS);
    printf("%d 的 6 次幂为：%d\n", DS, DS * DS * DS * DS * DS * DS);
```

```
    printf("%d的7次幂为:%d\n", DS, DS * DS * DS * DS * DS * DS *
        DS);
    printf("%d的8次幂为:%d\n", DS, DS * DS * DS * DS * DS * DS * DS
        * DS);
    printf("%d的9次幂为:%d\n", DS, DS * DS * DS * DS * DS * DS * DS
        * DS * DS);
    printf("%d的10次幂为:%d\n", DS, DS * DS * DS * DS * DS * DS * DS
        * DS * DS * DS);
    return 0;
}
```

这段代码有以下两个优点:

(1) 若把 DS 写错,编译期间通常能发现错误;

(2) 很容易修改为计算 3、4……等整数的 1 次幂到 10 次幂问题的代码。

4) 注释

程序代码 2 - 4 中出现了如下两种新的代码元素——它们都是注释:

```
/ * 题目:计算 2 的 1 次幂到 10 次幂并输出 */
//底数
```

C 语言有两种注释:第一种注释以"/ *"开头,以"*/"结束;第二种注释从"//"开始到行末为止。

注释是给人看的,所以可以使用运行环境中的字符。编译器并不编译注释部分的内容,会在编译前删除这些注释后再编译。在代码中写注释是一种良好的编程习惯,因为归根到底,代码总是要给人看的。

写注释时应该注意一点,由于 C 语言的注释不允许嵌套,所以,在"/ *"和"*/"之间不允许出现"/ *"或"*/"。比如,下面的注释是错误的,会导致编译失败:

```
/ * 题目:*/计算 2 的 1 次幂到 10 次幂并输出 */
```

2.2.4　关于除法的两个运算

从小学的数学课中我们知道了以下算式:

$$34 \div 12 = 2 \cdots\cdots 10$$

由此可见,整数的除法会求得两个值,一个叫商,另一个叫余数。

但是 C 语言中的所有运算只能得到唯一一个值,因此 C 语言设计了两种运算,分别求商和求余数。一种是除法运算,运算符为"/",求得的是商,比如:

```
34/12
```

求得的值为 2。另一种是取余运算,运算符为"%",用来求余数,因而

```
34 % 12
```

求得的值为 10。

需要特别注意的是,程序设计中的运算和数学运算并不完全是一回事。有些人看到

1/2 这样的代码会以为它的值为 0.5 或 $\frac{1}{2}$，但在 C 语言中，这个运算得到的是 0。在 C 语言中，整数之间的加、减、乘、除运算得到的值依然是整数。

下面用这两种运算来解决一个实际问题。

1. 问题

计算 1 除以 7，要求计算到小数点后两位。

2. 分析

这个问题连小学生都能轻松解决，但问题在于没有多少人知道自己是如何解决的。而不知道或说不清解决问题的方法和步骤，就谈不上编程解决问题。因为程序设计是把解决问题的方法和步骤描述给计算机，然后让计算机解决问题。为此有必要认真详细回顾一下如何用纸和笔解决这个问题。

解决这个问题时，我们首先会在纸上写上 1 和 7 这两个数。这个步骤可以用在代码中写出整数常量 1 和 7 来实现。

按照笔算的步骤，下一步是求出 1 除以 7 的商——0，这可以用下面的代码实现：

```c
#include <stdio.h>
#include <stdlib.h>

int main(void)
{
  printf("%d.",1/7);
  system("PAUSE");
  return 0;
}
```

这里顺便输出了计算完商之后需要写出的小数点。

再下一步，计算 1 除以 7 的余数，结果为 1。笔算时在这个 1 后面填一个 0，也就是将 1 乘以 10 的结果，再用 10 除以 7 得商为 1，代码如下：

```c
#include <stdio.h>
#include <stdlib.h>

int main(void)

{
  printf("%d.",1/7);
  printf("%d",1%7*10/7);
  system("PAUSE");
  return 0;
}
```

计算小数点后第二位是 10 除以 7 得到的余数 3 乘以 10 再除以 7，最后的代码为：

程序代码 2 - 5

```
/* 问题:计算 1 除以 7,要求计算到小数点后两位。*/

#include <stdio.h>
#include <stdlib.h>

int main(void)
{
  printf("%d.",1/7);
  printf("%d",1%7*10/7);
  printf("%d",1%7*10%7*10/7);
  printf("\n");

  system("PAUSE");
  return 0;
}
```

2.2.5　数据类型

1. 困惑

1) 写更大的整数

按照前面介绍的整数常量书写规则,当试图写出更大的整数时,例如:

```
printf("%d\n", 123456789012345);
```

会发现行不通,输出的结果并不是 123456789012345。

2) 计算更大的数

将程序代码 2 - 4 中的

```
#define DS 2          //底数
```

改为

```
#define DS 10          //底数
```

会发现计算结果并不正确。

这两种情况与 C 语言中数据类型的概念紧密相关。

2. 数据类型的基本概念

在 C 语言中,任何一个数据都属于某种数据类型。数据类型的含义是一组特定数据构成的有限集合及其定义在这个有限集上的运算规则。

1) 有限集

数据类型的第一个含义是,它是一组数据的集合。这是一个有限的集合,因而任何数据类型所能表示的数据必定是有限的。

2) int 类型数据的取值范围

按照前面介绍的规则写出的整数常量默认的类型为 int 类型。"int"是 C 语言中用于描述某种数据类型的一个关键字。

C 标准对 int 类型数据的取值范围的规定为：

(1) 必须能表示[−32767，32767]区间内的所有整数。

(2) 在满足(1)的前提下，由编译器自己确定范围。各个编译器上 int 类型的具体范围在编译器软件自带的 limits.h 文件中明确，比如在 Dev-C++的 limits.h 文件中有下面这样的预处理命令：

```
#define INT_MAX       2147483647
#define INT_MIN       (-INT_MAX-1)
```

这两条预处理命令定义了两个符号常量：INT_MAX 和 INT_MIN，分别表示 int 类型数据所能表示的最大整数和最小整数。

在前文提到的 123456789012345 由于超出了编译器限定的 int 类型数据的取值范围，因此这个数据并不是 int 类型；错例中用输出 int 类型的%d 转换说明转换输出显然是错误的，因而得不到正确结果。

3) 运算规则

数据类型的另一层含义是，这组数据具有特定的运算、遵循统一的运算规则。

C 语言允许 int 类型数据与另一个 int 类型数据做乘法运算，但前提是，运算结果在 int 类型数据的取值范围之内。

前文提到的错例中，由于 10 的 10 次方已经超出了 int 类型数据的取值范围，C 语言没有规定在这种情况下应该得到什么结果，这叫做无定义行为(Undefined Behavior)。无定义行为的含义是 C 语言没有规定这种情况应该产生什么样的后果。本质上这种情况属于代码错误，但由于 C 语言没有要求编译器这时应该做出何种反应，因而编译器可能报错，可能提出警告，也可能能通过编译，运行结果可能和你期待的一致，也可能不一致。错例中的程序无法得出正确结果，就属于这些情况之一。

但是，这时不管编译器是否报错，也不管程序能否输出你所期待的结果，这种无定义行为的代码都是错误的。

2.3 让程序"记忆"数据——变量

前面讲解了如何在代码中写整数常量，并解决了几个简单的问题。但是，有些问题只使用常量是无法解决的，有些即使能够解决，方法也比较笨拙。本节介绍程序设计中的另一重要概念——变量(Variable)。首先还是从一个简单的问题开始。

2.3.1 填数问题

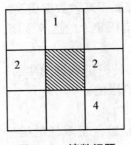

图 2-1　填数问题

1. 问题

填数。要求填好数后,在图 2-1 中两横行上的三个数之和都为 10,两竖列上的三个数之和也都为 10。

2. 分析

这是一道小学数学题,题目并不难,难在用 C 语言程序解决。这是小学生与大学生的分水岭。

小学生解这道题首先需要在纸上画好格子,以便在其中写初始数据和计算结果。但是在计算机中并没有纸和笔用来完成这样的任务,所以需要用别的办法完成这个貌似极其简单的任务。

计算机中使用存储设备存储数据,存储设备分为内存和外存。程序计算所用的数据一般存储在内存或 CPU 内部的寄存器中,最常见的情况是把数据存储在内存中。

3. 初级代码

1) 变量定义

把数据存储在内存中,首先要向系统申请使用内存。申请使用存储空间有若干种方法,其中一种就是通过定义变量。

定义变量时要按照数据的“规格”——数据类型来申请存储空间,这就跟到旅馆订房间时要申明要住的是一个单人间、双人间还是标准间一样。

定义变量时还需要为这个存储空间取一个名字,以便以后在代码中用这个名字来指称这个存储空间或这个存储空间存储的那个值。这就是定义变量的含义,就如同在纸上画出那些格子。

这个存储空间在 C 语言中叫做对象(Object),为了区别于程序设计中“面向对象”中的对象,也有人称之为“数据对象”。所以所谓的变量就是某个数据对象的名字。数据对象是在机器语境下的概念,而变量则是代码语境下指称数据对象的一个标识符。

变量类型的指定取决于要存储什么样的数据——数据的大小和将要参与的运算。对于本题而言,由于要求得到精确结果,且参与运算的数据都是整数,这些整数的值又在 int 类型数据的取值范围内,所以可以将变量指定为 int 类型。

例如,在内存中为图 2-1 中左上角的数据申请存储空间,可以使用:

```
int top_left;
```

这意味着:

(1) 要求编译器帮助申请一个存储空间,大小为 sizeof(int),即能够存储一个 int 类型表示范围内的整数。顺便说一下,相同数据类型占用的内存空间大小是一样的,这个空间大小与值的大小无关,这点和我们在纸上写数据不同。在纸上数据 123 占 3 个字符的位置,12345 占 5 个字节的位置,但在计算机中,只要数据类型一致,占用的内存空间大小完全一样。这就如同不管班级人数多少,只要上课总是要占用一间教室。

(2) 和编译器声明,随后代码中某一范围内的标识符 top_left 说的就是这个空间或这个空间里数据的值。所谓声明,就是向编译器解释清楚某个标识符的含义。而(1)中的含义由于涉及了申请存储空间,表明这同时也是一个定义。

所有的定义都是声明,但反过来并不一定成立。

在函数内部定义的变量如果没有进行初始化(显式或隐式的),其值(右值)通常是没有意义的。这并不表明你不能使用这个变量,只要别乱用它最初存储的那个值就可以了。

为所有 8 个格子中的数据申请内存空间,可以使用:

```
int top_left, top_centre, top_right;
int mid_left,mid_right;
int down_left, down_centre, down_right;
```

这种写法与图 2-1 对应,更漂亮,但这并不意味着在内存中对应的数据对象也是依照这样的次序存储的——内存是一个一维线性结构,在物理上就决定了不可能按二维方式安排存储空间。甚至也无法保证这些变量所指称的数据对象是按照次序存储的——这些数据对象存储在哪是编译器操心的事情,程序员要做的事情是解决问题。数据排列的问题只需要在输出时再考虑解决就可以了。与纸笔上解决问题不同的是,在计算机中数据的存储的与结果的显示是分离的。

完成了变量定义,相当于在纸上画好了格子——为数据准备好了存储空间。

2) 赋值运算

下面继续解题。小学生会先把已知数据写到格子中,而在 C 代码中则可以使用以下语句:

```
top_centre = 1;
mid_left = 2;
mid_right = 2;
down_right = 4;
```

这里的“=”是 C 语言中的一种运算符,其作用之一是把“=”右面的数值写到“=”左面标识符所指称的那个内存单元中,这个运算与“把已知数据写到格子中”相对应;各行中的“;”表示对于前面要求计算机所做的事情,程序执行到“;”这个位置时必须完成。

3) 次序

接着,小学生会根据三个数的和等于 10 求出右上角格子中的结果,而用 C 语言命令计算机做这件事情的语句是:

```
top_right = 10 - mid_right-down_right;
```

然后,求左上角格子中的数据。这一步一定要写在前一步之后,因为在程序中次序是一个极其重要的问题:

```
top_left = 10 - top_centre-top_right;
```

接下来,求左下角格子中的数据:

```
down_left = 10 - top_left-mid_left;
```

最后,求下面一行中间格子中的数据:

```
down_centre = 10 - down_left-down_right;
```

至此所有格子中的未知数据都已求出,最后只需要输出结果就可以了。下面是求解这一问题完整的代码:

程序代码 2 - 6

```
/ *
```

问题:填数。要求填好数后两横行上的三个数之和都为 10,两竖列上的三个数之和
也都为 10。

```
    ?   1   ?
    2   *   2
    ?   ?   4
* /
# include <stdio. h>
# include <stdlib. h>

int main(void)
{
    int top_left, top_centre, top_right;
    int mid_left,mid_right;
    int down_left, down_centre, down_right;

    top_centre = 1;
    mid_left = 2;
    mid_right = 2;
    down_right = 4;

    top_right = 10 - mid_right-down_right;
    top_left = 10 - top_centre-top_right;
    down_left = 10 - top_left-mid_left;
    down_centre = 10 - down_left-down_right;

    printf("%d %d %d\n", top_left, top_centre, top_right);
    printf("%d    %d\n", mid_left, mid_right);
    printf("%d %d %d\n", down_left, down_centre, down_right);

    system("PAUSE");
    return 0;
}
```

4) 变量的两种含义

从这个例子可以看出,变量就是一个被命名了的存储单元。目前我们用到的存储单元都是内存单元。通常可以用赋值运算向这个内存单元写入数据,也可以读出这个内存单元中的数据。变量的名字既可以表示这个内存单元,也可以表示这个内存单元中存储的值。

5) 变量的初始化

也可以在定义变量时直接把初值写到变量的存储单元中,这叫变量的初始化(Initialization),如下所示:

```
int top_left, top_centre = 1, top_right,
    mid_left  = 2,mid_right = 2,
    down_left, down_centre, down_right = 4;
```

注意,和前面代码不同的是,这里一次定义了 8 个变量,所以前两行的末尾是",,"而不是";"。

4. 改进的代码

程序代码 2-6 尽管能完成要求,但其中有两处瑕疵。首先,1、2、2、4 这些常数在代码中是用变量表示的,存在被无意中误修改的可能性,所以最好用常量表示这些常数;其次,10 这个常量也不宜直接给出,最好用符号常量表示。这样,不但可以降低出错的可能性,而且代码的可维护性也更好。良好的编程习惯总是能在不知不觉中避免一些无谓的错误。

修改之后的代码如下:

程序代码 2-7

```
/*
问题:填数。要求填好数后两横行上的三个数之和都为 10,两竖列上的三个数之和也都为 10。
    ?   1   ?
    2   *   2
    ?   ?   4
*/
#include <stdio.h>
#include <stdlib.h>

#define SUM 10

#define TOP_CENTRE 1
#define MID_LEFT 2
#define MID_RIGHT 2
#define DOWN_RIGHT 4

int main(void)
```

```
{
    int top_left, top_centre = TOP_CENTRE, top_right,
        mid_left = MID_LEFT, mid_right = MID_RIGHT,
        down_left, down_centre, down_right = DOWN_RIGHT;

    top_right = SUM - mid_right-down_right;
    top_left = SUM - top_centre-top_right;
    down_left = SUM - top_left-mid_left;
    down_centre = SUM - down_left-down_right;

    printf("%d %d %d\n", top_left, top_centre, top_right);
    printf("%d    %d\n", mid_left, mid_right);
    printf("%d %d %d\n", down_left, down_centre, down_right);

    system("PAUSE");
    return 0;
}
```

2.3.2 用变量解决问题

所谓变量,就是代码编写者所申请的、被命名了的、供程序编写者使用的存储单元。使用变量之前首先要定义变量,即向系统申请一个存储单元。

申请存储单元需要声明所要求内存单元的规格,即变量的数据类型,数据类型决定了变量所能存储数据的范围、对变量所能进行的运算以及这些运算的具体规则。

定义变量时,程序编写者还需要给这个变量取个名字,取名需要遵守标识符法则,这是最起码的要求。从良好风格方面来讲,所取名称还应该具有良好的可读性,即能够见名知意。

目前用到的变量在定义后其值是不确定的没有意义的垃圾值,所以在使用变量值进行运算之前必须先赋给变量一个有意义的初值,或对变量进行初始化——在变量定义时直接指定其初值。

以上是在语言层面讲解了变量的一些基本常识,下面通过两个例子了解一下在解决具体问题时应该如何使用变量。这两个问题在前面都以不使用变量的方法解决过,但使用变量,问题会解决得更加漂亮。

1. 计算 2 的 1 次幂到 10 次幂问题

在 2.2.3 中解决这个问题是根据幂的定义,每次用相乘的办法求出 2 的若干次幂。但实际上,如果让我们自己进行计算,多半是不会使用这种笨办法的。最可能的计算方法是:根据定义,2 的 0 次幂为 1,记住这个结果 1;然后用 2 乘以前面记住的 2 的 0 次幂的结果 1,得到 2 的 1 次幂为 2,再记住这个新的结果 2;接着用 2 乘以前面记住的 2 的 1 次幂的结果 2,得到 2 的 2 次幂为 4,再记住这个新的结果 4······

　　使用这种计算办法,每次计算所做的事情是相同的,这就意味着简单,同时也意味着易于描述。

　　用程序实现这种计算方法,需要用适当的方法"记住"中间的各个运算结果,而变量及对变量进行赋值运算就可以实现这个目的。

　　用 int 类型(结果在 int 类型数据的取值范围内)的变量 mi 存储这个中间结果,按照以上的计算方法,可得到如下代码:

程序代码 2-8

```c
/* 题目:计算 2 的 1 次幂到 10 次幂并输出 */
#include <stdio.h>
#include <stdlib.h>


int main(void)
{
    int mi = 1;/* 2 的 0 次幂为 1 */


    mi = mi * 2;//用记住的结果乘以 2 再存储到 mi 这个变量中
    printf("%d\n", mi);


    mi = mi * 2;
    printf("%d\n", mi);


    mi = mi * 2;
    printf("%d\n", mi);


    mi = mi * 2;
    printf("%d\n", mi);


    mi = mi * 2;
    printf("%d\n", mi);


    mi = mi * 2;
    printf("%d\n", mi);


    mi = mi * 2;
    printf("%d\n", mi);
```

```
    mi = mi * 2;
    printf(" % d\n", mi);

    mi = mi * 2;
    printf(" % d\n", mi);

    mi = mi * 2;
    printf(" % d\n", mi);

    system("PAUSE");
    return 0;
}
```

从中不难发现

```
    mi = mi * 2;
    printf(" % d\n", mi);
```

这两行代码反复出现,编辑时只要第一次写完,后面用复制粘贴的办法就可以轻松完成其他代码。这完全是使用变量简化了问题的描述所带来的益处。更大益处是,只要专心把这两行代码写正确了,其他各处代码的正确性也同时得到了保证。

2. 除法问题

前面 2.2.4 节中用常量求解 1 除以 7,计算至小数点后两位问题的写法非常复杂,甚至用到了"1%7 * 10%7 * 10/7"这样复杂晦涩的式子。下面用变量求解这个问题,体会一下变量的使用给代码带来的益处。

首先,定义两个变量 divisor 和 dividend 分别用来存储除数 7 和被除数 1,定义变量 quotient 和 remainder 分别用来存储除法运算得到商和余数:

```
    int divisor = 7, dividend = 1;
    int quotient, remainder;
```

计算的第一步是被除数除以除数得到商和余数,这可以用下面的代码表达:

```
    quotient = dividend / divisor;
    remainder = dividend % divisor;
```

然后输出计算得到的商:

```
    printf(" % d", quotient);
```

再输出小数点:

```
    printf(".");
```

接下来把余数扩大为原来的 10 倍(即在余数后面填一个 0)。由于被除数在求完商和余数之后原来的值已经没有用处,所以可以把余数扩大 10 倍之后得到的值存储到 dividend 变量中,这样就不需要再定义更多新的变量了,如下所示:

```
    dividend = remainder * 10;
```

这样,再后来的计算,就完全和第一步一模一样了。完整的代码如下:

程序代码 2 - 9

```
/*
问题:计算 1 除以 7,要求计算到小数点后两位。
*/
#include <stdio.h>
#include <stdlib.h>

int main(void)
{
    int divisor = 7,dividend = 1;
    int quotient, remainder;

    quotient = dividend / divisor;
    remainder = dividend % divisor;
    printf(" % i", quotient);

    printf(".");

    dividend = remainder * 10;
    quotient = dividend / divisor;
    remainder = dividend % divisor;
    printf(" % i", quotient);

    dividend = remainder * 10;
    quotient = dividend / divisor;
    remainder = dividend % divisor;
    printf(" % i", quotient);

    printf("\n");

    system("PAUSE");
    return 0;
}
```

这里输出 int 类型数据时用了%i 转换说明,这种转换说明与%d 等价。

2.4 其他整数类型

C 代码中用到的任何数据都属于某种数据类型,数据类型不但决定了该种数据的取值范围,也决定了该种数据可以拥有的运算种类以及运算规则。

本章前面介绍的常量和变量都属于 int 数据类型,这种类型的名称(Type-specifier)也可以写作 signed int 或 signed。这里的 signed 也是 C 语言用于描述数据类型的一个关键字,通常,在描述数据类型时,signed 或 int 可以省略。因此这种类型的名称其实是 signed int,由于 signed 或 int 可以省略,所以一般简洁地写为 int 或 signed。

掌握一种数据类型,一般从以下几个方面着手:

(1) 该种数据类型的名称;

(2) 该种数据类型的取值范围;

(3) 该种数据类型常量的书写方法;

(4) 该种数据类型常量的运算规则;

(5) 该种数据类型常量的输入输出方法。

除了 int 类型,C 语言还提供了其他几种用于表示整数的类型,这些用于表示整数的数据类型统称为整数类型(Integer Type)。下面依次介绍另外几种整数类型。

2.4.1　unsigned 类型

1. 类型名称

unsigned 类型也可以写作 unsigned int,可以使用这两个类型名称中的任何一个来定义变量,两种形式完全等价。例如:

```
unsigned u;
unsigned int u;
```

unsigned 类型主要用于描述出现在程序中的值在某一范围之内的非负整数数据。

2. 取值范围

C 语言本身没有规定这种数据类型的具体取值范围,只要求这个范围不能小于 0~65535,具体的范围由各个编译器自己确定。

和 int 类型类似,unsigned 的取值范围写在编译软件自带的 limits.h 文件中。在 limits.h 文件中,unsigned 的最大值用 UINT_MAX 表示,所以 unsigned 类型的取值范围为 0~UINT_MAX。在 Dev-C++ 和 VC++6.0 中 UINT_MAX 为 $2^{32}-1$,TC 2.0 中 UINT_MAX 为 $2^{16}-1$。

3. unsigned 类型常量的写法

unsigned 类型常量的写法与 int 类型常量的写法类似,不同之处在于:

(1) 数值应在 unsigned 类型的取值范围之内;

(2) 需要加后缀 U 或 u。

例如,值为 123 的 unsigned 类型常量的写法为:

123U

4. 运算规则

和 int 类型的数据类似,unsigned 类型的数据也有加、减、乘、除、取余等运算。和 int 类型的数据不同的是,即使运算结果不在 unsigned 类型的取值范围内,运算也有意义,而不属于无定义行为的代码。

例如,若在代码中出现 987654321 * 987654321 这样的运算,如果其运算结果超出了 int 类型数据的取值范围,那么这属于错误的代码。因为 987654321 是 int 类型数据,C

语言要求两个 int 类型数据相乘,得到的结果也应该在 int 类型数据的取值范围之内,否则代码属于错误的无定义行为。

但是代码中出现的 987654321U * 987654321 U 这样的表达则不属于错误的代码,虽然这个运算结果可能也超出了 unsigned 类型数据的取值范围。C 语言规定,这时得到的结果为对(UINT_MAX+1)求余的值。

换言之,本质上,对于 unsigned 类型数据而言,所谓的乘法运算,其实是

(***unsigned 类型数据*** * ***unsigned 类型数据***)%(UINT_MAX+1)

但是对于 int 类型的数据来说则不是这样。这再一次说明了数据类型与运算规则的微妙关系。同样一个"*"运算符,对于某种数据类型是一种运算,对于另一种数据类型来说则是另外一种运算。

5. 输出

用 printf() 函数输出 unsigned 类型数据时,对应的转换说明为%u、%o、%x 和%X。其中%u 输出的是十进制形式,%o 输出的是八进制形式,%x 和%X 输出的是十六进制形式。例如:

```
printf("%u", 123U);
printf("%o", 123U);
printf("%x", 123U);
printf("%X", 123U);
```

2.4.2 short、long 和 long long 类型

signed int(或 signed、int) 类型与 unsigned int(或 unsigned) 类型是一组成对的整数类型。在 C 语言中这样成对的整数类型还有几组,它们分别是:signed short int 与 unsigned short int;signed long int 与 unsigned long int;signed long long int 与 unsigned long long int。其中类型名称中的 int 和 signed 均可省略,最后两种是 C99 标准新增加的数据类型。下面用表格一并介绍它们的性质。

表 2-1　几种整数类型的常用性质

类型名称 (等价名称)	取值范围 (见 limits. h)	常量后缀	格式转换说明 (调用 printf()函数时)
signed short int (short、short int、signed short)	[SHRT_MIN, SHRT _MAX]	(没有此类型常量)	与 int 类型相同
unsigned short int (unsigned short)	[0, USHRT_MAX]	(没有此类型常量)	与 int 类型相同
signed long int (long、long int、 signed long)	[LONG_MIN, LONG_MAX]	L 或 1 (例如 123L)	%ld %li (ell)
unsigned long int (unsigned long)	[0, ULONG_MAX]	LU、lu、Lu 或 lU (例如 0X123LU)	%lu、%lo、%lx、%lX

类型名称 （等价名称）	取值范围 （见 limits. h）	常量后缀	格式转换说明 （调用 printf()函数时）
signed long long int （long long、 signed long long、 long long int）	[LLONG_MIN, LLONG_MAX]	LL 或 ll 或 Ll 或 lL （例如 0123LL）	%lld %lli
unsigned long long int （unsigned long long）	[0,ULONG_MAX]	LLU、LLu 、llU、llu、 lLU、lLu、lLU 或 lLu （例如 0123LLU）	%llu、%llo、%llx、%llX

下面的代码用于输出这些类型在所用的编译器上的最大值与最小值。由于用到了在 limits. h 中定义的表示这些类型的最大值与最小值的符号常量，所以在代码开头需要加上

＃include ＜limits. h＞

这条编译预处理命令。

程序代码 2－10

```
# include <stdio.h>
# include <stdlib.h>
# include <limits.h>

int main(void)
{
  printf("int 类型的最大值为 %d\n",INT_MAX);
  printf("int 类型的最小值为 %d\n",INT_MIN);

  printf("\n");
  printf("unsigned 类型的最大值为 %u\n",UINT_MAX);

  printf("\n");
  printf("short 类型的最大值为 %d\n",SHRT_MAX);
  printf("short 类型的最小值为 %d\n",SHRT_MIN);

  printf("\n");
  printf("unsigned short 类型的最大值为 %u\n",USHRT_MAX);

  printf("\n");
  printf("long 类型的最大值为 %ld\n",LONG_MAX);
  printf("long 类型的最小值为 %ld\n",LONG_MIN);

  printf("\n");
  printf("unsigned long 类型的最大值为 %lu\n",ULONG_MAX);

  system("PAUSE");
  return 0;
}
```

2.4.3 字符类型

1. 字符类型的种类

字符类型(Character Type)包含三种数据类型:char,signed char 和 unsigned char,它们都属于整数类型(Integer Type)。其中 char 类型可能与 signed char 类型的行为一致,也可能与 unsigned char 类型的行为一致,取决于编译器自己的规定。

C 语言规定字符类型的尺寸为一个字节。本质上字符类型就是一个取值范围较小的整数类型,由于这种类型恰好能够存储一个西文字符的编码,所以常用来存储字符数据。

2. 字符类型的取值范围

字符类型的取值范围也在 limits.h 文件中指定,signed char 和 unsigned char 类型的取值范围分别为[CHAR_MIN, CHAR _MAX]和[0, UCHAR_MAX]。

3. 字符常量问题

C 语言中并没有字符类型的常量,但有一种叫做字符常量(Character Constant)的常量。字符常量用来写出某一字符的编码。例如,如果在代码中需要写出字符 A 的编码,可以写作

```
'A'
```

这就是字符 A 的编码。如果机器采用的是 ASCII 码,那么它的值就是 65,这个常量和整数常量 65 是完全等价的。因为在 ASCII 码系统中,字符 A 的编码为 65。

顺便说一句,尽管在代码中直接写 65 与写'A'完全等价,但显然不如后者优雅,因为后者的意义更明确,代码更直观。

和在裸串中一样,对于无法直接写出的字符,可以用转义字符表示,例如:

'\n'

相反的情况也存在,即知道字符的编码,但不清楚究竟其对应的是哪个字符,或者该字符无法直接写出,这时可以通过该字符的编码来表示这个字符,表示的方法有两种形式:

'\ooo'

'\0xHH'(或'\0XHH')

其中,"ooo"为最多 3 位的八进制非负整数,"HH"为最多 2 位的十六进制非负整数。例如:

'\101'

和 65 是等价的。因为八进制的 101 就是十进制的 65。

有两点特别需要说明:第一就是字符常量的数据类型是 int 类型,而不是字符类型;第二就是单引号中间也可以写多个字符,例如"'AB'",但这种字符常量的具体含义取决于各个编译器自己的规定。

4. 字符类型变量的赋值问题

和其他数据类型一样,可以用字符类型的类型名称来定义字符类型变量,例如:

```
char c;
signed char sc;
unsigned char uc;
```

但由此会产生一个问题,即应该如何对这些变量赋初值。因为从理论上来说,赋值应该在相同类型数据之间进行,但是在 C 语言中却没有与字符类型对应的常量。

本质上,字符类型其实是一种"小"整数类型,应该用在其取值范围内的整数对其赋值,因此需要解决的问题是如何获得字符类型的整数。

C 语言提供了一种类型转换运算(Cast Operate),这种运算可以由某种数据类型的值求得另一种数据类型的对应值。例如:

    (char) 65

得到的就是 char 类型的 65。类型转换运算的运算符为一对"()"内写上某种类型的名字:

(*type-name*)

其作用是根据某个数据类型的值求得另一种数据类型对应的值。例如:

    (unsigned)123

得到的是值为 123 的 unsigned 类型的值,即 123U。

这样,如果希望 char 类型变量 c 被赋值为字符 A 的编码值,就可以通过

    c = (char) ´A´

来完成。因为这里´A´就表示字符 A 的编码值(int 类型),经过(char)这个类型转换运算,(char)´A´得到的就是字符 A 的 char 类型的编码值。

但是这种写法有些繁琐,如果代码中需要类型转换的地方较多,代码将非常臃肿。因此 C 语言也容许下面的写法:

    c = ´A´

这里虽然没有明写类型转换,但是由于"="两侧的数据类型不同,编译器会自动将"="右侧数据的类型转换为"="左侧数据的类型,再将转换后的结果赋值给"="左侧的数据对象。

这种没有明确写出,但按照事先的约定事实上存在的类型转换叫做隐式类型转换(Implicit Conversion)。与之对应,明确写出类型转换运算的叫显式类型转换(Explicit Conversion)。

5. 输出字符

输出字符并不需要字符类型数据,而是需要 int 类型数据。有两种常用的输出字符的方法,一种是调用 printf()函数,转换说明为%c,并提供给该函数所要输出字符的编码值。例如:

    printf("%c", ´A´);

这条语句输出字符 A。其中的´A´是字符 A 的编码值,类型为 int 类型。

另一种常用方法是调用 putchar()函数,只需要提供所要输出字符的编码值。例如:

    putchar (´A´);

输出单个字符时,后者较为简洁直接,前者则较为复杂。

存储字符编码的字符型变量也可以用来输出字符,例如:

```
char c = ´A´;
printf("%c", c);
c = c + 1;
putchar(c);
```

程序将输出 AB 两个字符。

需要说明的是,上面这段代码其实与下面的代码等价:

```
char c = ´A´;
printf("%c", (int)c);
c = c + 1;
putchar((int)c);
```

即函数调用中的两个 c 的值其实都被转换成了 int 类型的值。这是因为 C 语言规定,在表达式中可以使用 int 或 unsigned 类型数据的场合皆可以使用 char、short(包括 signed 和 unsigned)类型数据。如果后一种类型的所有值都在 int 类型的取值范围之内,那么后者的值被转换成 int 类型的值,否则被转换成 unsigned int 类型的值。这叫整数提升 (Integer Promotion)。

因此,代码中所有用到的字符类型的值(右),其实都是经过类型转换运算得到的 int 类型的值或 unsigned 类型的值。

6. ASCII 码

ASCII(American Standard Code for Information Interchange,美国信息交换标准代码)是基于拉丁字母的一套电脑编码系统。它主要用于显示现代英语,而其扩展版本 EASCII 则可以部分支持其他西欧语言,并等同于国际标准 ISO/IEC 646。

在本书中字符假定为按 ASCII 编码方式存储,编码表见附录 C。

2.5　卡片问题

前面介绍了其他几种整数类型的知识,作为对这些知识的一个应用,本小节求解如下问题。

1. 问题

5 张卡片排成一列,上面依次写着 A、B、C、D、E。把第 1 张插入第 3 和第 4 张之间,再把第 2 张插入第 4 和第 5 张之间,然后把第 5 张插入第 1 和第 2 张之间。问此时卡片上的字母的顺序是什么样的?

2. 分析

用计算机解决问题,实际上可以看作对用笔、纸解决问题的一种抽象和模拟,程序代码则可以看作对解决方案和求解过程的描述和表示。

因而,用程序解决问题的前提是用笔在纸上能通过有限的步骤实施这种解决方案。在不清楚应该如何写代码的情况下,可以用笔在纸上实际地研究并实践一下问题的解决方法,并归纳出解决的方法和步骤。如果用笔在纸上都无法解决问题,就根本谈不上写代码。

首先,问题要求把 5 张卡片排成一列,上面依次写着 A、B、C、D、E,如图 2-2 所示:

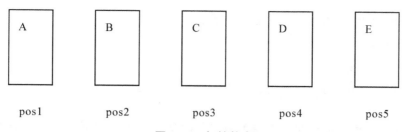

图 2-2　初始状态

把第 1 张插入第 3 和第 4 张之间可以通过如下步骤完成(如图 2-3 所示)：

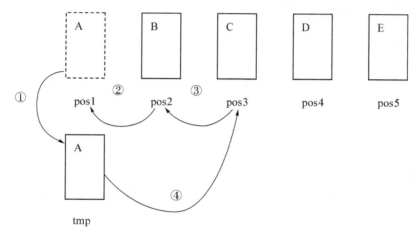

图 2-3　移动过程

(1) 把第 1 张卡片移开到一个临时位置；

(2) 把第 2 张卡片移到位置 1；

(3) 把第 3 张卡片移到位置 2；

(4) 把临时位置的卡片移到位置 3。

在这个过程中,需要分别记录一共 5+1 个位置上的数据,这在代码中可以通过申请5+1 个内存单元来模拟并实现,即定义 5+1 个变量来"记忆"各个位置上的数据及其变化情况。

题目中涉及的数据有 A、B、C、D、E 一共 5 个,所以可以用任何一种能表示 5 种不同状态的数据类型来表示。由于数据是 A、B、C、D、E 这 5 个字母,显然用 char 类型更为直观方便。这样,移动过程中的 5+1 个位置可以用 5+1 个 char 类型的变量来模拟。对应的代码为：

```
char pos1, pos2, pos3, pos4, pos5;
char tmp;
```

其中 5 个位置上有初始值如下：

```
char pos1 = 'A', pos2 = 'B', pos3 = 'C', pos4 = 'D', pos5 = 'E';
```

在计算机内部,这实际上是把 A、B、C、D、E 这 5 个字符的编码(编号)写在了几个变量所表示的内存单元中。

移动的过程可以用赋值运算表示如下：

(1) 把第 1 张卡片移开到一个临时位置：

```
 tmp = pos1;
```

内存中的情况为：

pos1：'A'　　　pos2：'B'　　　pos3：'C'　　　pos4：'D'　　　pos5：'E'

tmp ：'A'

注意,这时虽然 tmp 变量中存储的是'A',但是 pos1 变量中的值并没有改变,依然是'A',因为没有任何代码命令 CPU 改变 pos1 变量的值。后面依此类推。这是计算机模拟和现实中移动卡片有所不同的地方。

(2) 把第 2 张卡片移到位置 1：

```
 pos1 = pos2;
```

内存中的情况为：

pos1：'B'　　　pos2：'B'　　　pos3：'C'　　　pos4：'D'　　　pos5：'E'

tmp ：'A'

(3) 把第 3 张卡片移到位置 2：

```
 pos2 = pos3;
```

内存中的情况为：

pos1：'B'　　　pos2：'C'　　　pos3：'C'　　　pos4：'D'　　　pos5：'E'

tmp ：'A'

(4) 把临时位置的卡片移到位置 3：

```
 pos3 = tmp;
```

内存中的情况最后成为：

pos1：'B'　　　pos2：'C'　　　pos3：'A'　　　pos4：'D'　　　pos5：'E'

tmp ：'A'

这样就完成了把第 1 张卡片插入第 3 和第 4 张之间的模拟。输出可以用 printf()函数,如：

```
    printf("%c%c%c%c%c\n",pos1,pos2,pos3,pos4,pos5);
```

也可以用 putchar()函数输出。

3. 代码

下面是完整的代码：

程序代码 2 - 11

```
 /*
   5 张卡片排成一列,上面依次写着 A、B、C、D、E。
   把第 1 张插入第 3 和第 4 张之间,
   再把第 2 张插入第 4 和第 5 张之间,
   然后把第 5 张插入第 1 和第 2 张之间。
   问此时卡片上的字母的顺序是什么样的?
   */
```

```c
#include <stdio.h>
#include <stdlib.h>

int main(void)
{
    char pos1 = 'A', pos2 = 'B', pos3 = 'C', pos4 = 'D', pos5 = 'E';
    char tmp;

    //把第 1 张插入第 3 和第 4 张之间
    tmp = pos1;
    pos1 = pos2;
    pos2 = pos3;
    pos3 = tmp;

    //把第 2 张插入第 4 和第 5 张之间
    tmp = pos2;
    pos2 = pos3;
    pos3 = pos4;
    pos4 = tmp;

    //把第 5 张插入第 1 和第 2 张之间
    tmp = pos5;
    pos5 = pos4;
    pos4 = pos3;
    pos3 = pos2;
    pos2 = tmp;

    //输出
    putchar(pos1);
    putchar(pos2);
    putchar(pos3);
    putchar(pos4);
    putchar(pos5);
    putchar('\n');

    system("PAUSE");
    return 0;
}
```

4. 要点

程序代码 2-11 实际上演示了一种交换变量值的方法。在程序设计中,交换两个变量的值通常都需要借助一个临时变量。下面的代码无法实现交换两个变量的值:

```
int a = 3, b = 5;
a = b;
b = a;
printf("a = %d b = %d\n");
```

运行这段代码,将会发现输出的结果为:

a＝5 b＝5

这是因为在 a＝b 时,a 变量中存储的数值变成了 5,原来存储的 3 已经"消失"了。从这点看,计算机的内存有些像黑板。当你向某个位置写一个值,那么那个位置原来的值就被"遮盖"或"擦"掉了。

另一个需要注意的问题就是次序。各条语句一定要严格按照解决步骤的次序写,否则得到的很可能是完全错误的结果。实际上,"program"这个词本身就有"顺序""次序"的含义。

2.6 运行时输入数据——调用 scanf( )函数

前面所解决的问题,问题的已知条件都是在编写代码时已经确定了的。这样的代码只能解决某些特定问题,而无法通用地解决某一类问题。比如,前面的 2.2.3 节中解决计算 2 的 1 次幂到 10 次幂问题的代码,就只能解决 2 的 1 次幂到 10 次幂的计算问题,而无法解决 3 的 1 次幂到 10 次幂的计算问题。

在程序运行时再确定已知条件则会使程序有更广泛的意义。比如,在程序运行时再告诉程序需要计算的究竟是几的 1 次幂到 10 次幂,则会使程序解决更多更广泛的同类问题。

在程序运行时确定已知条件要求程序能够在运行时从外部输入数据。输入数据有很多方法,这里首先介绍通过调用 scanf()函数输入数据的方法。

2.6.1 scanf( )函数概述

如果需要在程序运行期间由程序的使用者给变量输入一个值,可以调用库函数 scanf()。和调用 printf()一样,调用 scanf()也需要在调用前加上预处理命令 ♯ include ＜stdio. h ＞,如果这条命令已经写了,就不必再写了。

对于如下代码:

```
int i;
scanf("%d",&i);
```

若从键盘键入 1、2、3,那么 scanf()会把读取键入的 1、2、3 字符序列理解为十进制格式的 123,然后转化成二进制形式 0000 0000 0000 0000 0000 0000 0111 1011,再拷贝到变量 i 所代表的那个连续的内存空间中去。这样变量 i 的值就成了 123(用十进制来说)。

这里一定要注意变量名前面有一个"&"。因为这个参数应该是一个指针,&i 就是指向变量 i 的指针。

另外需要注意的是,对于不同的数据类型应该使用不同的转换说明(Conversion Specification)。下表给出了输入不同数据类型数据时对应的转换说明。

表 2 – 2　几种整数类型的转换说明

数据对象的数据类型	格式转换说明 (调用 scanf( )函数时)	键入字符的含义
int	%d,%i	十进制整数
unsigned	%u	十进制整数
unsigned	%o	八进制整数
unsigned	%x,%X	十六进制整数
char	%c	字符
long	%ld,%li	十进制整数
short / unsigned short	%hd,%hi	十进制整数

这个表格只列出了最常见的几种情形。一般来说,对于 long 类型,只要在对应 int 类型的转换说明中加"l"(ell)就可以了,对于 short 类型,只要在对应 int 类型的转换说明中加"h"就可以了。例如,对于 unsigned long 类型,可以用%lu、%lo、%lx 或%lX。

2.6.2　scanf( )函数的应用

下面的问题与 2.2.3 节的问题类似,所不同的是底数是在程序运行时由用户指定的。

1. 问题

计算并输出 n 的 1 次幂、2 次幂……10 次幂,n 由键盘输入。

2. 代码

完整代码如下所示:

程序代码 2 – 12

```
/ *
问题:计算并输出 n 的 1 次幂、2 次幂……10 次幂,n 由键盘输入。
* /
# include <stdio.h>

int main(void)
{
  int mi = 1;              //定义 int 类型变量,存储幂
                          //因为连乘,所以赋初值为 1
  int n;

  printf("n = ?");
  scanf(" % d", &n);       //将标准输入设备的字符序列作为十进制数字转换,将转
                          //换结果存入 n
```

```
        mi = mi * n;                    //计算 n 的 1 次幂,存于变量 mi 中
        printf(" % d\n", mi);

        mi = mi * n;
        printf(" % d\n", mi);

        mi = mi * n;
        printf(" % d\n", mi);

        mi = mi * n;
        printf(" % d\n", mi);

        mi = mi * n;
        printf(" % d\n", mi);

        mi = mi * n;
        printf(" % d\n", mi);

        mi = mi * n;
        printf(" % d\n", mi);

        mi = mi * n;
        printf(" % d\n", mi);

        mi = mi * n;
        printf(" % d\n", mi);

        mi = mi * n;
        printf(" % d\n", mi);

        return 0;
}
```

2.6.3　scanf()函数注意事项

在调用 printf()时,在格式字符串中添加空白字符和非空白字符通常是一种良好的编程习惯,因为可以使输出更加清晰;而在调用 scanf()函数时,在格式字符串中添加空白字符和非空白字符通常是一种编程恶习。下面是这种恶习的例子:

```
scanf("a=%d,b=%d,c=%d", &a, &b, &c);
scanf("%d\n", &i);
```

前者要求程序使用者在输入时必须输入"a=""b=""c="这些字符,但是输入的这些字符是根本没用的。非但如此,按这种要求输入时一不小心还极其容易出错。

后者在格式字符串中写了一个空白字符"\n"。由于 scanf()的格式字符串中的空白字符的含义是对应输入流中的任意多的空白字符(回车、空格、TAB),因此程序运行时会发现无论输入多少次回车,程序都毫无反应。因为对于 scanf()来说由于这个"\n"对应无数个连续的空白字符,所以只要继续输入空白字符,scanf()就不可能结束调用。

2.6.4 良好的风格

具有良好风格的代码应该在执行 scanf()之前给用户以适当的提示,这样的程序的用户体验更好,更有亲和力,也更不容易出错。例如:

```
int i;
printf("i=");              //提示程序使用者需要输入的内容、格式等
scanf("%d",&i);
```

从键盘输入多个变量的值时,可以参考下面的写法:

```
int i,j;
printf("输入 i 和 j 的值:");
scanf("%d%d",&i,&j);
```

第3章 运算符、表达式及语句

抽象和模糊完全不同,抽象的目的并不是把事情变模糊,而是去创建一个新的语义层,在那里是绝对精确的描述。

3.1 运算符的基本概念

3.1.1 运算符

运算符(Operator)是命令计算机执行某个计算动作的符号,类似于自然语言中的动词,只不过主语永远是计算机的CPU。

例如"1+2"这样的代码中的"+"就是一个运算符,它命令计算机完成一个加法动作。

3.1.2 操作数

正如同自然语言中的动词必须和名词组合在一起才能完整地描述出动作一样,运算符也必须和相应的"名词"在一起才能完整地描述出CPU要进行的运算。这种和运算符搭配在一起的"名词"叫做操作数(Operand)。例如"1+2"中的"1"和"2"就是"+"这个运算符的操作数,类似于自然语言中的宾语。因此,"1+2"的含义可以通俗地理解为让CPU对1和2做加法运算求得结果。

对于不同类型的运算对象,同样一个运算符的运算含义可能并不相同,这一点需要予以注意。C语言中很多符号的意义与语境的具体上下文有关。

3.1.3 运算符的种类

不同的运算符需要的操作数的个数是不一样的,有的需要一个,有的需要两个,有的需要三个。

只有一个操作数的运算符叫一元运算符(Unary Operator),需要两个的叫二元运算符(Binary Operator),此外还有一种三元运算符(Ternary Operator)需要三个操作数。

同一个符号,有时需要根据它的操作数的数目才能确定是何种运算符。比如"1−2"中的"−",由于有两个操作数,因此是减法运算符;而在"−2"中,只有一个操作数,因此是求负值运算符。

3.2　表达式(Expression)

3.2.1　表达式的种类

表达式(Expression)就是由运算符和操作数构成的序列,但是在表达式中也可以没有运算符,比如单独一个常量也是表达式。

有些表达式被叫做基本表达式(Primary expressions),几乎所有表达式都是由基本表达式或由基本表达式与运算符构成的(只有一个例外),因此这里首先介绍基本表达式。

1. 基本表达式(Primary Expressions)

C 语言把如下几种表达式叫做基本表达式:

(1) **常量(Constant)**,例如:123U,0x123,'A';

(2) **变量名**;

(3) **函数名**,例如:printf;

(4) **裸串(String-literal)**,例如:"abc";

(5) **形如"(表达式)"的表达式**,例如:(2+3)。

注意,最后一种基本表达式中的"()"并不是运算符而是一种界定符,它表示括号内部的表达式作为一个不可割裂的整体参与运算。

了解基本表达式的目的是知道它们都有自己的值并可以参与运算。对于任何值,首先要关心的问题就是这个值的数据类型是什么。

以上几种基本表达式的值的数据类型,有些是前面已经讲解过了的,比如 123U,0x123,'A',有些则不是一两句话能说清楚的,留待后面用到时继续讨论。目前只要知道函数名和裸串也都是表达式,也都有值和数据类型就可以了。

2. 有运算符的表达式

有运算符的表达式类似于自然语言中的词组,是由 C 语言中某些种类的"单词"依照语法规则构成的。具体来说就是由运算符和基本表达式组成的。例如:

2 * 2

mi * 2

3. 子表达式

有些表达式是其他表达式的一部分,此时称前者为后者的子表达式。例如 1+2 是1+2+3 的子表达式。

3.2.2　认识表达式

表达式是对计算机最基本的命令的组合,因此不全面了解表达式就无法构造出良好的程序代码,甚至无法读懂代码。而了解表达式首先要认识什么是表达式。

很多人都能看出 2 * 2,mi * 2 是表达式,这是因为这些写法和数学的表示方式非常一致或接近。但是由于 C 语言的运算符非常丰富,有一些表达式和数学上的大相径庭或意义完全不同。比如:

i=3

"="在 C 语言中是一个运算符,i 作为变量名是一个基本表达式,3 作为一个 int 类型的常量也是一个基本表达式,这两个基本表达式与运算符"＝"按照语法规则组合在一起构成的也是一个表达式。

再比如:

printf("i＝")

printf 作为函数名是一个基本表达式,"i＝"作为一个裸串也是一个基本表达式,"()"是 C 语言中的一个运算符,它们按照语法规则形成的序列也是一个表达式,这个表达式也有自己的值和数据类型。

注意,printf("i＝")这个表达式中并没有";"。";"并不是 C 语言的运算符,无法参与构成表达式。

3.2.3　表达式的作用与副效应

1. 表达式的作用

表达式的基本用途是求值,所以任何表达式都有一个值(无值则称为表达式的值的类型为 void 类型,void 类型是一种值为空集的类型)。表达式表示的含义首先就是这个值。

表达式表示通过一系列运算求值。因此,表达式也表示要求计算机进行一系列运算。

例如,表达式 2＋3 不但表示要求计算机计算 int 类型的 2 与 int 类型的 3 的和,也同时表示这个和的值——5,其数据类型是 int 类型。

再如,表达式－123 是对 int 类型的常量 123 做"－"运算,也表示所求的值－123,其数据类型也是 int 类型。

对于

int i；

i＝5 也是一个表达式,这个表达式也会求得一个值,这个值就是 i 被赋予的值,即 5。

```
printf("%d\n", i＝5);
```

的输出结果为 5。这是因为 i＝5 这个表达式的值为 5。

printf("abc")是一个函数调用表达式(注意不含";"),其值是 3(输出字符的个数),这可以通过如下代码证实:

```
printf("%d\n", printf("abc"));
```

这段代码的输出结果是:

abc3

输出的那个 3 就是 printf("abc")这个表达式的值。

类似地,scanf("%d%d%d",&i,&j,&k)也是函数调用表达式,这个表达式的值可能为 0,1,2,3,这个值等于内存数据对象被正确写入的项数。

学到这里,回过头来再审视一下前一章的程序代码 2－9,就会发现这段代码可以做进一步改进。在程序代码 2－9 中

```
int divisor = 7, dividend = 1;
int quotient, remainder;

/* …… */

dividend = remainder * 10;
quotient = dividend / divisor;
remainder = dividend % divisor;
printf("%i", quotient);
/* …… */
```

用到了变量 quotient 存储 dividend 除以 divisor 得到的商,然后输出这个商值。这显然有
些多此一举,因为 dividend / divisor 这个表达式本身就同时表示这个商值,所以 quotient
这个变量其实是根本没必要的。同理,remainder 这个变量也不需要。代码可以写得更
简洁,如下所示:

程序代码 3 - 1

```
/*
问题:计算 1 除以 7,要求计算到小数点后两位。
*/
#include <stdio.h>
#include <stdlib.h>
int main(void)
{
  int divisor = 7, dividend = 1;

  printf("%d", dividend / divisor);
  dividend = dividend % divisor * 10;

  printf(".");

  printf("%d", dividend / divisor);
  dividend = dividend % divisor * 10;

  printf("%d", dividend / divisor);
  dividend = dividend % divisor * 10;

  printf("\n");

  system("PAUSE");
  return 0;
}
```

2. 表达式的副效应(Side Effect)

表达式在求值之外带来的一切效果都叫副效应。例如:mi=3 这个表达式的值为 3,副效应是 mi 被赋值为 3;printf("abc")这个表达式的值为 3,副效应是在标准输出设备上输出 a、b、c 三个字符;scanf("%d%d%d",&i,&j,&k)这个表达式的副效应为将 i、j、k 三个变量赋值或将其中几个赋值,表达式的值为被赋值了的变量的数目。

有些表达式只求值没有副效应,例如 2+3 这个表达式就只有值而没有其他副效应;有些表达式则既有值又有副效应,例如 printf("abc")这个表达式。对于既有值又有副效应的表达式,代码中有的时候用到的可能只是它的值,有的时候只用到它的副效应,也有的时候既用到它的值,也用到它的副效应。

表达式既有值又可以得到副效应的性质可以使代码更为简洁优雅。例如前面计算输出 n 的 1 次幂到 10 次幂问题的程序代码 2-12,可以用如下方法来写:

程序代码 3-2

```
#include <stdio.h>
#include <stdlib.h>

int main(void)
{
    int mi = 1;              //定义 int 类型变量,存储幂
                             //因为连乘,所以赋初值为 1

    int n;

    printf("n = ?");
    scanf("%d", &n);         //将标准输入设备的字符序列作为十进制数字转换,将转
                             //换结果存入 n

    //计算 n 的 1 次幂,存于变量 mi 中
    printf("%d\n", mi = mi * n);

    printf("%d\n", mi = mi * n);

    printf("%d\n", mi = mi * n);

    printf("%d\n", mi = mi * n);

    printf("%d\n", mi = mi * n);

    printf("%d\n", mi = mi * n);
```

```
    printf("%d\n", mi = mi * n);

    printf("%d\n", mi = mi * n);

    printf("%d\n", mi = mi * n);

    printf("%d\n", mi = mi * n);

    system("PAUSE");
    return 0;
}
```

其中的 mi＝mi * n 表达式的值就是 mi 被赋予的值,这个表达式同时也完成了所要求的副效应,即将 mi * n 的值写入了 mi 这个变量所代表的那个内存空间。

顺便说一句,mi＝mi * n 这个表达式还可以用另一种写法代替——mi * ＝n,后者完成的功能和前者是一样的,因此与前者有相同的值和副效应。

"* ＝"也是 C 语言中的一个运算符(参见附录 D),这个运算符的副效应是把"* ＝"两侧的数据的积写到左边那个表达式中,表达式的值就是写入的那个值。

3.2.4　表达式的左值与右值

同样形式的表达式在代码的不同上下文中可能有不同的含义,例如:

```
int i = 3;
i = i + 5
```

这个表达式中两个 i 的含义不同。"＝"左面的 i 表示的是一个内存空间,右面的 i 表示的则是这个内存空间中数据的值。前者被称为左值(Left Value),后者则被称为右值(Right Value)。

所谓左值,其含义是一个内存空间,这个值与该内存空间中的数据无涉。而所谓右值指的则是数据的具体数值,但不关心数据所在的位置。

有些运算要求左值,例如"＝"左侧的运算对象必须是左值,因此"＝"左侧的表达式必须能够表示一个内存空间。目前学到的可以表示一个内存空间的表达式只有变量名。如果把无法表示内存空间的表达式即非左值表达式放在"＝"的左侧是错误的。例如:

```
2 = 3
3 + 2 = 5
#define HE 15
HE = 3
```

都是错误的,因为 2、3＋2 和 HE 这几个表达式都不是赋值运算所要求的左值。scanf()函数中经常用到的一元的"&"运算符也要求运算对象必须为左值。

能表示左值的表达式一般也可以用来表示右值,但能表示右值的表达式不一定能表示左值。

3.3 运算符的优先级和结合性

3.3.1 从 sizeof 说起

sizeof 是一个很奇特的运算符。首先它是 C 语言中唯一一个由关键字构成的运算符;其次,它可以有一个特殊操作数,这种特殊操作数的形式为

(*type-name*)

其中的 *type-name* 为某种数据类型的名称,例如(int),(char)。

sizeof 是一个一元运算符,只有一个操作数。sizeof 运算的意义是求出某种类型数据在计算机内存中存储时的字节数,例如 sizeof(int)得到的就是 int 类型数据在计算机内存中存储时的字节数。

除了前面那种形式的操作数,sizeof 还可以某个具体的数据作为操作数,得到的就是这个数据的数据类型所占用的字节数。比如,对于

int i;

sizeof i 的计算结果和 sizeof(int)完全一样,因为 i 是 int 类型。

再比如,sizeof 1 的值也和 sizeof(int)一样,因为常量 1 是 int 类型。

那么问题来了,sizeof 1 * 2 的值应该是多少? 问题的答案取决于对 sizeof 1 * 2 的解释。这个表达式可能被解释为(sizeof 1) * 2,也可能被解释为 sizeof (1 * 2)。对于前者,得到的结果是 sizeof(int)的 2 倍;对于后者,由于 1 * 2 为 int 类型,所以得到的结果和 sizeof(int)一样。

同一个表达式存在两种解释,这对于程序设计语言是无论如何都不允许的。因为程序设计语言的受众之一是计算机,每一句话的含义都不仅必须正确无误还必须精准唯一。

用基本表达式可以解决这个问题,即加上括号,明确写出 sizeof (1 * 2)和(sizeof 1) * 2 这样的表达。但是当表达式中出现的运算符较多时,大量的"()"势必使得代码臃肿不堪,难以阅读。

因此,为了解决这种问题,使表达式有唯一的解释又不至于书写过多的"()",C 语言规定了运算符的优先级。

除此之外,当表达式中出现多个运算符时,还会产生一些不易察觉的问题。比如:

```
1 + 2 + 3
```

表示的是(1+2)+3 还是 1+(2+3)?

在数学上它们是等价的,因为加法满足结合律。但在程序设计语言中,就一般意义而言它们却未必是相同的。一般来说,程序设计中的运算并不一定满足数学中的结合律。

为此,C 语言又规定了运算符的结合性。

3.3.2 优先级的概念

C 语言运算符一共有 16 个等级(见附录 D),等级越高表示优先级越高。当表达式中出现优先级不同的多个运算符时,优先级高的运算符先选择运算对象。例如:

```
1+2 * 3
```

由于"＊"的优先级高于"＋"，因此这个表达式表示的是

```
1+(2 * 3)
```

的含义。

　　而对于

```
sizeof 1 * 2
```

来说，由于 sizeof 运算符的优先级高于"＊"（乘法）运算符，因此这个表达式表示的含义是

```
(sizeof 1) * 2
```

　　C 语言运算符优先级的规则有点类似于算术运算中的"先乘除后加减"规则，但又有本质的不同。运算符优先级解决的问题只是表达式中运算对象如何分组、表达式的含义应该如何解释的问题，但真正的求值次序是实现（编译器）自行确定的，从优先级出发无法判断求值的次序。这也并不是程序员应该关心的问题。例如，对于表达式

```
(a+b)-(c * d)
```

我们无从得知计算机先计算的是 a+b 还是 c＊d。对于代码编写者来说，问题在于表达清楚要求的是(a+b)和(c＊d)的差，而不是这两者按照何种次序求值。所以一般不要写结果依赖于运算次序的代码，也不应该追究求值次序的问题。

　　求值次序并不是用优先级规定的，而是取决于某几个运算符本身的运算性质或通过特定语句表达的。除此之外，程序员追究表达式求值次序非但是不可能的，更是毫无意义的。程序员的任务是明确告诉计算机谁和谁做运算，而不是指导计算机先做哪个运算后做哪个运算。

3.3.3　结合性的概念

　　运算符结合性要解决的是同一表达式中出现相同优先级的运算符时，表达式应该如何解释的问题。例如，对于表达式

```
1-2+3
```

"－"、"＋"这两个运算符的优先级相同，但由于它们的结合性从左到右，因此它表示的是

```
(1-2)+3
```

而不是

```
1-(2+3)
```

　　再如：

```
int i,j,k;
i=j=k=6
```

由于"＝"运算符的结合性为从右到左，因此它表示的是

```
i=(j=(k=6))
```

　　注意，这里同时用到了表达式的值和副效应。

3.4 语句(Statement)

3.4.1 什么是语句

语句是对待执行的动作的具体说明(A statement specifies an action to be performed.)。语句规定了一组运算动作的次序、执行条件和如何结束。因此掌握 C 语言的语句,就需要精准地了解动作的次序、执行条件以及如何结束。

在 C 语言中,所有的语句都出现在函数内部。C 语言的语句有如下几种:

1. 空语句

空语句有"{}"和";"两种,空语句不执行任何动作。后面将会看到,空语句主要用于构造、合成其他语句。

2. 表达式语句

任何一个表达式后面加上";"就构成了一条语句,这就是表达式语句。例如:

```
2 + 3;
i = j = k = 5;
```

其中的";"的含义是,前面表达式中所规定的一切动作,包括求值和副效应,到";"这里必须按规定全部完成。

再比如前面的

```
printf("%d\n", mi = mi * n);
printf("%d\n", mi = mi * n);
```

这是两条表达式语句,其中的 printf("%d\n", mi = mi * n)是函数调用表达式。在第一个";"处,mi = mi * n 这个表达式的求值及其副效应必须完成,这样计算机才可能正确地执行下一条语句。

3. 控制语句

控制语句是具有特殊的结构、表示特殊的次序规定的语句。后面将详述。

4. 复合语句

由在"{}"之内的若干条语句或声明所合成的一条语句叫复合语句。例如:

```
int main(void)
{
    return 0;
}
```

本质上写代码就是在 int main(void)后面写出一条语句。

复合语句在语法上相当于一条语句。当代码中某处只允许写一条语句而其功能又需要多条语句完成时,就需要使用复合语句。

复合语句也可以作为一条独立的语句使用,使用这种模块有时可以使代码更清晰,可读性更好。例如,下面是一个交换两个变量值的程序:

程序代码 3－3

```
#include <stdio.h>
#include <stdlib.h>

int main(void)
{
    int i = 3, j = 5;
    int t;

    printf("交换前:i = %d, j = %d\n", i, j);
    t = i;
    i = j;
    j = t;
    printf("交换后:i = %d, j = %d\n", i, j);

    system("PAUSE");
    return 0;
}
```

上面那个变量 t 就很难看,因为它与问题无关。好的风格是把它藏起来,放到代码局部,如下所示:

程序代码 3－4

```
#include <stdio.h>
#include <stdlib.h>

int main(void)
{
    int i = 3, j = 5;

    printf("交换前:i = %d, j = %d\n", i, j);

    {
        int t;
        t = i;
        i = j;
        j = t;
    }

    printf("交换后:i = %d, j = %d\n", i, j);

    system("PAUSE");
    return 0;
}
```

后一个程序就比前一个好得多,尽管功能一致。顺便说一句,好的代码,变量应该尽量只出现在局部。

在复合语句中,最后的"}"表示语句的结束。

3.4.2 什么不是语句

变量的声明(Declaration)或定义不是语句。例如:

int i;

就是一个变量的声明或定义而不是语句,尽管这行代码是以";"结束的。

在 C 语言中,声明和语句是性质截然不同的两种代码元素。

表达式也不是语句,虽然表达式可以构成语句。比如:

```
printf("%d\n", mi = mi * n)
```

是一个表达式,要在结尾出加上";"才构成一条语句。

表达式规定了要求的值和应起的副效应,表达式语句则规定了求值和副效应在何时必须完成。

举个有些钻牛角尖的例子,在

```
printf("123\n") + printf("abc\n")
```

这个表达式中,无法确定程序会先输出"123"还是"abc",但是如下两条语句:

```
printf("123\n");
printf("abc\n");
```

程序则一定会先完成输出"123"这个副效应,再完成输出"abc"这个副效应。

3.4.3 关于语句的误区

经常听到有人说,"C 语言规定语句末尾必须有分号,分号是 C 语句不可缺少的一部分","在 C 语言中,没有分号的就不是语句"。实际上这些说法都是错误的。C 语言从来没有规定语句末尾必须有分号,分号不是 C 语句中不可缺少的部分。举个最简单的例子:

```
{
}
```

这在 C 语言中就是一条复合语句形式的空语句。但是其中根本没有任何分号。如果硬要在末尾加上分号的话

```
{
};
```

那么这其实是两条语句,第一条是空语句,第二条也是空语句。

3.5 算法与数据结构

什么是程序? 著名的计算机大师、Pascal 语言之父、瑞士计算机科学家 Niklaus Wirth 提出过一个精辟的见解:

Algorithm＋Data Structures＝Programs(算法＋数据结构＝程序)

这个概括了程序本质的公式使得他在 1984 年荣获了计算机科学界的最高奖——图

灵奖。他是唯一一位"凭借一句话获得图灵奖"的人物。

3.5.1　算法及其特性

所谓算法,通俗地说就是对解决问题的方法和步骤的描述。计算机解决问题的算法有 5 个重要的基本特性:

(1) 有穷性(Finiteness),即算法必须在有限步骤内停止。在计算机的世界里不存在"无穷"这种概念,编程首先要摒弃的一个概念就是数学上的"无穷""无限"。

(2) 确定性(Definiteness),即每一步骤都必须精准,没有任何含糊或歧义。这是因为算法需要由计算机完成,计算机只能接受明确的命令,不可能像人那样对含糊的语义给出自己的主观判断。这也是计算机语言和人类自然语言的一个明显区别。

(3) 输入(Input),即算法有 0 或多个输入。

(4) 输出(Output),即算法必须有输出。

(5) 有效性(Effectiveness),即每个步骤原则上必须是用纸笔在有限时间内能够精确完成的。如求 2 的平方根的精确值这样的步骤就不符合这条原则,因为那不可能在有限时间内完成。

下面通过例题,体会一下什么是算法。

3.5.2　分橘子问题

1. 问题

父亲将 2520 个橘子分给六个儿子。分完后父亲说:"老大将分给你的橘子的 1/8 分给老二;老二拿到后连同原先的橘子分 1/7 给老三;老三拿到后连同原先的橘子分 1/6 给老四;老四拿到后连同原先的橘子分 1/5 给老五;老五拿到后连同原先的橘子分 1/4 给老六;老六拿到后连同原先的橘子分 1/3 给老大。"在分橘子的过程中并不存在分得分数个橘子的情形,结果大家手中的橘子正好一样多。问六兄弟原来手中各有多少橘子?

2. 笔算的步骤

已知最后六兄弟的橘子数相等,可以从这个已知状态倒推回最初各个兄弟的橘子数。由于需要记住六个兄弟各自的橘子数,所以需要 6 个变量,如下所示:

```
int num_1,num_2,num_3,num_4,num_5,num_6;
```

首先在纸上写出六兄弟的橘子数——2520/6:

420　420　420　420　420　420

这可以用下面的语句实现:

```
num_1 = num_2 = num_3 = num_4 = num_5 = num_6 = 2520/6;
```

这个状态是由于老六拿到后连同原先的橘子分 1/3 给老大导致的,所以老六给老大之前的橘子数为 420/(3−1) * 3,即 630,而老大在得到老六给的橘子前的橘子数为 420−630/3,即 210:

~~420~~　420　420　420　420　~~420~~
210　420　420　420　420　630

用 C 语言可以把这个步骤描述为:

```
num_6 = num_6 /(3 − 1) * 3;
num_1 − = num_6 / 3;
```

类似地,在老五给老六 1/4 的橘子之前,老五的橘子数为 420 /(4—1) * 4,即 560,老六为 630—560/4,即 490:

```
210   420   420   420   420   630
210   420   420   420   560   490
```

相应的 C 语句为:

```
num_5 = num_5 /(4 - 1) * 4;
num_6 - = num_5 / 4;
```

……

以后的步骤与前面类似,不再赘述。

3. 代码

程序代码 3 - 5

```
/*
父亲将 2520 个橘子分给六个儿子。分完后父亲说:"老大将分给你的橘子的 1/8 分给
老二;老二拿到后连同原先的橘子分 1/7 给老三;老三拿到后连同原先的橘子分 1/6 给老
四;老四拿到后连同原先的橘子分 1/5 给老五;老五拿到后连同原先的橘子分 1/4 给老
六;老六拿到后连同原先的橘子分 1/3 给老大。"在分橘子的过程中并不存在分得分数
个橘子的情形,结果大家手中的橘子正好一样多。问六兄弟原来手中各有多少橘子?
*/
# include <stdio.h>
# include <stdlib.h>

int main(void)
{
  int num_1,num_2,num_3,num_4,num_5,num_6;


   num_1
  = num_2
  = num_3
  = num_4
  = num_5
  = num_6
  = 2520/6;

  //老六给老大之前
  num_6 = num_6 /(3 - 1) * 3;
  num_1 - = num_6 / 3;

  //老五给老六之前
  num_5 = num_5 /(4 - 1) * 4;
  num_6 - = num_5 / 4;
```

```
    //老四给老五之前
    num_4 = num_4 /(5 - 1) * 5;
    num_5 - = num_4 / 5;

    //老三给老四之前
    num_3 = num_3 /(6 - 1) * 6;
    num_4 - = num_3 / 6;

    //老二给老三之前
    num_2 = num_2 /(7 - 1) * 7;
    num_3 - = num_2 / 7;

    //老大给老二之前
    num_1 = num_1 /(8 - 1) * 8;
    num_2 - = num_1 / 8;

    printf("%d %d %d %d %d %d\n",num_1,num_2,num_3,num_4,num_5,num_6);

    system("PAUSE");
    return 0;
}
```

3.5.3　算法的优化

好的算法,简明高效,事半功倍;差的算法,含混拖沓,事倍功半。以前面程序代码 3-1 为例,其实还可以像下面这样写:

程序代码 3-6

```
/ *
问题:计算 1 除以 7,要求计算到小数点后两位。
* /
#include <stdio.h>
#include <stdlib.h>

int main(void)
{
    int divisor = 7, dividend = 1;

    printf("%d", dividend / divisor);
    dividend = dividend % divisor * 100;

    printf(".");

    printf("%02d", dividend / divisor);
    printf("\n");

    system("PAUSE");
    return 0;
}
```

这个算法显然更简洁。它是用 1%7 的余数乘以 100(而不是 10),然后用得到的数再除以 7,一下子就求出了小数点后两位数值。

但是小数点后的输出不能再使用用%d 格式转换说明了,因为%d 是按照实际位数输出。如果被除数还是 1,而除数为 11,100 除以 11 得到的将是 9,用%d 输出将得到 0.9。然而小数点后面的数字其实是 09,那个 0 是不能省略的,为此用%02d 输出,其中的 2 表示输出至少要占两个字符,那个 0 表示前面的空位填充 0。

3.5.4 什么是数据结构

通俗地讲,数据结构研究的问题主要有两个方面,首先是对数据的表示或存储,其次是对数据的组织,这种组织不但需要刻画出数据之间的关系,还需要方便程序对数据的访问,因为这样才能更好地描述算法。

没有合适的数据结构就不可能得到算法,或者反过来说,任何算法都是建立在相适应的数据结构的基础上的。所以片面强调"算法是程序的灵魂"是绝对无法全面掌握程序设计技术的。

狭义的数据结构几乎不关心数据类型而是把重点放在数据之间关系的刻画上。但由于数据类型关注的同样是数据的表示以及对简单数据关系的描述,所以数据类型从某种意义上来说可被视为数据结构的自然起点和初级形式。对于 C 程序设计来说,不懂数据类型意味着一切都无从谈起。

在本门课程中严格地给出数据结构的定义不仅困难而且也没有必要。下面通过几道例题结合数据类型的概念展示一下对数据的表示和组织,请仔细体会这些技术在编程中的作用。

3.5.5 找对手问题

1. 问题

两个乒乓球队进行比赛,各出三人。甲队为 A、B、C 三人,乙队为 X、Y、Z 三人。已抽签决定比赛名单,有人向队员打听比赛的名单,A 说他不和 X 比,C 说他不和 X、Z 比,编程找出三对选手的对手名单。

2. 分析

解决这个问题的关键在于对数据的表示,对数据的表示也包括对问题中已知条件的表达。对数据的巧妙的表示,有时意味着问题基本上已经彻底解决了,相应的代码也往往简洁明了。

甲队队员的对手为 X、Y、Z,在代码中可以抽象为与'X'、'Y'、'Z'对应的字符类型数据。每名甲队队员的对手都可能是'X'、'Y'、'Z'中的一个,可以把这个条件巧妙地表示每个甲队队员对手的初始值为'X'+'Y'+'Z',这样问题就可以迎刃而解了。

3. 代码

程序代码 3－7

```
/*
    两个乒乓球队进行比赛,各出三人。甲队为 A、B、C 三人,乙队为 X、Y、Z 三人。已抽
签决定比赛名单,有人向队员打听比赛的名单,A 说他不和 X 比,C 说他不和 X、Z 比,编程
找出三对选手的对手名单。
```

```
*/
#include <stdio.h>
#include <stdlib.h>

int main(void)
{
    int A = 'X' + 'Y' + 'Z';
    int B = 'X' + 'Y' + 'Z';
    int C = 'X' + 'Y' + 'Z';

    //C 说他不和 X、Z 比
    C - = 'X' + 'Z';

    //A 说他不和 X 比
    A - = 'X';
    //A 当然也不会和 C 的对手比
    A - = C;

    //B 不会和 A、C 的对手比
    B - = A + C;

    printf("A - - %c\n",A);
    printf("B - - %c\n",B);
    printf("C - - %c\n",C);

    system("PAUSE");
    return 0;
}
```

注意,由于要表示'X'+'Y'+'Z'这样的初始条件,变量 A、B、C 的数据类型不能设计为 char 类型。

3.5.6　大数相加

1. 问题

编程求 9876543210+8765432109 的和。

2. 错误的写法

有人可能会不假思索地写出下面的代码:

程序代码 3 - 8

```
/*
编程求 9876543210 + 8765432109 的和。
```

```
*/
#include <stdio.h>

int main(void)
{
    printf("%d\n", 9876543210 + 8765432109);

    return 0;
}
```

程序输出:

1462106135

很明显这个结果是错误的,错误的原因在于 int 类型无法表示问题中两个加数及它们的和。

要改正这个错误,面临的第一个问题就是如何表示数据。

3. 表示大数

既然一个 int 类型数据无法表示 9876543210 这样的大数,那么用两个 int 类型的数据来表示这样的大数是一个很自然的想法。下面的代码是这种思路的一个实现:

程序代码 3-9

```
#include <stdio.h>

int main(void)
{
    int addend1_part1 = 9876, addend1_part2 = 543210;
    int addend2_part1 = 8765, addend2_part2 = 432109;
    int sum_part1, sum_part2;

    sum_part2 = addend1_part2 + addend2_part2;
    sum_part1 = addend1_part1 + addend2_part1;

    sum_part1 = sum_part1 + sum_part2 / 1000000;
    sum_part2 = sum_part2 % 1000000;

    printf("%d%06d\n", sum_part1, sum_part2);

    return 0;
}
```

程序输出:

18641975319

这段代码把大数拆成了两部分分别存储,这样就解决了数据的表示或存储问题。但是相应的算法也变了,需要把大数的高位和低位分别相加,还要考虑到进位问题,最后输出还必须用%d%06d 格式转换说明保证输出的位数。

4. 另一种思路(C99)

如果编译器支持 C99 标准,那么 C99 中的 long long 型数据通常能够表示 9876543210 这样的大数,这种情况下代码可以像下面这样写:

程序代码 3 - 10

```
/*
编程求 9876543210 + 8765432109 的和。
*/
# include <stdio. h>
# include <stdlib. h>

int main(void)
{
  printf(" % lld\n", 9876543210LL + 8765432109LL);
  //注:Dev-C + + 不支持 % lld 格式转换说明,可以用 % I64d 格式转换说明
  //printf(" % I64d\n", 9876543210LL + 8765432109LL);

  system("PAUSE");
  return 0;
}
```

在这段代码中,首先用 long long 类型的数据表示大数,两个加数简单地用"+"运算符相加,得到的结果也是 long long 类型,然后按照 long long 类型的转换格式输出,整个代码极其简单自然。

5. 总结

从前面三段代码中可以初步地窥视到数据结构在程序设计中的作用。

第一段,错误的数据类型选择导致了错误的数据表示(int 类型无法表示的整数),错误的数据表示进行了错误的运算(int 类型的加法运算得不到正确的结果),最后按照错误的转换格式输出,得到错误的结果也就是顺理成章的了。

第二段,用分段的方法正确地表示、存储了数据,但由于数据被人为地割裂成了两部分,只能采用比较复杂的算法。如果编译系统没有现成的数据类型能表示题目中的大数,那么也只好用这种办法来实现要求。数据结构的一个基本作用就在于此。

第三段,尽管取巧利用了 C99 提供的 long long 类型,但是完全可以理解为采用了一种更好的"数据结构",这种更好的数据结构更好地表示了数据,更方便地存储了数据,也更好地体现了数据的逻辑关系,对数据的访问更方便,因而算法更简洁明了。良好的数据结构的作用就在于此。

数据结构始于数据类型,并以数据类型为基础,最终通过数据类型实现。因此数据类型对于程序设计的重要作用是不言而喻的。可以明白无误地断言,不懂得数据类型就

不可能懂得编程。数据类型看似简单，但其实并不那么简单，而且很基础很重要。

或许有人会问：对于更大的 long long 类型也无法解决的问题应该如何编程？答：这就要用到真正的数据结构知识，来解决更大的整数的表示、存储、访问和操作问题了。

3.5.7 算法的表示

1. 自然语言

可以用自然语言描述算法，这种方法的好处是通俗易懂，缺点是有时不够精确，可能因为歧义而产生误解。自然语言的另一个缺点是容易附有冗余信息，语言啰嗦。

尽管用自然语言描述算法有种种弊端，但实际上这种方法很实用。在写代码时，先用自然语言概要地描述出算法，再逐步加以实现，之后那些自然语言描述的算法可以自然地成为代码的注释。这种编程方法可以极大地保证代码的质量。

2. 伪代码

伪代码介于自然语言和高级语言之间。它使用高级语言的一些语法符号，比如关键字。但它对高级语言比较啰嗦的部分用简化的方法描述，比如自创一些约定符号或干脆采用自然语言。此外，它对较为晦涩的部分可以用自然语言加以说明。总之，伪代码追求的是简洁且不失精确与易懂的目标。

因为具有简洁且不失精确的特点，伪代码常用于对算法的分析研究。由于伪代码部分使用了高级语言的语法符号，所以将其改写为真正的程序代码也比较容易。

3. 流程图

流程图(Flow Chart)也叫程序框图，是最古老的一种表示算法的方法。它主要是用一些约定的图形符号表示计算机的特定操作，并用单向带箭头的所谓流线来表示这些特定操作的次序。

这种方法的好处是直观，但是算法的整体层次感较差，不利于施行"结构化程序设计"的原则，尤其是当流线较多时，四处乱流的流线看起来就如同烂面条一样混沌。由于这些缺点，使用流程图描述算法的人越来越少了。

4. NS 图

1) NS 图概述

NS 图(Nassi-Shneiderman Diagram, NSD)也是用图形来表示算法的方法，是由 Isaac Nassi 和 Ben Shneiderman 于 1972 年提出的。

与传统流程图不同的是，NS 图彻底摒弃了流线，因而自然地限制了算法中的随意控制转移。

NS 图由若干种具有方框外观的基本结构组成，用来表示结构化程序设计所倡导的几种基本结构。因此，NS 图所表示的算法对应的程序都具有良好的结构，有效地保证了算法的设计质量以及代码质量。

NS 图非常直观形象，简单易懂，使人很容易理解算法设计者的意图，从而为代码编写、复查、测试用例设计、系统维护都带来了更多的方便。除此之外，研究发现，NS 图也非常易于代码的自动生成，因而也是自动化编程技术中非常有力的工具。

下面介绍一种最简单的 NS 图结构，其他几种结构将在后面各章节中结合相应的控制语句介绍。

2) 顺序结构

一般情况下,C 程序是按照从前到后,逐条执行的原则执行。用 NS 图表示就如图 3-1 所示。

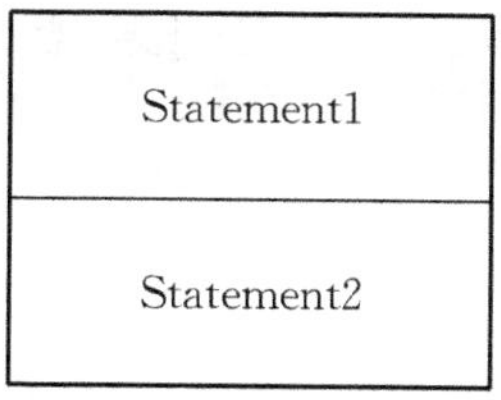

图 3-1 顺序结构的表示

图 3-1 表示 Statement1 完全执行完之后再执行 Statement2。

次序问题是程序设计中最重要的一个问题,不同的次序表达的程序含义可能天壤之别。例如,如下程序代码:

```
int a = 12, b = 34;

a = a + b;
b = a - b;
a = a - b;

printf(" % d % d\n", a, b);
```

的输出结果是:34 12。但如下程序代码:

```
int a = 12, b = 34;

b = a - b;
a = a + b;
a = a - b;

printf(" % d % d\n", a, b);
```

的输出结果却是:12 -22。

因此,学习程序设计,一开始就要建立"顺序"观念。事实上,Program(程序)这个词本身就具有"计划好的系列动作"的含义。

第4章　选择与判断

调试程序的难度是写代码的 n 倍, 所以预防 Bug 比调试更加重要。

如果程序只能依照各条语句的顺序, 从头到尾一条一条地执行, 那么它也就和拉洋片或放电影没多少区别了。不过, 早期的计算机确实是按照这种方式工作的。

程序的魅力之一在于它可以自动化地执行。这种自动化不但意味着它可以按照顺序不受人工干涉地逐条执行指令, 更意味着它根据情况有选择地执行或不执行某些指令。换句话说, 它可以模拟人类思维中的判断和行动上的选择这样的过程。这样程序就可以解决更为复杂的问题。

C 语言有很多种方法实现判断和选择。下面从简单的情况开始介绍。

4.1　if 语句

4.1.1　语法形式

从语法形式上看, if 语句就是在某个语句前面加上 **if(*表达式*)** 所构成的一种新的语句。亦即

　　if(*表达式*)*语句*

其中的 **if** 是 C 语言的一个关键字。这条 if 语句表示的含义是:

(1) 要求计算机首先求 ***表达式*** 的值;

(2) 如果 ***表达式*** 的值不为 0, 则执行后面紧跟着的 ***语句***, 然后 if 语句结束;

(3) 如果 ***表达式*** 的值为 0, 则什么也不执行, 直接结束 if 语句。

由此可见, 对于 if 语句来讲, 所谓判断, 是指求 if 语句() 内的表达式的值; 而所谓选择, 则无非是根据表达式的值跳过或不跳过某些语句而已。例如下面的程序片段:

```
if (2)printf("()内表达式的值为2,执行()后的语句\n");
if (1)printf("()内表达式的值为1,执行()后的语句\n");
if (0)printf("()内表达式的值为0,不执行()后的语句\n");
```

运行的结果如下:

```
()内表达式的值为2,执行()后的语句
()内表达式的值为1,执行()后的语句
```

只有前两条 if 语句中的函数调用语句得到了执行。

这种控制语句表达的思想可以用图 4-1 所示的 N-S 图表示。

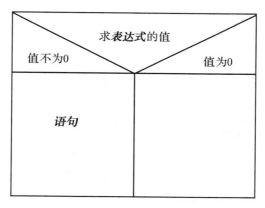

图 4-1　if 语句的 N-S 图

4.1.2　判断奇偶问题

1. 问题

输入一个整数,要求程序判断该整数是奇数还是偶数。

2. 分析

几乎读过小学的人都知道 2 是偶数,3 是奇数。但不是每个人都知道如何通过计算来判断一个整数比如 n 的奇偶性。

事实上所有的奇数除以 2 都除不尽,"除不尽"换一种说法就是对 2 求余不等于 0。C 语言中恰好有求余运算,又恰好有个 if 语句,if 语句可以选择在某个表达式不等于 0 时执行某条语句,在某个表达式不等于 0 时不执行某条语句,所以让程序判断某个整数的奇偶性的算法可以用图 4-2 所示方式表达。

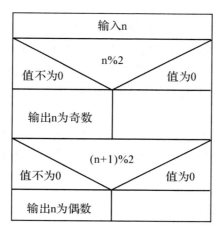

图 4-2　判断奇偶问题的 N-S 图

3. 代码

程序代码 4-1

```
/*
问题:输入一个整数,要求程序判断该整数是奇数还是偶数。
```

```
*/
#include <stdio.h>
int main(void)
{
    int n;

    printf("输入一个整数:");
    scanf("%d",&n);

    if (n % 2) printf("%d是奇数\n",n);
    if((n+1) % 2) printf("%d是偶数\n",n);

    return 0;
}
```

在此代码中,当输入的 n 为奇数时,n % 2 不等于 0,因而执行

printf("%d是奇数\n",n);

此时(n+1) % 2 则为 0,因而不执行

printf("%d是偶数\n",n);

反之,当输入一个偶数时,n % 2 等于 0,因而不执行

printf("%d是奇数\n",n);

此时(n+1) % 2 则为 1,因而执行

printf("%d是偶数\n",n);

4. 缺点与不足

如果要解决的问题是判断一个整数是否是 3 的倍数,这时候按照程序代码 4-1 的思路就会遭遇一定的困难。因为以目前学过的知识很难构造出 n 是 3 的倍数时不为 0 而 n 不是 3 的倍数时为 0 的表达式,而前面学的这种 if 语句只提供了当某个表达式不为 0 时执行某条语句的功能,却没有提供当某个表达式等于 0 时执行某条语句的功能。这表明需要另想办法来解决这个问题。

另外一方面,程序代码 4-1 的代码风格实际上很差,完全没资格作为范例被效仿。考虑到良好的编程习惯养成得越早越好,所以下面首先解决代码风格的问题。

4.1.3　防患未然

尽管 if 语句的语法格式为:

if (表达式)语句

然而,根据经验和观察,完全循规蹈矩地按照这种方式书写代码却很容易产生问题,对于初学者来说尤其如此。

由于 C 源程序的格式比较自由,所以适当地改进 if 语句的写法可以达到使之不易出错、更为美观、更具有可读性的效果。

在单词之间添加空白字符往往可以使代码更清晰。为此,可以把 if 语句写成:

if (*表达式*)
　语句

这样的写法不至于使句子过长而引起阅读困难,同时*语句*部分的缩进会突出地显示其从属关系,程序的结构更加清晰。

初学者在书写 if 语句时往往容易产生下面两种错误:

错误一:把 if 语句错写成了

if (*表达式*);
　语句

这实际上是两条语句,一条是 if 语句:

if (表达式);

其中*语句*部分是一条空语句。另一条语句是:

　语句

这就与当初要表达的意思完全南辕北辙了。

错误二:当*语句*为一复合语句时忘记复合语句所必需的"{ }"。例如,当*语句*为复合语句{*语句 1*　*语句 2*}时,错把 if 语句写成了:

if (*表达式*)
语句 1
语句 2

这样的后果就是把一条 if 语句错写成了顺序结构关系的两条语句,即:

if (*表达式*)
　语句 1

和

　语句 2

为了避免这些错误,值得提倡的一种良好的编程风范是,首先写出正确的、完整的 if 语句的必要成分:

if ( )
{
}

然后向"( )"和"{ }"中填写必要的表达式和语句,最后完全完成

if (*表达式*)
{
　语句
}

这条 if 语句。

还有一点需要说明,那就是不要从前到后一个字符一个字符地"码"代码。无数的经验表明,从前到后一个字符一个字符地"码"代码是一种最坏的写代码方法,百分之五十以上的低级错误都是这样产生的。而良好的风格的意义在于,能够通过良好的编程习惯的养成,在事先就避免这种无聊的错误。

当然,如果在代码完成以后检查代码时发现"{ }"内确实只有一条语句时,为了使代码更为简洁也可以删除那对不必要的"{ }"。

4.1.4 对 if 语句的详细说明

1. "()"后面的语句

C 语言对 if 语句的"()"后面紧跟的语句并没有什么特别的限制,任何一条完整的语句在这里都可以。当然,原则上"()"后面只可以写一条语句(复合语句在语法上也是一条语句)。

2. "()"内的表达式

C 语言要求 if 语句的"()"内是一个标量类型(Scalar Type)的表达式。标量类型的表达式总是可以判断值是否为 0 的。

因此,下面的程序段尽管看起来有些奇怪,但是在语法上是合法的:

```
if(2)
{
    printf("2");
}
printf("3");
```

由于"()"内表达式的值为 2(不为 0),因此执行"printf("2");"语句,程序段的运行结果将会是输出

```
23
```

再如:

```
int i = 3;
if (i = 0)
{
    printf("2");
}
printf("3");
```

这个例子中"()"内是一个赋值表达式,由于这个赋值表达式的值为 0,因而"printf("2");"语句不被执行,程序段的运行结果将会是输出

```
3
```

下面的例子中,if 语句的"()"内的表达式是一个函数调用表达式,这段代码可以用来判断程序使用者输入数据的格式是否正确:

```
int i;
if(scanf ("%d",&i))
{
    printf("成功处理了输入字符序列\n");
}
```

这段代码的运行机制是:由于执行 if 语句时需要求"()"内表达式的值,因而首先产生了对 scanf()函数的调用,这要求程序使用者用键盘输入数据。

当输入的数据可以匹配%d 格式转换说明时,scanf()将把输入的字符序列转化为 int

类型数据存入 i 内存,这样这个函数调用表达式的值为 1(有 1 个数据被成功转换①)。因而"()"后面的"printf("成功处理了输入字符序列");"语句就得到了执行。

当输入的数据不符合%d格式转换说明时(如输入了一个非十进制数字字符),scanf()无法把输入的字符序列转化为 int 类型数据,更谈不上把结果写入 i 所在的存储区间,这时表达式 scanf ("%d",&i) 调用结束,且该函数调用表达式的值为 0。此时"()"后面的"printf("成功处理了输入字符序列");"语句不被执行。

由这些例子可以看出,使用 if 语句让程序进行判断选择的关键在于正确地构造"()"内的**表达式**。一旦能正确地构造出仅仅在某种条件下不为 0 的表达式,就可以让程序根据这个表达式的值进行判断,然后选择执行某条语句。

然而,仅仅通过算术运算、赋值运算以及函数调用运算能构造出的可用于让程序判断的表达式实在非常有限,因而无法描述更为复杂的判断。甚至,到目前为止,描述一个整数的值等于 0 这样的判断表达式,前面介绍的各种运算都无能为力。

如果希望以目前学过的 C 语言知识来解决前面提到的判断一个整数是否是 3 的倍数的问题,大概只能用看起来有些古怪的办法来解决。

程序代码 4－2

```
/*
问题:输入一个整数,要求程序判断该整数是否是 3 的倍数。
*/

#include <stdio.h>
#include <stdlib.h>

int main(void)
{
  int n;

  printf("输入一个整数:");
  scanf("%d",&n);

  if(n % 3)
  {
    printf("%d 不是 3 的倍数\n",n);
  }

  if((n+1) % 3)
  {
    if((n+2) % 3)
    {
      printf("%d 是 3 的倍数\n",n);
    }
  }

  system("PAUSE");
  return 0;
}
```

---

① 输入更多数据项的时候,有几个数据被成功转化,scanf()函数调用表达式的值就为几。

这有点像用螺丝刀造飞机。作为积极"想办法"解决问题的案例这段代码有一定参考价值,但是这种思路很不自然甚至有些"古怪"。不自然的原因是目前学到的知识太有限了。为此,下面学习一些新的运算。

4.2 判等运算、关系运算及逻辑运算

4.2.1 判等运算

1. 运算规则

C语言中的判等运算(Equality Operator)有如下两种:

==   等于

!=   不等于

这两个运算都是二元运算,优先级相同(皆高于赋值运算,低于算术运算),结合性为从左向右。

这两个运算的操作数可以是整数类型,也可以是其他一些后面将要讲到的数据类型。当两个运算对象的数据类型不同时,可能涉及数据的类型转换问题。

这两个运算的运算结果只有两种可能:要么是int类型的0,要么是int类型的1。

对于"=="运算符来说,如果两个操作数的值确实相等,则运算结果为1,否则为0。而"!="运算符刚好与之相反,如果它的两个操作数不等,运算结果为1,否则表达式的值为0。

例如,表达式

```
2 == 2
```

的值为1,而表达式

```
2! = 2
```

的值为0。

学习了这两个运算符,要求程序判断一整数是否是3的倍数问题的程序写起来就顺畅多了,如程序代码4-3所示。

程序代码 4-3

```
/ *
问题:输入一个整数,要求程序判断该整数是否是3的倍数。
* /

# include <stdio. h>
# include <stdlib. h>

int main(void)
{
    int n;
```

```
    printf("输入一个整数:");
    scanf("%d",&n);

    if(n % 3 != 0)
    {
      printf("%d不是 3 的倍数\n",n);
    }

    if(n % 3 == 0)
    {
      printf("%d是 3 的倍数\n",n);
    }

    system("PAUSE");
    return 0;
}
```

学到这里补充一句,前面程序代码 4 - 1 中的表达式"n ％ 2"同样可以等价地写成"n ％ 2 == 1",表达式"(n+1) ％ 2"可以写成"n ％ 2 == 0"。后一种写法的代码表达的思想更清晰、更明确。

2. 对判等运算的误判

1) 误读

对判等运算最常见的错误是把"=="误写为"="。产生这个错误的原因是,在数学中,"="这个符号往往用来表示数量之间的相等关系并被读成"等于",而大多数人在学习 C 编程时往往很难从数学的惯性中摆脱出来。毕竟,大多数人至少从小学就开始学习数学了。事实上,"="这个符号在 C 代码中是一种运算符,应该读成"赋值为"。

在 C 语言中,表达式" i=2 "的含义是求表达式的值,并产生一个副效应,这个副效应就是将 i 所表示的那个内存单元填充值为"2"的二进制机器数,表达式的值为被填充进去的数——2。而在数学中," i=2 "往往表示 i 所代表的数据和 2 具有相等的关系。从这里不难看出在数学中和在 C 代码中这两种语境下"="这个符号含义的区别。

在 C 语言中,从本质上来说并没有与数学关系式" i=2 "对应的东西。这是因为程序能要求计算机做的唯有运算而已。在 C 语言中,尽管表达式"i==2"可以被读成"i 等于 2",但这也并不是向计算机描述变量 i 和 2 之间的关系,而是要计算机进行一次判等计算。如果 i 的值确实为 2,那么表达式"i==2"的值就会被计算得到 1,否则表达式"i==2"的值就会被计算得到 0 这个值。

没有什么好的办法根绝这种由习惯引起的错误,除非彻底改掉这种习惯:在 C 代码中,应该把"="读成"赋值为",而把"=="读成"等于"。

下面两段代码都是没有任何语法错误的 C 代码,然而其含义却是天壤之别,请自己阅读并辨析其含义区别,在阅读时别忘记把"="读成"赋值为":

```
int x = 3;
if(x = = 3)
{
    printf("x 的值等于 3\n");
}
```

```
int x = 3;
if(x = 3)
{
    printf("x 被赋值为 3\n");
}
```

第二段代码的写法在多数情况下是一种错误的表达方式,某些编译器在这种情况下会给出警告,提醒编程者注意是否把"=="误写为了"="。

2) 误解

问题:表达式 2==2==2 的值是多少?

这是初学者容易弄错的一个问题,他们往往不假思索地认为这个表达式的值为 1,而造成这种错误的原因依然是混淆了数学上对数据关系描述式与 C 代码中的表达式之间的区别。

在 C 语言中,一个表达式如果不是用于指明一个数据对象或函数,那么就一定是用于求值的,问题中的表达式无疑属于后者。在这个表达式中有两个"=="运算符,由于"=="运算符的结合性是从左到右,所以表达式的含义是:

((2==2) == 2)

即求(2==2)的值与 2 进行判等运算得到的值。由于(2==2)的值为 1,而 1==2 的值为 0,所以表达式 2==2==2 的值为 0 而不是 1。

3. 判等运算的应用——各位数字是否相等问题

1) 问题

输入一个八进制正整数,要求程序能够判断这个正整数写成十进制数时其个位、十位和百位上的数字是否全相同。

2) 分析

假设个位、十位和百位上的数字分别存放在 gw、sw 和 bw 三个 int 类型的变量之中。根据前面的分析,很明显,表达式 gw==sw==bw 不足以判断它们是否全相等。换句话说,gw、sw 和 bw 全相等时,表达式 gw==sw==bw 的值可能为 0 也可能为 1;而 gw、sw 和 bw 不全相等时,表达式 gw==sw==bw 的值同样可能为 0 也可能为 1。

所以解决这个问题的关键在于:构造出当且仅当三个数据皆相等时值不为 0、在其他情况下值为 0 的表达式。在目前的学习阶段,这个表达式可以这样写:

((gw == sw)+(sw ==bw)) == 2

或者

(gw == sw) * (sw ==bw) !=0

请自己思考一下这两个表达式是否满足当且仅当三个数据皆相等时值不为 0。下面是这个问题的源代码。

3) 代码

程序代码 4－4

```
/*
输入一个八进制正整数,要求程序能够判断这个正整数写成十进制数时其个位、十
位和百位上的数字是否全相同。
*/

#include <stdio.h>
#include <stdlib.h>

int main(void)
{
  int shu;
  int gw,sw,bw;

  printf("请输入一个八进制的正整数:");
  scanf("%o",&shu);

  gw = shu % 10;
  sw = shu /10 % 10;
  bw = shu /10 /10 % 10;

  printf("八进制数%o写成十进制时的个位、十位、百位数字", shu);

  if(((gw == sw) + (sw == bw)) == 2)
  {
    printf("相同\n", shu);
  }

  if ((((gw == sw) + (sw == bw))!= 2)
  {
    printf("不同\n", shu);
  }

  system("PAUSE");
  return 0;
}
```

4) 测试

依次输入 0、123、515 时程序的运行结果分别为:

请输入一个八进制的正整数:0
八进制数 0 写成十进制时的个位、十位、百位数字相同
请按任意键继续...

请输入一个八进制的正整数:123
八进制数 123 写成十进制时的个位、十位、百位数字不同
请按任意键继续...

请输入一个八进制的正整数:515
八进制数 515 写成十进制时的个位、十位、百位数字相同
请按任意键继续...

需要说明的是,代码中的"((gw == sw)+(sw ==bw)) == 2"或"(gw == sw) * (sw ==bw)!=0"只是目前知识水平下的一种写法,更明了、更常见、更自然的写法将在讲解逻辑运算时介绍。

然而,尽管这种写法并不常见,但是对于某些特殊提法的问题来说,这种写法可能相当有力。比如,要求程序判断输入的正整数是否是百位数、十位数和个位数三个数字中有且仅有一对相等的数,则"(gw == sw)+(sw ==bw)+(bw ==gw) == 1"这样的表达式就非常漂亮、自然。

此外要注意,一定不能把表达式"((gw == sw)+(sw ==bw)) == 2"写成"gw ==sw+sw ==bw == 2",后者由于"+"运算符的优先级高于"=="运算符,所以其实它的含义是"gw ==(sw+sw) ==bw == 2"。

4.2.2 关系运算

下面通过两个问题来介绍关系运算。

1. 求最大值问题

1)问题

输入三个整数,要求程序能够判断出这三个整数中的最大值并输出。

2)分析

这个题目似乎有些简单得过分。如果有三个数,比如 2、8、52,一年级的孩子也会说出最大的数是 52。然而我们通常不一定清楚我们是如何得到答案的,也很难描述出这个计算过程。为了让计算机帮助我们解答,最重要的是能描述出我们得到答案的过程。

设想一下,当别人向我们逐个报数让我们自己求这些数中的最大值的情形:

当报完第一个数时,我们通常会立即假设这个数是最大值;

当报完第二个数时,我们通常会把记住的最大值和这个新报的数作一比较,如果新报的数较大,则把新报的数作为最大值记住,否则依然记着刚才的最大值;

......

注意,在这个过程中我们对两个数值作了比较,从而知道了两个数的大小关系。问题是如何让计算机进行比较并判断出两个数的大小关系。

3）关系运算概述

C 语言用关系运算符进行比较运算,并根据关系运算所得到的值判断操作数的大小关系。C 语言有如下 4 种关系运算符(Relational Operators):

<	小于
<=	小于或等于
>	大于
>=	大于或等于

它们都是二元运算符,要求的运算对象为实数类型(Real Type)[①]或指针。如果指定的关系(小于、小于或等于、大于、大于或等于)成立,表达式的值为 int 类型的 1,否则表达式的值为 int 类型的 0。例如:

```
5 > 4
```

的运算结果是 1,而

```
5 < = 4
```

的值则是 0。

这几个运算符的优先级相同,低于加法、减法运算,高于判等运算;结合性为从左到右。因此,下面的表达式

```
2 + 3 > 4 = = 0
```

的含义是

```
((2 + 3) > 4) = = 0
```

显然,这个表达式的值为 0。

有了可以用于比较的运算,就可以让计算机按照前面分析的思路完成问题的任务了。

4）代码

程序代码 4－5

```
/*
输入三个整数,要求程序能够判断出这三个整数中的最大值并输出。
*/
#include <stdio.h>

int main(void)
{
    int shu;            //存放将要输入的整数
    int zd;             //存放到目前为止的最大值

    //输入第一个数
    printf("请输入第一个整数\n");
    scanf(" %d", &shu);

    zd = shu;           //第一个数为到目前为止的最大值
```

[①]　实数类型是整数类型和实浮点类型的合称。

```
      //输入第二个数
      printf("请输入第二个整数\n");
      scanf(" % d", &shu);

      if(zd < shu)
      {
        zd = shu;              //把到目前为止的最大值存放在 zd 中
      }

      //输入第三个数
      printf("请输入第三个整数\n");
      scanf(" % d", &shu);

      if(zd < shu)
      {
        zd = shu;              //把到目前为止的最大值存放在 zd 中
      }

      //输出
      printf ("三个数中最大的值为 % d\n",zd);

      return 0;
    }
```

在这段代码中的第一个

```
    scanf(" % d", &shu);
```

对应报第一个数。

```
    zd = shu;
```

相当于"假设这个数是最大值"。下面是报第二个数：

```
    //输入第二个数
    printf("请输入第二个整数\n");
    scanf(" % d", &shu);
```

由于前面已经记住了最大值，所以第一个数已经没必要再记住了，第二个数可以存储在原本存储第一个数的变量中：

```
    if(zd < shu)
    {
      zd = shu;              //把到目前为止的最大值存放在 zd 中
    }
```

　　输入的第二个数与当前最大值比较,记住两个数当中较大的一个。后面无论再报多少个数,处理过程都与这步相同,因此只要复制粘贴这部分的代码就可以了。

　　5) 测试

　　到目前为止,人类还没有找到什么实用的办法来确认一个程序的正确性。我们所能做的只是让程序在各种情况下运行,看看结果是否和我们预想的一致。如果有不一致,说明程序有错误,这就需要找出程序中的错误加以改正,这叫做调试(Debug)。如果各种情况下程序运行结果都与事先的设想相同,那么基本上就认为程序没有问题。

　　这个让程序在各种条件下运行并观察结果是否与预想的相同的过程就叫测试。用于测试的各种条件和预设结果就叫测试用例。不看代码,只根据问题要求进行的测试叫做"黑盒测试"。

　　测试的要点显然是让程序运行的各种条件是否全面。如果能让程序在所有可能条件下都运行一遍,这叫完全测试。但多数情况下这是根本不可能的。所以矛盾就在于,如何用较少的测试用例做尽可能全面的测试。

　　对前面这个程序而言,仅仅输入

　　3 2 1

这样一组测试数据进行测试显然是不够充分的,因为下面这段错误的代码也能通过测试:

程序代码 4-6(错误的代码)

```
/*
输入三个整数,要求程序能够判断出这三个整数中的最大值并输出。
*/
#include <stdio.h>

int main(void)
{
  int shu;          //存放将要输入的整数
  int zd;           //存放到目前为止的最大值

  //输入第一个数
  printf("请输入第一个整数\n");
  scanf(" %d", &shu);

  zd = shu;         //第一个数为到目前为止的最大值

  //输入第二个数
  printf("请输入第二个整数\n");
  scanf(" %d", &shu);
```

```
      if(zd > shu)
      {
        zd = shu;          //把到目前为止的最大值存放在 zd 中
      }


      //输入第三个数
      printf("请输入第三个整数\n");
      scanf("%d", &shu);

      if(zd > shu)
      {
        zd = shu;          //把到目前为止的最大值存放在 zd 中
      }


      //输出
      printf ("三个数中最大的值为%d\n",zd);


      return 0;
    }
```

只有在输入

1 2 3

这样的测试数据之后，程序的错误才会暴露出来。

设计良好的测试方案，其重要性和难度一点也不低于程序设计。就这个问题而言，测试方案中至少应该包括三种情况：第一个数最大的情况、第二个数最大的情况和第三个数最大的情况。

2. 冒泡法排序

1）问题

输入三个整数，要求将这三个数从小到大排序并输出。

2）算法

排序问题是程序设计中的一个最基本最古老的问题，这种问题至少有上百种算法。这里使用的方法是：从前到后依次考察相邻变量之间的数据关系，如果前者大于后者则交换两变量的值。这样将保证三个变量中的最后一个最大。

例如，假设 3 个变量的值依次为 6、4、3。首先比较 6 与 4，由于 6 大于 4，交换这两个变量的值，三个变量的值成为 4、6、3；再比较 6 和 3，由于 6 大于 3，交换这两个变量的值，三个变量的值成为 4、3、6。不难看出，从头到尾地进行一次比较并在一定条件下交换变量的值，最后一个变量的值将最大。

至此，排序的这个问题应该说已经解决了。因为对除了最后一个变量以外的数可以再次按照同样的规则进行同样的操作，这将使倒数第二个数不小于前面任一个数。

这种方法由于其条理性而非常容易被描述,也很容易推广到多个数的情形,俗称"冒泡法"。

3. 代码

程序代码 4－7

```c
/*
输入三个整数,要求将这三个数从小到大排序并输出。
*/
# include <stdio.h>

int main(void)
{
    int s1, s2, s3; //存放要输入的三个整数

    //输入
    {
        printf("请输入三个整数\n");
        scanf("%d%d%d", &s1, &s2, &s3);
    }

    //确保 s2 不小于 s1
    {
        if(s1 > s2)
        {
            int tmp;
            tmp   = s1;
            s1    = s2;
            s2    = tmp;
        }
    }

    //确保 s3 不小于 s2
    {
        if(s2 > s3)
        {
            int tmp;
            tmp   = s2;
            s2    = s3;
            s3    = tmp;
        }
    }                         //至此 s3 最大

    //确保 s2 不小于 s1
    {
        if(s1 > s2)
```

```
    {
        int tmp;
        tmp    = s1;
        s1     = s2;
        s2     = tmp;
    }
}

//输出
{
    printf("排序后为%d %d %d\n",s1,s2,s3);
}

return 0;
}
```

4. 运用关系运算时的常见错误

1) 数学习惯引起的误区

关系运算的误用往往也是由于数学中的惯性造成的。比如，如果问题要求判断一个 int 类型的变量 x 是否是一个大于 3 且小于 7 的整数，那么就需要构造出一个当 x 大于 3 且小于 7 时值不为 0 而在其他情况下值为 0 的表达式。这时，很多初学者可能不假思索地写出

3<x<7

这种写法的错误在于把数学上 3、x、7 之间的关系描述式当成了 C 语言中的关系计算表达式。因为对于 C 语言来说，这个表达式表达的是

((3 < x) < 7)

也就是说表达式求的是 3 < x 的值与 7 做小于运算的值。不难发现，若 x 的值为 0 时，由于 3 < x 的值为 0，而 0 < 7 的值为 1，所以整个表达式的值为 1。进一步的分析会发现，不管 x 的值为何值，这个表达式的值都恒为 1。因为 3 < x 的值只可能为 0 或 1，无论是 0 还是 1，与 7 进行小于运算的运算结果都是 1。显然这并不是"当 x 大于 3 且小于 7 时值不为 0 而在其他情况下值为 0 的表达式"。这样的表达式在目前只能写成

(3 < x) + (x < 7) == 2

或

(3 < x) * (x < 7) == 1

当然，稍后学习了逻辑运算符后会发现这样的表达式还有另外的写法。

2) 失之毫厘

对软件错误的统计和分析表明，把"<"误写为"<="或把"<="误写为"<"这样的错误在软件错误中占有相当大的比重。对此，要求编程者在写关系表达式时一定要特别慎重，每当写关系运算符时，都应该仔细地思考一下，到底应该不应该有那个"="。

同时，在测试代码时也一定要特别测试边界的情况——也就是那些关键的临界点。例如，如果问题要求判断一个 int 类型的变量 x 是否是一个大于 3 且小于 7 的整数，那么

一定要测试 x 的值为 3 和 7 的情况。若是把表达式误写成了

```
(3 < = x) + (x < = 7) = = 2
```

那么,从 x 分别为 3 和 7 时程序的运行结果不难发现这种错误。

　　3）违背常识

　　关系运算的两个运算对象的数据类型不一致时,由于类型转换的缘故,可能会导致与常识相违背的结果。例如,对于关系表达式

```
-1 > 0U
```

多数人可能会认为其值为 0,但事实上这个表达式的值为 1。

　　这是因为在运算时,由于-1 为 int 类型,而 0U 为 unsigned 类型,编译器会进行隐式类型转换,把-1 转换为 unsigned 类型的数据后再进行比较运算,实际上 CPU 计算的是

```
(unsigned)-1 > 0U
```

因而表达式的值为 1 而不是 0。

　　4）割裂单词

　　有一种错误虽然并不很多见,但仍然值得提一下,就是把"<="写成了"< ="。造成这种错误的原因是"<="这样一个完整的单词被空格割裂成了两个单词。还有一种错误就是把"<="写成了"=<"。这两种错误都属于语法错误,编译时编译器会指出,所以并不难被发现。

4.2.3　逻辑运算

　　在判断各位数字是否相同的程序代码 4-4 中,以下代码:

```
if(((gw = = sw) + (sw = = bw)) = = 2)
{
    printf("相同\n", shu);
}
```

用的是看(gw == sw)+(sw ==bw)是否等于 2 的办法,这种办法要求必须分别求出(gw == sw) 和 (sw ==bw)的值。但是我们自己判断时,其实只要发现个位数和十位数不同,即(gw == sw)的值为 0 时,我们是不会继续看十位数和百位数是否相同的,这相当于不会计算(sw ==bw)的值。从这点来看,(gw == sw)+(sw ==bw)这样的表达式显然是过于"笨拙"了。

　　改进的办法也有,但需要学习新的运算符。

　　1. 逻辑运算符

　　C 语言中提供了如下三种逻辑运算符(Logical Operator):

&&　　　　逻辑与运算符(Logical AND Operator)

||　　　　逻辑或运算符(Logical OR Operator)

!　　　　逻辑非运算符(Logical Negation Operator)

下面分别介绍这几种运算符。

　　1) &&

　　"&&"为二元运算符,其两个操作数都必须是标量类型的表达式。其语法格式为:

操作数 1 && 操作数 2

(1)"&&"运算符的运算规则

①先求**操作数 1** 的值,如果为 0,则表达式的值为 0,表达式求值结束;

②如果**操作数 1** 的值不为 0,再求**操作数 2** 的值;

③如果**操作数 2** 的值为 0,则表达式的值为 0,否则表达式的值为 1。

亦即,当两个操作数都不为 0 时的运算结果为 1,任一运算对象为 0 时的运算结果为 0。

这个运算得到的值与算术乘法非常类似,都是有一个操作数为 0 时结果为 0,两个操作数都不为 0 时结果不为 0,因而有时也把"&&"运算符叫做"逻辑乘"运算符。

然而它们仅仅是运算结果有一定的相似性,计算过程却截然不同:"&&"运算符是一定先计算左面操作数的值,而算术乘法则不一定;"&&"运算符的左面操作数一旦为 0 则不再计算右面操作数的值,而算术乘法则一定要把两个操作数的值都全部求出才能求出表达式的值。

下面的程序的运行结果证实了这一点。

程序代码 4 - 8

```c
#include <stdio.h>
#include <stdlib.h>

int main(void)
{
    int  i, j;
    //完全一致
    i = 0; j = 0;
    printf("%d\n",(i = 3) * (j = 4));
    printf("%d %d\n", i, j);

    i = 0; j = 0;
    printf("%d\n",(i = 3) &&(j = 4));
    printf("%d %d\n", i, j);

    // j = 0 在后一个运算中没执行
    i = 1; j = 1;
    printf("%d\n",(i = 0) * (j = 0));
    printf("%d %d\n", i, j);

    i = 1; j = 1;
    printf("%d\n",(i = 0) &&(j = 0));
    printf("%d %d\n", i, j);

    system("PAUSE");
    return 0;
}
```

这段代码的运行结果是：

```
12
3 4
1
3 4
0
0 0
0
0 1
请按任意键继续. . .
```

从这个结果中不难发现，"∗"运算符两侧的子表达式都进行了求值，而进行逻辑与运算时，只有"&&"运算符左侧的操作数不为 0 时才计算右边子表达式的值。

因此，前面在分析程序代码 4－4 时提到的对于((gw ＝＝ sw)＋(sw ＝＝bw)) ＝＝ 2 一定要分别求出(gw ＝＝ sw) 和 (sw ＝＝bw)的值的缺点，可以用使用"&&"运算符来避免。下面是完整的代码。

程序代码 4－9

```c
/*
输入一个八进制正整数,要求程序能够判断这个正整数写成十进制数时其个位、十
位和百位上的数字是否全相同。
*/
# include <stdio.h>

int main(void)
{
    int shu;
    int gw,sw,bw;

    printf("请输入一个八进制的正整数:");
    scanf("%o",&shu);

    gw = shu % 10;
    sw = shu /10 % 10;
    bw = shu /10 /10 % 10;

    printf("八进制数%o写成十进制时的个位、十位、百位数字", shu);

    if((gw = = sw) && (sw = = bw))
    {
        printf("相同\n", shu);
    }
```

```
    if ((((gw = = sw) &&  (sw = =bw)) = =0)
    {
        printf("不同\n", shu);
    }


        return 0;
}
```

(2) "&&"运算符的结合性和优先级

"&&"运算符的结合性为从左向右,也就是说,表达式

```
 e1 && e2 && e3
```

的实际含义是

```
 (e1 && e2) && e3
```

"&&"运算符的优先级将在稍后与其他几个运算符的优先级一并讲述。在不清楚优先级的时候可以用"()"来明确表明运算符的运算对象。

(3) "&&"运算符的应用——判断字符是否为数字问题

问题:从标准输入设备输入一个字符,要求程序判断这个字符是否是十进制数字字符。

分析:只要是 C 的运行环境,都要求执行字符集中表示十进制数字的字符的编码是连续的。例如附录 C 中的 ASCII 码,字符 0 的编码为 48,字符 1 的编码为 49……字符 9 的编码为 57。所以输入的字符如果是十进制数字,则其编码值一定在 48 和 57 之间。下面是完整的代码。

程序代码 4-10

```
/ *
问题:从标准输入设备输入一个字符,要求程序判断这个字符是否是十进制数字字符。
* /

# include <stdio.h>
# include <stdlib.h>

int main(void)
{
    char c;

    printf("请输入一个字符:");
    c = getchar();

    if(('0' < = c) && (c < = '9') ! = 0)
    {
        printf(" %c 是十进制数字\n",c);
    }
```

```
    if((´0´ < = c) && (c < =´9´) = = 0)
    {
      printf(" % c 不是十进制数字\n",c);
    }

    system("PAUSE");
    return 0;
}
```

请读者自己测试这个程序代码。

如果执行字符集是 ACSII 码,那么大小写字母的编码也是连续的,且对应大小写字母的编码的差是一个常数(见附录 C)。当某个字符为大写字母时,其值一定大于等于´A´且小于等于´Z´;当某个字符为小写字母时,其值一定大于等于´a´且小于等于´z´。

2) ‖

"‖"也是一个二元运算符,其两个操作数要求是标量类型的表达式。这个运算符有时也叫做"逻辑加"运算符。"‖"运算符常用来构造两个操作数中有不为 0 值时值为 1 的表达式。也就是说:

操作数 1 ‖ 操作数 2

的运算结果和

(操作数 1 != 0)＋(操作数 2 != 0) != 0

是完全一样的,表达的都是操作数中至少存在一个不为 0 的判断。只要两个操作数中有一个不为 0,表达式的值就为 1,否则表达式的值为 0。

和逻辑与运算类似,逻辑或运算也是先求运算符左面操作数的值,只有在这个值为 0 的情况下才计算运算符右面操作数的值。因此,下面的代码段

```
    int i, j = 1;
    (i = 2) ‖ (j = 2);
```

的结果是 j＝2 这个运算并不执行,而在

```
    int i, j = 1;
    (i = 0) * (j = 2);
```

中,则会执行 j＝2 这个运算。

"‖"运算符的结合性也是从左向右。

3) !

"!"是一个一元运算符,对其操作数的要求是标量类型的表达式。对于非 0 值,逻辑非运算的运算结果是 0;对 0 值进行逻辑非运算的结果为 1。逻辑非运算的语法格式如下:

! 操作数

其运算含义就是

操作数 != 0

"!"运算符的结合性为从右向左。

2. 序点的概念

C 语言规定,在进行逻辑与或逻辑或运算时,编译器一定要保证先求"&&"或"‖"运算符左面表达式的值,并实现其全部副效应。如果这个值已经决定了逻辑运算的结果,

那么不再求"&&"或"‖"运算符右面表达式的值;如果这个值不足以确定逻辑运算的最后结果,则再求"&&"或"‖"运算符右面表达式的值。

在某个点之前,全部运算及副效应必须完成,这个点就是所谓的序点(Sequence Point)。"&&"或"‖"运算符都属于 C 语言中的序点。语句的结束标志";"是序点,if 语句中"()"的")"也是序点。

序点的作用在于规定某些运算在代码中的某处必须完成。除此之外,C 语言对运算次序几乎没有什么特别的规定。在阅读或构造表达式时,可以保证的是运算在下一序点之前一定会完成,但不能根据运算的优先级妄断运算次序。例如,对于如下表达式:

```
a+b-c*d;
```

编译器所保证的是加法、减法及乘法这三个运算在";"之前一定都会完成,但并不能断言乘法运算一定在加法运算之前完成。

3. 优先级小结

只有在表达式中存在多种运算时,运算符的优先级才有实际意义。因此下面的表4-1列举出了目前接触到的所有运算符的优先级。

需要说明的是,表格中表示优先级的数值并不是连续的,这是因为许多其他的运算符目前还没有接触到。

表 4-1 运算符的优先级

运算符	含义	优先级	结合性	类别
()	函数调用	16	从左到右	后缀
& + − ! sizeof	求指针 求原值 求负值 逻辑非 求长度	15	从右到左	一元
(类型名)	转换值的类型	14	从右到左	一元
* / %	乘、除、求余	13	从左到右	二元
+−	加、减	12	从左到右	二元
< <= > >=	小于、小于等于 大于、大于等于	10	从左到右	二元
== !=	等于、不等于	9	从左到右	二元
&&	逻辑与	5	从左到右	二元
‖	逻辑或	4	从左到右	二元
= += −= *= /= %= <<= >>= &= ^= ‖=	赋值	2	从右到左	二元

4.3　if-else 语句

4.3.1　代码回顾

回顾一下本章前面的代码,以程序代码 4 - 3 为例:

```
if(n % 3 !=0)
{
    printf("%d不是3的倍数\n",n);
}

if(n % 3 == 0)
{
    printf("%d是3的倍数\n",n);
}
```

认真审视之后不难发现它的瑕疵。这个瑕疵就是,如果 n％3 不等于 0,亦即 n％3!＝0 的值为 1 的话,那么 n％3＝＝0 的值一定为 0;反之,如果 n％3 等于 0,亦即 n％3!＝0 的值为 0 的话,那么 n％3＝＝0 的值一定为 1。

也就是说,当表达式 n％3!＝0 的值确定之后,表达式 n％3＝＝0 的值也一定是确定的。那么有什么理由在第二条 if 语句中再计算一遍呢?

答案很明显,没有任何理由再次计算,因为表达式 n％3＝＝0 与表达式 n％3!＝0 的值总是一个为 1 另一个就一定为 0。

为了消除代码中的这种瑕疵,下面介绍另一种 if 语句——if-else 语句。

4.3.2　if-else 语句的语法形式

1. 语法形式

if 语句的另一种形式带有 else 子句,如下所示:

if(表达式)语句 1 else 语句 2

对于编译器来说。关键字 **else** 与**语句 2** 之间的空白符(至少要有一个)是必需的,否则编译器无法识别 **else** 这个关键字。但从有利于可读性来说,下面的写法似乎更好些。当然,对于编译器来说它与前面的写法是完全**等价**的:

if(表达式)
　语句 1
else
　语句 2

if-else 语句表达的含义可以用图 4 - 11 所示的 N - S 图表示。

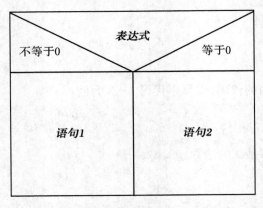

图 4 - 3   if-else 语句的 N - S 图

它与不带 else 子句的 if 语句的不同之处在于,在**表达式**的值为 0 的情况下,if-else 语句不是什么也不做而是选择执行 **else** 后面的语句执行。

这样,程序代码 4 - 3 就可以用一种更好的方式完成了。

2. 用 if-else 语句改进程序代码 4 - 3

程序代码 4 - 11

```
/*
问题:输入一个整数,要求程序判断该整数是否是 3 的倍数。
*/

#include <stdio.h>
#include <stdlib.h>

int main(void)
{
  int n;

  printf("输入一个整数:");
  scanf("%d",&n);

  if(n % 3 != 0)
  {
    printf("%d不是 3 的倍数\n",n);
  }
  else
  {
    printf("%d是 3 的倍数\n",n);
  }

  system("PAUSE");
  return 0;
}
```

3. 注意事项

尽管在语法上 if-else 语句是一条语句,但由于 if-else 语句容许有两个分号,因此在编程实践中很容易写错。对于没有建立良好编程习惯的初学者尤其如此,在有几个 if 或 if-else 语句相互嵌套的情况下问题特别突出。if-else 语句可以有两个分号这一事实特别容易造成代码的混乱、晦涩、难以解读和错误重重。

如果赞同学习语言的目的是为了编程而不是在语法错误中折腾,而且编程最重要的一点是首先把代码写正确的话,那么有种编程风格相信不难被理解和接受。这种编程风格就是当确定在代码中要写一个 if-else 语句之后,首先写出其必需的框架:

```
if ()
{
}
else
{
}
```

然后向其中填写必要的表达式和语句:

```
if(n % 3 ! = 0)
{
   printf(" % d不是3的倍数\n",n);
}
else
{
   printf(" % d是3的倍数\n",n);
}
```

经验表明,按照这种方法写 if-else 语句很少出错,在此郑重向初学者推荐。对于多余的"{}"(其中只有一条语句的情况),可以在编程完成后进行代码审查时删除。本书后面的代码一律采用这种方式完成,但为了让读者能够看到并体会这个过程,以达到帮助初学者养成良好的编程习惯的目的,所以"{}"一律不删除,哪怕是在可以删除的情况下。

4.3.3　倒水问题

1. 问题

有甲、乙两容器,其容积分别为 v1、v2 升,各盛水 c1、c2 升(v1,v2,c1,c2 皆为整数)。现将甲容器中的水倒入乙容器中,要求在不溢出的情况下尽量多倒入,问倒完之后两容器中各盛水多少? 要求:

(1) v1,v2,c1,c2 的值皆从标准输入设备输入。

(2) 输入不合理时程序输出适当的信息。

2. 分析

输入不合理的情况显然为下面三种情形之一:两容器的容量小于 0;两容器的盛水量小于 0;盛水量大于容量。

将甲容器中的水倒入乙容器时,存在两种可能:一种是将乙容器倒满(c1≥v2−c2

时),另一种是甲容器中的水被倒光(c1<=v2-c2 时)。

根据以上分析不难给出程序代码。为了说明编写代码的思路,下面给出了由伪代码向最后的程序代码逐渐演变的过程。

首先,在明确了程序功能要求的情况下,应该考虑数据的设计;其次,应该本着从宏观到细节的方式思考,这种从宏观到细节的思考方式就是结构化程序设计所倡导的所谓Top-down(自顶向下)原则。

3. 代码

先写出如下所示的伪代码:

程序代码 4-12(伪代码)

```
/*
有甲、乙两容器,其容积分别为 v1、v2 升,各盛水 c1,c2 升(v1,v2,c1,c2 皆为整
数)。现将甲容器中的水倒入乙容器中,要求在不溢出的情况下尽量多倒入,问倒完之
后两容器中各盛水多少? 要求:
v1,v2,c1,c2 的值皆从标准输入设备输入。
输入不合理时程序输出适当的信息。
*/

#include <stdio.h>
#include <stdlib.h>

int main(void)
{
    int v1,v2;
    int c1,c2;

    输入数据

    if (数据合理)
    {
        计算
        输出
    }
    else
    {
        输出"数据不合理"信息
    }

    system("PAUSE");
    return 0;
}
```

不难看出,这样的写法可以更有力地保证程序总体思路的正确。其余的细节可以在后面逐步补充,这就是所谓的自顶向下,逐步细化。

当然,这个伪代码目前还无法编译,如果希望马上就可以编译,可以把汉字说明的部分改为注释,如程序代码 4-13 所示。这样做的好处是可以随时测试程序。

程序代码 4-13(伪代码)

```
/*
有甲、乙两容器,其容积分别为 v1、v2 升,各盛水 c1、c2 升(v1,v2,c1,c2 皆为整
数)。现将甲容器中的水倒入乙容器中,要求在不溢出的情况下尽量多倒入,问倒完之
后两容器中各盛水多少? 要求:
v1,v2,c1,c2 的值皆从标准输入设备输入。
输入不合理时程序输出适当的信息。
*/

#include <stdio.h>
#include <stdlib.h>

int main(void)
{
  int v1,v2;
  int c1,c2;

  //输入数据
  printf("请输入甲容器的容量和盛水量:");
  scanf("%d%d", &v1,&c1);
  printf("请输入乙容器的容量和盛水量:");
  scanf("%d%d", &v2,&c2);

  if(1 /* 数据合理 */)
  {
    //计算
    //输出
  }
  else
  {
    //输出"数据不合理"信息
  }

  system("PAUSE");
  return 0;
}
```

现在这个程序已经可以测试程序能否正确输入了(这个过程请自己完成)。

数据的合理性可以由表达式"v1>=0 && c1>=0 && c1<=v1 && v2>=0 && c2>=0 && c2<=v2"的值是否为1给出。由于这个表达式太长,所以在代码中可以适当地拆成几行来写,这样可以使代码的可读性更好,如程序代码4-14所示。

程序代码 4-14(伪代码)

```
/*
有甲、乙两容器,其容积分别为 v1、v2 升,各盛水 c1、c2 升(v1,v2,c1,c2 皆为整
数)。现将甲容器中的水倒入乙容器中,要求在不溢出的情况下尽量多倒入,问倒完之
后两容器中各盛水多少? 要求:
v1,v2,c1,c2 的值皆从标准输入设备输入。
输入不合理时程序输出适当的信息。
*/

#include <stdio.h>
#include <stdlib.h>

int main(void)
{
    int v1,v2;
    int c1,c2;

    //输入数据
    printf("请输入甲容器的容量和盛水量:");
    scanf("%d%d", &v1,&c1);
    printf("请输入乙容器的容量和盛水量:");
    scanf("%d%d", &v2,&c2);

    if(v1 >= 0 && c1 >= 0 && c1 <= v1
       && v2 >= 0 && c2 >= 0 && c2 <= v2) /*数据合理*/
    {
        //计算
        printf("两个容器现在分别盛水%d、%d升\n", c1, c2);//输出
    }
    else
    {
        printf("输入的数据不合理\n");
    }

    system("PAUSE");
    return 0;
}
```

　　此时,应该考虑程序的测试了。因为如果程序有错误的话,那么发现得越早越好。后期发现错误的修改代价极大。"勿在沙滩筑高楼",在错误刚出现时就应该及时改正。这样的做法看似很慢,但却非常扎实,一步一个脚印。急于求成地一下子把代码写完,最终的效果往往是欲速则不达。

　　严格地讲,对所有可能的情况都应该进行测试。表达式 v1>=0 && c1>=0 && c1<=v1 && v2>=0 && c2>=0 && c2<=v2 中的每个关系表达式都可能有两个值——0 或 1,这样至少应该测试 2^6 组数据。如果再考虑到边界值(例如 v1 的值为 0,或 c1 与 v1 的值相等的情况),则至少应该测试 3^6 组数据。

　　限于篇幅,这里只给出下面两组测试数据:

```
4 3
2 1
```

和

```
3 4
1 2
```

它们的输出应该分别为:

两个容器现在分别盛水 3、1 升

和

输入的数据不合理

不难验证测试可以通过。

　　顺便说一句,表达式 v1>=0 && c1>=0 && c1<=v1 && v2>=0 && c2>=0 && c2<=v2 可以写得更简练些,因为 v1>=0 和 v2>=0 是不必要的,因为如果 c1>=0 && c1<=v1 的值为 1 的话,v1>=0 的值必然是 1。由此可见,在编程的过程中时不时地停下来思考一下是非常重要的。

　　测试之后,就可以写"//计算"部分的代码了。这部分的功能也可以由一条 if-else 语句实现。在写代码时同样最好先写出"if(){}else{}"这个必需的语句框架,并注意应有的缩进以保持代码的美观与易读。最后完成的代码如下所示:

程序代码 4 - 15

```
/ *
有甲、乙两容器,其容积分别为 v1、v2 升,各盛水 c1,c2 升(v1,v2,c1,c2 皆为整
数)。现将甲容器中的水倒入乙容器中,要求在不溢出的情况下尽量多倒入,问倒完之
后两容器中各盛水多少? 要求:
v1,v2,c1,c2 的值皆从标准输入设备输入。
输入不合理时程序输出适当的信息。
* /

# include <stdio. h>
# include <stdlib. h>
```

```
int main(void)
{
    int v1,v2;
    int c1,c2;

    //输入数据
    printf("请输入甲容器的容量和盛水量:");
    scanf("%d%d", &v1,&c1);
    printf("请输入乙容器的容量和盛水量:");
    scanf("%d%d", &v2,&c2);

    if(c1 >= 0 && c1 <= v1
      && c2 >= 0 && c2 <= v2) /*数据合理*/
    {
        //计算
        if(c1 + c2 > v2) //乙容器将被倒满
        {
            c1 -= (v2 - c2);
            c2 = v2;
        }
        else   //甲容器将被倒空
        {
            c2 += c1;
            c1 = 0;
        }

        printf("两个容器现在分别盛水%d、%d升\n", c1, c2); //输出
    }
    else
    {
        printf("输入的数据不合理\n");
    }

    system("PAUSE");
    return 0;
}
```

由于前面已经对"输入的数据不合理"的情况进行了测试,所以现在可以主要关心数据合理的条件下,针对 c1+c2 > v2 这个关系表达式的值为 0 或为 1 进行测试。

4.4　难解的嵌套

4.4.1　自我折磨式写法

"再好的语言也挡不住有人会写出糟糕的代码",一位大师曾经这样感叹。无论是否愿意,有时我们都必须面对一些写得很糟糕的代码。

由于 if 语句有带 else 和不带 else 两种形式,所以当这样的语句嵌套在一起时,不具备良好编程习惯的人往往会把代码写得特别令人费解。例如下面的代码片段:

```
if(0)
  if(0)printf("1");
else printf("2");
printf("3");
```

解析这段代码的关键在于判断 else 关键字及后面的子语句与前面两个 if 中的哪一个相匹配。C 语言规定,else 与前面最近的且没有与其他 else 搭配的 if 相匹配。这样前面的代码片段表达的就是下面的意思:

```
if(0)
{
  if(0)
  {
      printf("1");
  }
  else
  {
      printf("2");
  }
}
printf("3");
```

显然输出的结果为 3。类似地,不难分析出下面的代码片段:

```
if(1)
if(0)printf("1");
else printf("2");
printf("3");
```

的输出为 23。下面的代码段有些不同:

```
if(0)
{if(0)printf("1");}
else printf("2");
printf("3");
```

尽管第二个 if 没有与任何 else 相匹配,但是由于"{}"的存在,else 与第一个 if 相配是很明显的。因此,这段代码的输出为23。

但是与其费心思分析这些"病态"代码,还不如一开始就把代码写清楚。因此,尽管本小节分析了几个"病态"代码,但目的绝不是要大家学习如何分析这种代码,更不是要大家学习写这样"病态"的代码。本小节的目的恰恰是希望大家意识到良好的代码风格有多么重要,会给我们减少多少麻烦,带来多少方便。

如果正确性是衡量代码质量的首要标准的话,那么可读性在多数情况下就是衡量代码质量的第二位标准。小学生都晓得把作业写工整,把语句写得通俗易懂。但很可惜许多成人不懂,他们似乎觉得编译器不会在意这些。是的,对于编译器来说这些确实无所谓,但是不要忘记代码还有另一个读者——人。

4.4.2 可读性和良好的习惯

事实上,只要遵循良好的编程习惯,完全可以避免写出那种晦涩难懂、易错的代码。下面的例题通过一个涉及复杂的if语句嵌套的问题,演示如何有条理地完成代码。

1. 问题

输入三个整数,判断:

(1) 能否以此三个数为边长构成一个三角形?

(2) 如果能构成一个三角形,那么是什么样的三角形(等边、等腰、等腰直角、直角、锐角、钝角)?

2. 分析

首先应该认真对待的是理解题目要求。确定程序的功能是编程的第一个步骤,本书中称之为"程序功能定义"。

定义程序功能时,需要设想一下程序的输入与输出。就本题而言至少要事先设计出能构成三角形的输入数据和不能构成三角形的输入数据,以及能构成各种三角形(等边、等腰、等腰直角、直角、锐角、钝角)的输入数据(把它们记在纸上)。这不但是程序完成后进行测试的要求,而且对设计程序的算法和数据结构(类型)也很有帮助。

就本题来说,至少应该在编程之前预备如下几组测试数据:

输入:-1 4 1　　　　输出:-1、4、1 不能构成三角形
输入:3 0 1　　　　输出:3、0、1 不能构成三角形
输入:1 2 3　　　　输出:1、2、3 不能构成三角形
输入:3 4 5　　　　输出:3、4、5 能构成直角三角形
输入:5 5 5　　　　输出:5、5、5 能构成等边三角形
输入:5 5 6　　　　输出:5、5、6 能构成等腰锐角三角形
输入:5 6 6　　　　输出:5、6、6 能构成等腰锐角三角形
输入:4 5 6　　　　输出:4、5、6 能构成锐角三角形
输入:3 3 5　　　　输出:3、3、5 能构成等腰钝角三角形
输入:4 5 7　　　　输出:4、5、7 能构成钝角三角形

这些数据中涵盖了三角形的各种可能,除了等腰直角三角形,因为等腰直角三角形的三条边不可能都是整数。

然后应该考虑的是程序的数据类型的设计及常量、变量的命名等问题。一旦数据类

型选择不当,要么程序还没编写就已经错了,要么就会多走不少弯路。好在此题目的数据类型已经很明确了。由于数学中三角形的边通常用 a、b、c 表示,所以在代码中也可以这样命名。

代码极少有"文不加点,顷刻而就"这般一次性写成的,至少不可能一次写得很好。下面就是多数人都可能遇到的问题。

不少人在写代码时完全想不起或没想到这样一些事实:只有正数才可能成为三角形的边长,并且平面几何中的"两边之和大于第三边"本质上说的是"任意""两边之和大于第三边",这其实是三个必须同时成立的条件。而一旦领悟到构成三角形的判断条件是多个条件的组合时,会发现在写代码时有不胜其"繁"的感觉。"繁"则思变,在写代码之前认真思考一下就会发现,如果在判断之前对三个表示边长的整数由小到大排序会使代码简洁许多。

要是没想到这么多也不要气馁,除了极少数训练有素的程序员,很少有人能一下子想得如此全面周到。

3. N-S 图

在设计程序的算法和数据结构(类型)时,在纸上写一些伪代码或画画流程图往往有助于更深入、更周密的思考,能起到事半功倍的效果。图 4-4 是本题程序的 N-S 图。

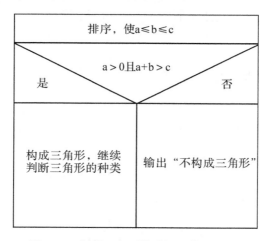

图 4-4   判断三角形性质问题的 N-S 图

没必要一次绘出全部的细节,但首先要从大处着眼,保证整体结构的正确性与合理性。这就是所谓的"自顶向下,逐步细化"的思考模式。

在对整体结构有充分把握的条件下,就可以开始写(或试写)代码了。写代码时应注意控制语句与 N-S 图的对应关系。

4. 代码雏形

程序代码 4-16

```
/*
输入三个整数,判断:
(1) 能否以此三个数为边长构成一个三角形?
(2) 如果能构成一个三角形,那么是什么样的三角形(等边、等腰、等腰直角、直角、
锐角、钝角)?
```

```
*/

#include <stdio.h>
#include <stdlib.h>

int main(void)
{
    int a, b, c;        //三边边长
    int a_, b_, c_;     //三边边长的副本

    //输入
    printf("请输入三边边长\n");
    scanf("%d%d%d", &a, &b, &c);

    a_ = a;             //为了输出和最初的a、b、c输入次序保持一致
    b_ = b;             //这里复制了a、b、c的一个拷贝
    c_ = c;

    //排序,使a<=b<=c
    if(a > b)
    {
        int tmp;
        tmp = a;
        a = b;
        b = tmp;
    }
    if(b > c)
    {
        int tmp;
        tmp = b;
        b = c;
        c = tmp;
    }
    if(a > b)
    {
        int tmp;
        tmp = a;
        a = b;
        b = tmp;
    }
```

```
//判断三角形的性质
if(a＞0 && a＋b＞c) //这个判断因为前面排序的准备工作而变得简单
{
    printf("%d、%d、%d能构成三角形\n", a_, b_, c_);
}
else
{
    printf("%d、%d、%d不能构成三角形\n", a_, b_, c_);
}

system("PAUSE");
return 0;
}
```

这段代码未完全完成,但可以马上进行测试。如果代码有问题,可能会在第一时间被发现而得到及时的修正。

5. 逐步细化

测试通过后,下面的任务是完成三角形种类的判断。如何对各种情况进行一分为二的分类是设计时应该重点考虑的内容。这可以有多种方式。本题中的分类是三角形分为直角三角形与非直角三角形,在非直角三角形中再分为钝角三角形与锐角三角形……当然,你也可以采用别的你感觉更有条理的方式分类。图 4−5 是判断三角形种类的流程图。

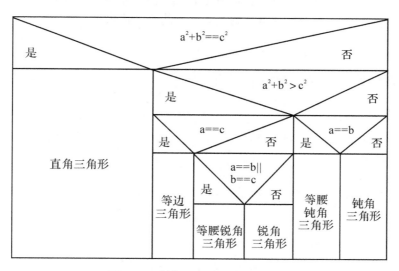

图 4−5 判断三角形种类的流程图

其中的逻辑关系请自己参详。编写代码时,依然是按照前面的原则参照流程图及写 if-else 语句的良好风格有条理地进行。程序代码 4−17 是完成的代码,其中增加了一个变量 delta 记录 $a^2+b^2-c^2$ 的值,因为没必要每次判断时都计算这个值,这是抗日战争中"以空间换时间"战略原则的编程体现。

程序代码 4-17

```
/*
输入三个整数,判断:
(1) 能否以此三个数为边长构成一个三角形?
(2) 如果能构成一个三角形,那么是什么样的三角形(等边、等腰、等腰直角、直角、
锐角、钝角)?

*/

#include <stdio.h>
#include <stdlib.h>

int main(void)
{
    int a, b, c;          //三边边长
    int a_, b_, c_;       //三边边长的副本

    //输入
    printf("请输入三边边长\n");
    scanf("%d%d%d", &a, &b, &c);

    a_ = a;               //为了输出和最初的 a、b、c 输入次序保持一致
    b_ = b;               //这里复制了 a、b、c 的一个拷贝
    c_ = c;

    //排序,使 a<=b<=c
    if(a > b)
    {
        int tmp;
        tmp = a;
        a = b;
        b = tmp;
    }
    if(b > c)
    {
        int tmp;
        tmp = b;
        b = c;
        c = tmp;
    }
```

```
if(a > b)
{
    int tmp;
    tmp = a;
    a = b;
    b = tmp;
}

//判断三角形的性质
if(a > 0 && a + b > c) //这个判断因为前面排序的准备工作而变得简单
{
    int delta = a * a + b * b - c * c;        //尽量把变量定义在需要它的局部
    printf("%d、%d、%d 能构成\n", a_, b_, c_);

    if(delta == 0)
    { //直角
      printf("直角三角形\n");
    }
    else
    {
        if(delta > 0)
        { //锐角
            if (a == c)
            {
                printf("等边三角形\n");
            }
            else
            {
                if(a == b || b == c)
                {
                    printf("等腰锐角三角形\n");
                }
                else
                {
                    printf("锐角三角形\n");
                }
            }
        }
        else
        {                    //钝角
```

```
            if(a = = b)
            {
                printf("等腰钝角三角形\n");
            }
            else
            {
                printf("钝角三角形\n");
            }
        }
    }
    else
    {
        printf("%d、%d、%d不能构成三角形\n", a_, b_, c_);
    }

    system("PAUSE");
    return 0;
}
```

6. 测试

本题的输入与输出都有多种情况,因此测试比较复杂。设计测试数据时,最基本的一个原则就是各种情况至少有一组输入数据。本小节前面已经给出测试数据,请自行测试。

4.4.3 减少嵌套

前面小节中的代码可以作为学习编写嵌套结构的一个极好的练习,因为它足够复杂。但是在真正的编程实践中,除非是出于无奈,否则复杂的结构是不被提倡的。因为复杂往往意味着难以把握和容易产生错误。真正的程序设计"尚简"。当然,对于不同层次的编程者,复杂和简单只是一个相对的概念,并没有绝对的标准。

写出简单易懂的代码并不是一件容易的事情。它首先要求编程者对问题进行反复彻底的思考,同时也需要对代码进行反复的修改。初学者往往满足于程序正确地输出结果,有些初学者甚至只满足于程序输出了结果而不进行审慎的测试,这是许多初学者水平始终难于提高的一个瓶颈。学习程序设计,一定要反复地修改自己的代码,使之臻于完美。这是不可或缺的修炼功课。

当然,修改代码也需要学习一些技巧和手段。下面的代码是前一小节中例题的另一种写法:

程序代码 4 - 18

```
/ *
输入三个整数,判断:
(1) 能否以此三个数为边长构成一个三角形?
(2) 如果能构成一个三角形,那么是什么样的三角形(等边、等腰、等腰直角、直角、锐角、钝角)?
```

```
*/
#include <stdio.h>
#include <stdlib.h>

int main(void)
{
    int a, b, c;         //三边边长
    int a_, b_, c_;      //三边边长的副本
    int delta;
    int s_sjx, s_zj, s_rj, s_dj, s_db, s_dy;//记录判断结果

     //输入
    printf("请输入三边边长\n");
    scanf("%d%d%d", &a, &b, &c);

    a_ = a;              //为了输出和最初的 a、b、c 输入次序保持一致
    b_ = b;              //这里复制了 a、b、c 的一个拷贝
    c_ = c;

    //排序,使 a<=b<=c
    if(a > b)
    {
        int tmp;
        tmp = a;
        a = b;
        b = tmp;
    }
    if(b > c)
    {
        int tmp;
        tmp = b;
        b = c;
        c = tmp;
    }
    if(a > b)
    {
        int tmp;
        tmp = a;
        a = b;
        b = tmp;
    }
```

```
        //判断三角形的性质
        s_sjx = a > 0 && a + b > c;                    //是三角形
        delta = a * a + b * b - c * c;
        s_zj = delta == 0;                            //直角
        s_rj = delta > 0;                             //锐角
        s_dj = delta < 0;                             //钝角
        s_db = a == c;                                //等边
        s_dy = ! s_db && (a == b || b == c);          //等腰
        if(! s_sjx)
        {
            printf("%d、%d、%d不能构成三角形\n", a_, b_, c_);
        }

        if(s_sjx && s_zj)
        {
            printf("%d、%d、%d能构成直角三角形\n", a_, b_, c_);
        }

        if(s_sjx && s_rj && s_db)
        {
            printf("%d、%d、%d能构成等边三角形\n", a_, b_, c_);
        }

        if(s_sjx && s_rj && s_dy)
        {
            printf("%d、%d、%d能构成等腰锐角三角形\n", a_, b_, c_);
        }

        if(s_sjx && s_rj && ! s_dy && ! s_db)
        {
            printf("%d、%d、%d能构成锐角三角形\n", a_, b_, c_);
        }

        if(s_sjx && s_dj && s_dy)
        {
            printf("%d、%d、%d能构成等腰钝角三角形\n", a_, b_, c_);
        }

        if(s_sjx && s_dj && ! s_dy)
        {
            printf("%d、%d、%d能构成钝角三角形\n", a_, b_, c_);
        }

    system("PAUSE");
    return 0;
}
```

用变量记住运算结果在很多情况下能实现使程序结构简单化,代价是略微多使用了一些资源(内存和运行时间)。只要不是内存特别紧张或对运行速度要求特别高的情况,这么做通常是值得的。

4.4.4　另一种风格

通过思考与观察不难发现,无论输入什么样的数据,程序代码 4-18 中的各条 if 语句的"()"内的表达式总有一个且只有一个为 1。换句话说,这些表达式是互相排斥的。程序从前到后的执行过程中,总会遇到一条得到完整执行的 if 语句,而且这条语句之前和之后的 if 语句都不会得到完整的执行。

这种情况更普遍的写法实际上是:

```
if(A)
{
    //……
}
else if(B)
{
    //……
}
else if(C)
{
    //……
}
else
{
    //……
}
```

这种写法很常见,几乎是一种"句型"。它等价于下面的写法:

```
if(A)
{
    //……
}
else {
    if(B)
    {
        //……
    }
    else
    {
        if(C)
```

```
        {
            //......
        }
        else
        {
            //......
        }
    }
}
```

这种句型特别适合描述这样的运算步骤:依次求 A,B,C……的值,一旦某个值不为 0 则执行其后的语句,然后整个语句结束。也就是说,这种句型非常适合描述多种条件下选择其中之一执行的 if 语句。

按照这种想法,程序代码 4-18 可以写得更简洁。但是需要注意 if 语句的"()"中各个表达式出现的次序。

程序代码 4-19

```
/ *
输入三个整数,判断:
(1) 能否以此三个数为边长构成一个三角形?
(2) 如果能构成一个三角形,那么是什么样的三角形(等边、等腰、等腰直角、直角、锐角、钝角)?

* /

# include <stdio.h>
# include <stdlib.h>

int main(void)
{
    int a, b, c;        //三边边长
    int a_, b_, c_;     //三边边长的副本
    int delta;
    int s_sjx, s_zj, s_rj, s_dj, s_db, s_dy;//记录判断结果

    //输入
    printf("请输入三边边长\n");
    scanf("%d%d%d", &a, &b, &c);

    a_ = a;             //为了输出和最初的输入 a、b、c 次序保持一致
    b_ = b;             //这里复制了 a、b、c 的一个拷贝
    c_ = c;
```

```
    //排序,使 a<=b<=c
    if(a > b)
    {
        int tmp;
        tmp = a;
        a = b;
        b = tmp;
    }
    if(b > c)
    {
        int tmp;
        tmp = b;
        b = c;
        c = tmp;
    }
    if(a > b)
    {
        int tmp;
        tmp = a;
        a = b;
        b = tmp;
    }


    //判断三角形的性质
    s_sjx = a > 0 && a + b > c;              //是三角形
    delta = a * a + b * b - c * c;
    s_zj = delta == 0;                       //直角
    s_rj = delta > 0;                        //锐角
    s_dj = delta < 0;                        //钝角
    s_db = a == c;                               //等边
    s_dy = ! s_db && (a == b || b == c);     //等腰

if(! s_sjx)
{
    printf("%d、%d、%d 不能构成三角形\n", a_, b_, c_);
}
else if(s_zj)
{
    printf("%d、%d、%d 能构成直角三角形\n", a_, b_, c_);
}
else if(s_rj && s_db)
```

```
        {
            printf("%d、%d、%d能构成等边三角形\n", a_, b_, c_);
        }
        else if(s_rj && s_dy)
        {
            printf("%d、%d、%d能构成等腰锐角三角形\n", a_, b_, c_);
        }
        else if(s_rj)
        {
            printf("%d、%d、%d能构成锐角三角形\n", a_, b_, c_);
        }
        else if(s_dj && s_dy)
        {
            printf("%d、%d、%d能构成等腰钝角三角形\n", a_, b_, c_);
        }
        else
        {
            printf("%d、%d、%d能构成钝角三角形\n", a_, b_, c_);
        }

        system("PAUSE");
        return 0;
    }
```

在这种写法中，关键字 if 后的"（）"内的表达式简洁了许多。

对此句型，有的书中称之为 if-else 链（if-else Chain），也有的书中称之为多路条件语句（Multiway Conditional Statement）。尽管这种"句型"非常普遍，但它并不是 if 语句的第三种形式（if 语句只有两种：带 else 的和不带 else 的），只是一种对 if 语句进行特殊组合所形成的、用以表达特定算法模式的常见句式。

注意学习常见的句型及其应用条件，这样可以大幅度提高写代码的质量和熟练程度。

4.5 条件表达式

"?:"运算符是 C 语言中唯一的一个三元运算符（Ternary Operator），通常被叫做条件运算符（Conditional Operator），优先级为 3（高于赋值运算，低于逻辑或运算），结合性为从右向左。

"?:"运算符的语法格式为：

操作数 1? 操作数 2: 操作数 3

运算时首先求出**操作数 1** 的值，如果这个值不为 0，则表达式的值为**操作数 2** 的值（此时不求**操作数 3** 的值），否则表达式的值为**操作数 3** 的值（不求**操作数 2** 的值）。这和"&&"、"‖"运算符要求一定先求运算符左边表达式的值而运算符右边的表达式可能不一定运算的性质类似。换句话说，这里的"?"也是一个序点。下面是关系表达式的一个具体例子：

        3? 4:5

根据定义，这个表达式的值显然为 4。

条件表达式与 if-else 语句的区别在于前者是表达式，后者是语句。就是说，前者可

以出现在代码中只容许写表达式的位置。这可以使得许多代码特别简洁。例如,对于下面的语句:

```
if((c >= 'A') &&(c<= 'Z')){
  printf("%c是大写字母\n", c);
}
else{
  printf("%c不是大写字母\n", c);
}
```

可以利用条件运算符简单地写成:

```
printf("%c%s是大写字母\n", c,(c >= 'A') &&(c<= 'Z') ? "":"不");
```

在函数调用表达式内部只可以写表达式,无法写 if-else 语句,但是"?:"运算符可以实现和 if-else 语句类似的判断与选择功能。

表达式"(c >='A') &&(c<='Z') ? "":"不""的值可能为""也可能为"不",这两个裸串都有值(后面将会介绍,这个值是指针类型)。因此,当(c >='A') &&(c<='Z')的值为 1 时(c 是大写字母),该条件表达式的值为"";而当(c >='A') &&(c<='Z')的值为 0 时(c 不是大写字母),该条件表达式的值为"不"。

无论是""还是"不",由于它们都是字符串的一种,因此可以用%s 格式转换说明输出。

条件表达式中*操作数 1* 必须是标量类型,*操作数 2*、*操作数 3* 可以是不同类型,在运算时首先进行一元转换(隐式转换),然后按照 *操作数 2*、*操作数 3* 的类型进行二元转换(算术转换),结果为转换后的类型。例如下面的表达式:

char c='1';

1? c :0U

这里的 c 将会首先被转换为(int)c,又由于 0U 为 unsigned 类型,所以 c 还会被转换为(unsigned)(int) c,因此 1? c :0U 的值为 49U,而不是 49('1'的值为 49)。

4.6　多项选择——switch 语句

if 语句的选择是二选一,有时问题要求在多个选项中选择一个,这时使用 if 语句就比较繁琐,更合适的选择可能是 switch 语句。

switch 语句的一般形式较少被使用,在代码中使用最多的是这种语句的两种特殊形式。本小节首先介绍这两种特殊写法。

4.6.1　先乘电梯再走下楼

下面通过求某天是一年中的第几天这个问题来介绍 switch 语句的一种使用形式。

1. 问题

已知某年不是闰年,求该年某月某日是该年中的第几天?

2. 分析与算法

很多上过中学的人在看到这个问题之后就开始考虑列公式,但列公式这种思考习惯对于程序设计来说并不总能奏效。因为从本质上来说,程序几乎就是一步一步的算术运算的总和。因此,小学生的思考方法倒是往往更容易发现程序的算法。小学生可能并不善于总结出公式,然而他们的计算过程经常可以很容易地归纳出算法。小学生往往会像下面那样计算(假设求 6 月 13 日是该年的第几天):

首先,记住 13(这对应着代码中把一个变量赋值为 13);然后加上 5 月的天数,即 31

（这对应着代码中求和然后赋值的运算,这时记录天数的变量中的值为 44）；接着加上 4 月的天数,即 30（记录天数的变量中的值为 74）；再加上 3 月的天数,即 31（记录天数的变量中的值为 105）；然后加上 2 月的天数,即 28（因为不是闰年,天数现在是 133）；最后加上 1 月的天数,即 31（最后得到 164）。

不难发现,这种计算方法对一年中的任何一天都成立,不同的只是需要加几次前几个月的天数。这种计算步骤很有规律,这一点特别重要。因为对于程序来说计算量大通常不是问题（这是计算机的长项）,但计算步骤混乱则很难用代码描述。

总结一下这种计算方式:首先记录这天是当月的第几天,然后加上该月之前各月的天数。这是一个不断累加的过程。

对于不断累加的计算,存放和的变量在计算之前通常需要清 0。由于累加的结果与累加的次序无关,因而计算步骤同样可以等价地描述为:首先加上该月之前各月的天数,最后加上这天是当月的第几天。之所以做这样的调整,目的是使计算步骤更有规律,更容易用程序设计语言描述。

用图来描述这个计算过程将会更为直观,如图 4-6 所示。

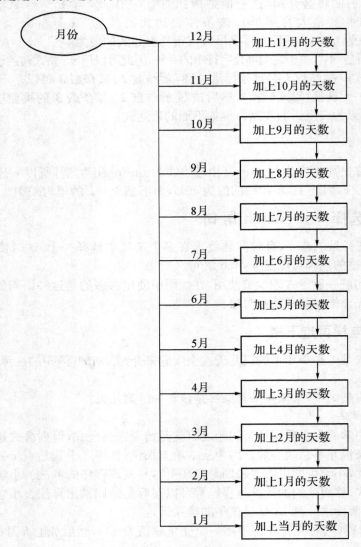

图 4-6 天数问题的计算过程

3. 用 if 语句实现算法

整个计算过程和先乘电梯(最多乘一次)再走下楼的过程是一样的。这个过程可以用一连串的 if 语句描述如下：

程序代码 4 - 20(伪代码)

```
int yue, ri;
int ts = 0;              //因为要累加,所以先赋值为 0
//输入 yue,ri
if(yue >= 12)
{
    ts + = 30;           //加上 11 月的天数
}
if(yue >= 11)
{
    ts + = 31;           //加上 10 月的天数
}
//……
//依次加上其他月份的天数
//……
if(yue >= 2)
{
    ts + = 31;           //加上 1 月的天数
}
if(yue >= 1)
{
    ts + = ri;           //加上在当月是第几天
}
```

4. switch 语句的一种使用形式

在 C 语言中对于这种先乘电梯再走下楼式计算模式还有另一种更简洁的描述方式,这就是 switch 语句。switch 语句的使用形式之一如下：

```
switch(整数类型表达式)
{
    [case   整数类型常量表达式 0:语句 0]
    [case   整数类型常量表达式 1:语句 1]
    ……
    [default : 语句 n]
}
```

其中,**switch**、**case**、**default** 是这个语句可能用到的关键字,**switch** 是必需的,另外两个是可选的;**case** 与其后面的**整数类型常量表达式**:的作用是标明语句的位置,其本身并不是语句,而只是一个语句位置的标志,不影响任何语句的执行。

这种形式的 switch 语句的执行过程是：

(1) 求**整数类型表达式**的值。

(2) 如果这个值和某个 **case** 后面的**整数类型常量表达式**的值相等则执行该 **case** 的:后面的语句(乘电梯到该层),然后依次执行下面的各条语句(走下楼)。

(3) 如果**整数类型表达式**的值和任何一个 **case** 后面的**整数类型常量表达式**的值都

不相等,则执行 **default:** 后面的语句(乘电梯到 **default** 层),然后依次执行后面的各语句(走下楼)。

显然,各个*整数类型常量表达式*的值必须互不相等。

这种形式的 switch 语句的 N-S 图如图 4-7 所示。当然,**default:** 的位置不一定在最后。

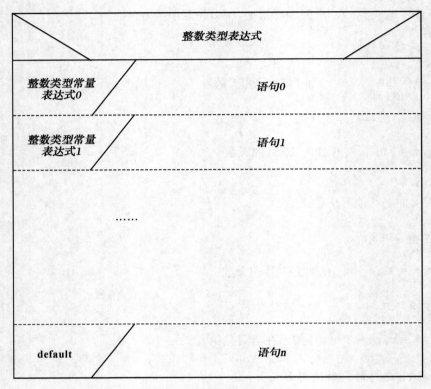

图 4-7 switch 语句的 N-S 图

图中的虚线表示执行完语句后直接向下执行。

不难看出,这种形式的 switch 语句的执行模式和那种先乘电梯再走下楼的计算模式完全一致,只是楼层要用 **case 整数类型常量表达式:** 这种方式标注而已。只要算法可以用这种方式描述,就可以考虑用这种形式的 switch 语句实现。

需要注意的一点是,各个选择判断的条件必须能用*整数类型表达式*的值和某个 *case整数类型常量表达式*的值相等或不等描述。如果问题的判断选择条件是用关系运算描述,switch 语句是无能为力的。

这样不难给出对于前面问题的简洁优美而且直截了当的代码,如下所示:

程序代码 4-21

```
#include <stdio.h>
#include <stdlib.h>


#define DYTS 31    //大月的天数
#define XYTS 30    //小月的天数
#define EYTS 28    //2 月的天数
```

```
int main(void)
{
    int yue,ri; //日,月
    int ts = 0;//存储某月某日是这年的第几天,因为后面要累加所以赋初值为 0
    //输入
    printf("输入月 日:");
    scanf("%d%d",&yue,&ri);

    //计算是这年的第几天
    switch(yue)
    {
        case 12:      ts + = XYTS;      //加上 11 月的天数
        case 11:      ts + = DYTS;      //加上 10 月的天数
        case 10:      ts + = XYTS;      //加上 9 月的天数
        case  9:      ts + = DYTS;      //加上 8 月的天数
        case  8:      ts + = DYTS;      //加上 7 月的天数
        case  7:      ts + = XYTS;      //加上 6 月的天数
        case  6:      ts + = DYTS;      //加上 5 月的天数
        case  5:      ts + = XYTS;      //加上 4 月的天数
        case  4:      ts + = DYTS;      //加上 3 月的天数
        case  3:      ts + = EYTS;      //加上 2 月的天数
        case  2:      ts + = DYTS;      //加上 1 月的天数
        case  1:      ts + = ri;        //加上当月的天数
    }

    //输出结果
    printf("%d 月 %d 日是该年的第 %d 天\n",yue,ri,ts);

    system("PAUSE");
    return 0;
}
```

请自己测试。

4.6.2　先乘电梯再跳楼

　　switch 语句更经常被使用的一种形式是在"()"后面的"{}"中包含 break 语句,如下所示:

```
switch(整数类型表达式)
{
    [case  整数类型常量表达式 0:语句 0
                                break; ]
    [case  整数类型常量表达式 1:语句 1
                                break; ]
    ......
    [default : 语句 n
                                break; ]
}
```

如果说不带 break 语句的 switch 语句相当于"先乘电梯再走下楼",那么这种带 break 语句的 switch 语句就相当于"先乘电梯再跳楼"。break 语句的作用就是"跳楼",它直接结束它所从属的 switch 语句。下面依然从这种 switch 语句的应用开始介绍。

1. 问题

已知 2008 年 1 月 1 日是星期二,编程:输入 2008 年的某月某日,输出这天是星期几。(注:2008 年是闰年)

2. 分析与算法

由于星期以 7 天为一个周期,所以不难发现 2008 年 1 月的各天是星期几可以通过"(日+1)%7"求出,这个值为 0 则表示星期天。因此 2008 年 1 月 31 日是星期四,这样 2008 年 2 月 1 日一定是星期五。

由此不难发现 2008 年 2 月的每天是星期几可以通过"(日+4)%7"求出。

......

这也就是说,每个月都有自己的计算公式。如果把这些计算方法从上到下排起来的话(如同前一小节那样),可以发现,这个计算过程的前一部分和前一小节相同(都先乘电梯)。但是这个计算步骤要求到达楼层后不是逐层走下去,而是不经历其他楼层直接"跳"下去,如图 4-8 所示。这个"跳"对应的 C 语句就是"break;"。

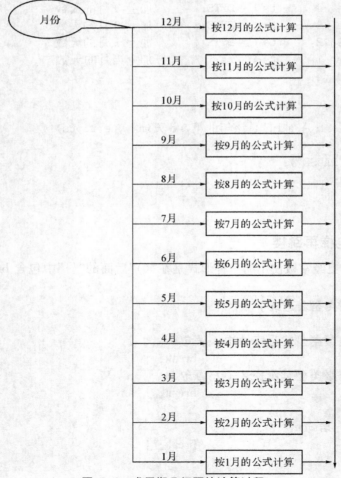

图 4-8 求星期几问题的计算过程

3．N－S 图及代码

至此,不难给出待解问题的 N－S 图(如图 4－9 所示)。

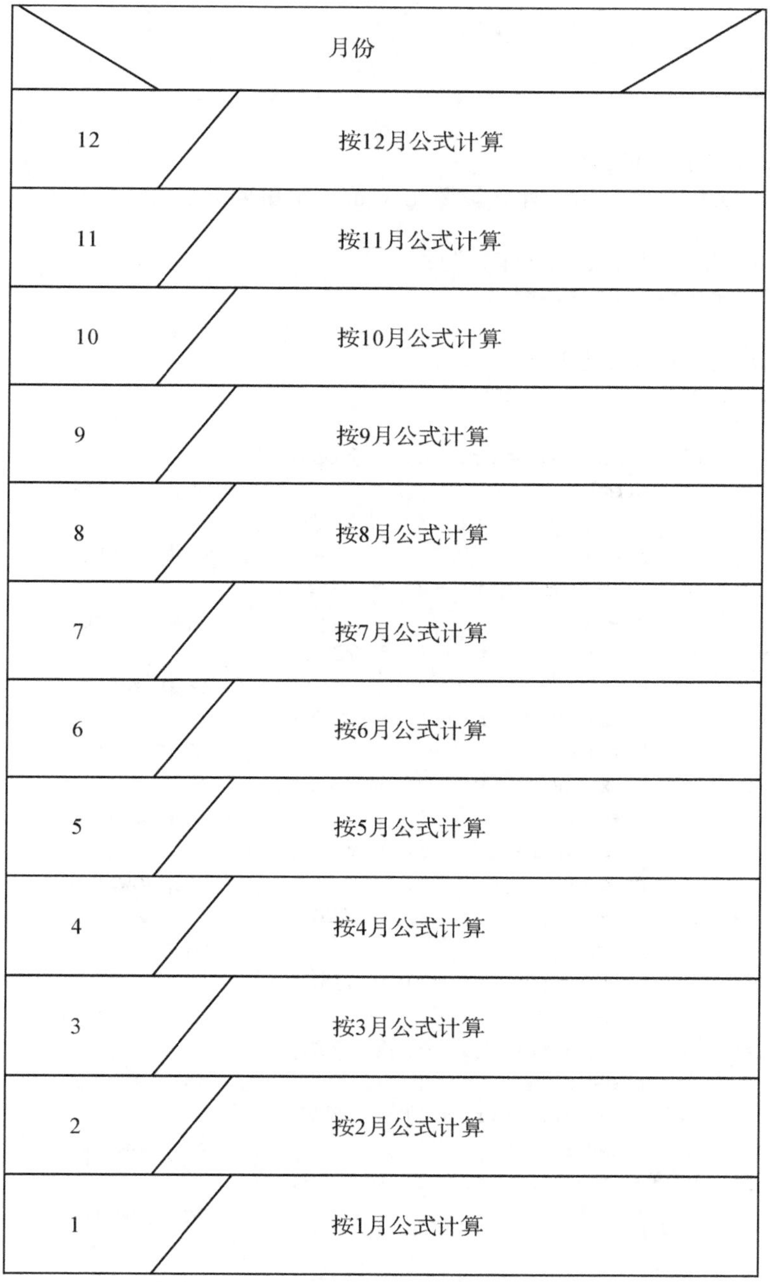

月份
12　按12月公式计算
11　按11月公式计算
10　按10月公式计算
9　按9月公式计算
8　按8月公式计算
7　按7月公式计算
6　按6月公式计算
5　按5月公式计算
4　按4月公式计算
3　按3月公式计算
2　按2月公式计算
1　按1月公式计算

图 4－9　求星期几问题的 N－S 图

程序代码如下:

程序代码 4 – 22

```c
#include <stdio.h>

#define YZTS 7    //一周的天数

int main(void)
{
  int yue,ri; //日,月
  int xingqi;      //用于计算星期几,0 值表示星期天
  //输入
  printf("输入月 日(2008 年):");
  scanf("%d%d",&yue,&ri);

  //计算是这年的第几天
  switch(yue)
  {
    case  12:    xingqi = (ri + 0) % YZTS;
            break;                      // 结束 switch
    case  11:    xingqi = (ri + 5) % YZTS;
            break;                      // 结束 switch
    case  10:    xingqi = (ri + 2) % YZTS;
            break;                      // 结束 switch
    case  9:    xingqi = (ri + 6) % YZTS;
            break;                      // 结束 switch
    case  8:    xingqi = (ri + 4) % YZTS;
            break;                      // 结束 switch
    case  7:    xingqi = (ri + 1) % YZTS;
            break;                      // 结束 switch
    case  6:    xingqi = (ri + 6) % YZTS;
            break;                      // 结束 switch
    case  5:    xingqi = (ri + 3) % YZTS;
            break;                      // 结束 switch
    case  4:    xingqi = (ri + 1) % YZTS;
            break;                      // 结束 switch
    case  3:    xingqi = (ri + 5) % YZTS;
            break;                      // 结束 switch
    case  2:    xingqi = (ri + 4) % YZTS;
            break;                      // 结束 switch
    case  1:    xingqi = (ri + 1) % YZTS;
            break;                      // 结束 switch
  }

  //输出结果
  printf("%d 月 %d 日是星期",yue,ri);
  xingqi = = 0 ? printf("日\n") : printf("%d\n", xingqi);

  return 0;
}
```

代码中 switch 语句中最后一个"break;"语句并没有什么用处,这里写上纯粹是为了美观。

此外,由于有些月份的计算方法一致,所以代码中的 switch 语句可以更简洁地写为如下这样:

程序代码 4 - 23

```
switch(yue)
{
    case 12:     xingqi = (ri + 0) % YZTS;
                 break;                          // 结束 switch

    case  3:
    case 11:     xingqi = (ri + 5) % YZTS;
                 break;                          // 结束 switch

    case 10:     xingqi = (ri + 2) % YZTS;
                 break;                          // 结束 switch

    case  6:
    case  9:     xingqi = (ri + 6) % YZTS;
                 break;                          // 结束 switch

    case  2:
    case  8:     xingqi = (ri + 4) % YZTS;
                 break;                          // 结束 switch

    case  1:
    case  4:
    case  7:     xingqi = (ri + 1) % YZTS;
                 break;                          // 结束 switch

    case  5:     xingqi = (ri + 3) % YZTS;
                 break;                          // 结束 switch
}
```

这表明几个语句标号可以指示代码中的同一位置。

需要说明的是,前面介绍的只是 switch 语句最常见的两种应用形式。switch 语句中究竟是否写 break 语句或者写几个 break 语句是由问题的具体计算步骤决定的。C 语言并没有硬性地规定是否应该加 break 语句。

4.6.3　switch 语句的一般形式

前面介绍的是 switch 语句最常见的两种使用形式,但实际上这个语句的一般形式是:

switch(*整数类型表达式*)*语句*

C 语言并没有特殊地限制其中的***语句***需要是⎨⎬这样的复合语句。但是在实践中,***语句***不是复合语句的写法极其罕见。对此只要有所了解就可以了。

第 5 章　循　　环

Don't repeat yourself.

　　让计算机反复执行一组相同或相近的动作时,用循环语句(Iteration Statement)描述通常更为简洁、方便。在总结归纳算法时,如果发现存在需要反复执行的动作时,则应该考虑使用循环语句实现。

　　循环可分为定数循环和不定数循环。定数循环是指循环次数事先确定的循环,而不定数循环是指需要在循环过程中才能确定是否终止循环的循环。C 语言的各种循环语句都可以实现这两种循环。

5.1　while 语句

5.1.1　while 语句的语法要点

　　while 语句的语法格式为:

while (*表达式*)*语句*

　　其执行过程为:

　　(1) 求*表达式* 的值。

　　(2) 如果*表达式* 的值不为 0,执行*语句* ,然后转至步骤(1)再次求*表达式* 的值;如果*表达式* 的值为 0,while 语句结束。

　　总的来看,while 语句表达的意思用自然语言来说就是:当*表达式* 的值不为 0 时就执行*语句* ,否则 while 语句结束。

　　while 语句的 N-S 图如图 5 - 1 所示。

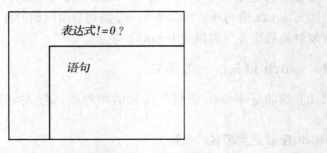

图 5 - 1　while 语句的 N-S 图

5.1.2 良好风格

循环语句中的*语句*部分也叫循环体(Loop Body),由于这部分可能是由多个语句组成的一个复合语句,而初学者往往容易忘记写复合语句的"{}"而造成逻辑上的错误,因此在不影响语义的前提下,初学者最好将 while 语句写成下面的形式:

```
while (表达式)
{
    语句
}
```

while 语句更适合不定数循环,但也可以做定数循环。在描述循环次数一定的循环时,通常要一个整数类型的变量用来控制循环次数,术语把这个变量叫做循环变量或"计数器"。

5.1.3 次数确定的循环

1. 问题

猴子第一天摘下若干个桃,当即吃一半,又多吃一个。第二天早上将剩下的一半再吃掉一半,又多吃一个。以后每天早上都吃了前一天多下的一半多一个,到第 10 天早上只剩下最后一个桃。问第一天摘了几个桃?

2. 分析

这个问题显然可以用倒推的办法解决。

由于第 10 天早上只剩一个,意味着第 9 天吃过后只剩 1 个,据此可以推出第 9 天早上有(1+1)*2 个。再根据第 9 天早上的数目,可推知第 8 天吃过之后剩下的数目,据此又可以推出第 8 天早上的数目。以此类推,直到求出第一天的数目。这个倒推过程可以表示如下:

day	吃之后 (after)	吃之前 (before)	代码(int day, before, after;)
第 10 天		1	day=10;before=1;
第 9 天	1	(1+1)*2	day-=1; after=before; before=(after+1) * 2;
第 8 天	4	(4+1)*2	day-=1; after=before; before=(after+1) * 2;
第 7 天	10	(10+1)*2	day-=1; after=before; before=(after+1) * 2;
第 6 天	22	(22+1)*2	day-=1; after=before; before=(after+1) * 2;
第 5 天	46	(46+1)*2	day-=1; after=before; before=(after+1) * 2;
第 4 天	94	(94+1)*2	day-=1; after=before; before=(after+1) * 2;
第 3 天	190	(190+1)*2	day-=1; after=before; before=(after+1) * 2;
第 2 天	382	(382+1)*2	day-=1; after=before; before=(after+1) * 2;
第 1 天	766	(766+1)*2	day-=1; after=before; before=(after+1) * 2;

不难发现每一步所做的事情都一样,因而适合用循环语句描述。一旦 day 为 1 时计算完成,则不再继续。因而可以采用 while 语句描述,当 day 大于 1 时重复执行。

3. 代码

程序代码 5 - 1

```
/ *
问题:
猴子第一天摘下若干个桃,当即吃一半,又多吃一个。第二天早上将剩下的一半再
吃掉一半,又多吃一个。以后每天早上都吃了前一天多下的一半多一个,到第 10 天早
上只剩下最后一个桃。问第一天摘了几个桃?
* /
# include <stdio. h>
# include <stdlib. h>

int main(void)
{
    int before = 1, after;        //每天吃之前和吃之后桃子的数目
    int day = 10;

    while(day > 1)     //求出前一天的情况
    {
        day - = 1;
        after = before;  //前一天吃完之后的数目
        before = (after + 1) * 2;  //吃之前的数目
    }

    printf("第 %d 天摘了 %d 个桃\n", day, before);

    system("PAUSE");
    return 0;
}
```

5.1.4 次数不定的循环

while 语句可以用于次数确定的循环,也可以用于次数不确定的循环,而且更擅长于描述后者。

1. 统计一行输入字符的个数

1) 问题

输入一行字符,输出这行字符的个数(不计最后输入的回车换行)。

2) 分析

这是一个很简单的问题,其求解过程很容易描述:读取一个输入字符,如果不是回车

则计数,如果是回车则停止,然后输出。

如果使用 getchar()函数读取输入字符的话,由于正常情况下 getchar()函数调用表达式的值恰好是读入字符的编码值,所以可以用这个表达式的值是否等于回车字符的编码作为循环的条件。即

getchar() != '\n'

的值为 1 时(读入的不是回车)则计数,为 0 时(读入的是回车)则停止计数,也不再继续读取字符,直接输出计数结果。

3) 代码

下面是完整的代码:

程序代码 5-2

```
/ *
问题:
输入一行字符,输出这行字符的个数(不计最后输入的回车换行)。
* /

# include <stdio. h>
# include <stdlib. h>

int main(void)
{
    int num = 0;

    while(getchar() != '\n')
    {
        num = num + 1;
    }
    printf("这行字符一共%d个\n",num);

    system("PAUSE");
    return 0;
}
```

这段代码中的 while 语句堪称 C 语言的经典句型,简洁而优雅,面面俱到而无丝毫的拖泥带水,非常值得认真琢磨回味。这条语句也揭示了本书前面反复强调的表达式概念的重要性。不真正懂得表达式就不可能理解这条语句,更谈不上写出这样优美的语句。

顺便说一个编程常识,就是在代码中用于计数的变量通常初始化为 0。

2. 统计输入的一行字符中大小写字母的个数

1) 问题

输入一行字符,统计大小写字母的个数(假定系统使用 ASCII 码)。

2) 分析

这个问题与前一个问题类似,是对前面问题的引申和扩展,值得注意的是在 while 语

句的表达式部分同时用到了赋值表达式的值和副效应,请自行阅读理解。

3) 代码

下面是完整的代码:

程序代码 5－3

```
/*
问题:
输入一行字符,统计大小写字母的个数(假定系统使用 ASCII 码)。
*/

#include <stdio.h>
#include <stdlib.h>

int main(void)
{
    int low_num = 0,cap_num = 0;
    int c;

    while((c = getchar()) != '\n')
    {
        if('a' <= c && c <= 'z')
        {
            low_num += 1;
        }
        if('A' <= c && c <= 'Z')
        {
            cap_num += 1;
        }
    }
    printf("大写字母%d个,小写字母%d个\n",cap_num,low_num);

    system("PAUSE");
    return 0;
}
```

3. 欧几里德(Euclides)算法

1) 问题

编程求两个正整数的最大公约数。

2) 分析

欧几里德算法基于以下定理:如果 m 对 n 求余等于 0,那么 n 是 m、n 的最大公约数;否则 m、n 的最大公约数等于 n 与 m 对 n 求余的结果的最大公约数。

例如,对于 m=9 和 n=78,由于 m%n=9 不等于 0,所以 m 与 n 的最大公约数为 78(n)和 9(m%n)的最大公约数。这样问题就变成了一个新问题,即求 78 与 9 的最大公约数问题。

现在把 78 视为新的 m,9 视为新的 n。由于 m%n=6 不等于 0,所以 m 与 n 的最大公约数为 9(n)和 6(m%n)的最大公约数。这样问题就变成了一个新问题,即求 9 与 6 的最大公约数问题。注意,虽然问题没有变,但问题的规模在快速减小。

同上,现在把 9 视为新的 m,6 视为新的 n。由于 m%n=3 不等于 0,所以 m 与 n 的最大公约数为 6(n)和 3(m%n)的最大公约数。

最后,由于 6%3 的值为 0,所以 3 就是要求的最大公约数。

这个计算过程可以由下面的数列表示:

9　78　9　6　3　0

从第 3 个数开始,每个数都是前面两项求余的结果,一旦求余结果为 0,那么倒数第二项就是要求的最大公约数。

无法预先知道这个数列有多少项,这也就意味着不清楚这种不断的求余要进行多少次,因此这是一个典型的次数不定的循环。

令人头疼的是,次数不定带来的问题是不清楚究竟要定义多少个变量来存储这些计算出来的各个数据。有个巧妙的方法可以解决这个问题,如下所示:

```
m    n    r
9    78   9
78   9    6
9    6    3
6    3    0
```

这个办法只关注前三项,每当求完第三项余数后,因为问题已经变成了求第二项与第三项的最大公约数问题,而第一项存储的数据已经没有用处了,所以可以把第二项的内容放在第一项的变量中,第三项的内容放在第二项的变量中,第三项依然可以用来存储第一项对第二项求余的结果。这样,只需要三个变量就足够了。这个办法叫"窗口法",设想一下你拿着一个有三个窗口的框子,第一个窗口叫 m,第二个叫 n,第三个叫 r,沿着数列从头到尾走过去的情形就明白了。

3) 代码

程序代码 5-4

```c
/*
问题:
编程求两个正整数的最大公约数。
*/

#include <stdio.h>
#include <stdlib.h>

int main(void)
{
    unsigned m, n;
    unsigned r;

    printf("输入两个正整数:");
    scanf("%u%u", &m, &n);
```

```
    while((r = m % n) ! = 0u)
    {
        m = n;
        n = r;
    }

    printf("最大公约数为 % u\n", n);

    system("PAUSE");
    return 0;
}
```

4. 统计整数和

1) 问题

编程,要求从键盘输入若干整数,程序统计整数的个数并计算它们的和。

2) 分析

题目并没有说明输入多少个整数,所以这里需要自己设计如何结束输入。这里利用 scanf() 函数的值控制循环。

对于 scanf("%d", &i) 这样的函数表达式,当输入确实匹配%d 格式转换说明时,i 被赋值,scanf() 函数结束后的返回值为 1;如果输入不符合%d 格式转换说明要求的非空白字符,scanf()无法进行转换存储,此时 scanf() 函数结束且返回值为 0。

3) 代码

程序代码 5 - 5

```
/ *
问题:
编程,要求从键盘输入若干整数,程序统计整数的个数并计算它们的和。
* /

# include <stdio. h>
# include <stdlib. h>

int main(void)
{
    int num;
    int count = 0;       //输入的个数
    int sum = 0;         //存放累加和的变量一般总是初始化为 0

    while(scanf("% d", &num) = = 1)
    {
        count + = 1;
        sum + = num;
    }
```

```
    printf("一共输入了%d个数据\n", count);
    printf("和为%d\n", sum);

    system("PAUSE");
    return 0;
}
```

程序运行时,最后应输入非十进制数字符。例如输入为

1 2 3 t

时,输出如下:

```
1 2 3 t
一共输入了 3 个数据
和为 6
请按任意键继续...
```

5.1.5 逗号表达式及其应用

题目同前小节,但希望在每次从键盘输入数据之前程序能显示一行提示信息:"请输入一个整数,输入任一整数之外的字符表示结束"。

显然,显示提示信息可以用

```
printf("请输入一个整数,输入任一整数之外的字符表示结束")
```
这个表达式实现,问题在于将这个表达式放在何处。有一种方案如下:

```
printf("请输入一个整数,输入任一整数之外的字符表示结束");
while(scanf("%d",&num) = = 1)
{
    /* ······ */
    printf("请输入一个整数,输入任一整数之外的字符表示结束");
}
```

这种方案将 printf("请输入一个整数,输入任一整数之外的字符表示结束")这个表达式毫无必要地一连写了两次,这样的代码实在太丑陋了,是编写者无能或不懂 C 语言的表现。

实际上这个功能可以像下面这样实现:

```
while(printf("请输入一个整数,输入任一整数之外的字符表示结束")
    ,scanf("%d",&num) = = 1)
{
    /* ······ */
}
```

这段代码 while 语句的"()"内的表达式中有一个",",这个","也是 C 语言的一个运算符,叫做逗号运算符(Comma Operator),它是 C 语言中优先级最低的运算符(优先级

为 1）。它是一个二元运算符，结合性为从左到右。其语法格式是：

表达式 1，表达式 2

其运算规则是：求**表达式 1** 的值，之后求**表达式 2** 的值，逗号表达式的值为**表达式 2** 的值。

或问，既然放弃**表达式 1** 的值，有什么必要求这个值呢？答案是，需要求值过程中产生的副效应。

由于 while 语句需要先求"（）"内表达式的值，而前面代码中 while 语句的"（）"内是一个逗号表达式：

```
printf("请输入一个整数，输入任一整数之外的字符表示结束")
    ,scanf(" % d",&num) = = 1
```

根据逗号运算符的运算规则，先求 printf("请输入一个整数，输入任一整数之外的字符表示结束")这个表达式的值，这个值尽管没用，但在求值过程中产生了副效应——输出"请输入一个整数，输入任一整数之外的字符表示结束"，这恰好是我们所需要的。求完这个表达式之后，再求 scanf("%d",&num) = = 1 的值，这个值就是逗号表达式的值，恰恰是判断是否继续循环所需要的值。

注意，逗号表达式一定是按照次序求值的，并且必须是在"，"前面的表达式求值完全结束之后再求"，"后面表达式的值。例如：

```
i = 3 , i = i+5
```

一定是先求 i＝3 的值，这个值求完且副效应发生之后，再求 i＝i+5 的值。从这个简单的例子也不难看出运算符的优先级和求值次序完全是两回事儿；尽管表达式里的"＋"运算符的优先级高于第一个"＝"运算符，但"＋"运算符不可能先进行运算。

补充一下，并非所有的"，"都是逗号运算符。一个例外就是，在函数调用时"（）"内的"，"不是逗号运算符，而是分隔开各个表达式的分隔符。例如：

```
scanf(" % d",&num)
```

这里的"，"并不是运算符。

5.2 do-while 语句

5.2.1 统计字符数目问题

1．问题

输入一行字符，输出这行字符的个数（计入最后输入的回车换行）。

2．分析

这个问题和前面 while 语句部分的统计字符数问题非常类似，所不同的是要求把最后的回车也统计计数。解决的方法也很简单：

（1）读取一个字符，计数。

（2）如果所读取的字符不是回车返回步骤（1），否则停止计数。

（3）输出结果。

而不计入回车时的步骤则是：

（1）读取一个字符，如果所读取的字符是回车，跳到步骤（3）。

（2）计数，返回步骤（1）。

（3）输出结果。

两者的本质区别在于，后者是在计数之前的步骤（1）判断读入的字符是否是回车，而前者则是在计数之后的步骤（2）判断读入的字符是否是回车。

这时如果用 while 语句描述解决问题的步骤会非常啰嗦，代码也会拖泥带水，没办法写得干净利索。为了更好地描述这种"后判断"的步骤，C 语言提供了 do-while 语句。

5.2.2　do-while 语句的语法要点

do-while 语句的关键字为：while、do。其语法格式为：

do 语句 while（表达式）

其执行过程为：

（1）执行**语句**。

（2）求**表达式**的值。

（3）如果**表达式**的值不为 0，转至步骤（1）执行**语句**；如果**表达式**的值为 0，do-while 语句结束。

do-while 语句的 N-S 图如图 5－2 所示。

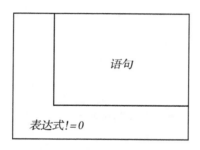

图 5－2　do-while 语句的 N-S 图

5.2.3　良好风格

在外在形式上，do-while 语句有一个和 if-else 语句类似的特点，那就是在这个语句中很可能有两个"；"。初学者容易忘记其中一个"；"而造成不必要的错误和麻烦。因此建议初学者使用下面等价的形式：

```
do
{
    语句
}
while(表达式);
```

有了 do-while 语句，可以写出前面的统计字符数目问题的代码如下：

程序代码 5－6

```
/*
问题：
输入一行字符，输出这行字符的个数(计入最后输入的回车换行)。
*/

#include <stdio.h>
#include <stdlib.h>

int main(void)
{
    int num = 0;
    char c;

    do
    {
        c = getchar();
        num += 1;
    }
    while(c != '\n');

    printf("这行字符一共%d个\n",num);

    system("PAUSE");
    return 0;
}
```

5.2.4 求逆序数问题

1. 问题

输入一个不多于 9 位的十进制整数，要求：

(1) 按逆序输出；

(2) 求它是几位数。

2. 理解问题

理解问题是正确解决问题的前提，因此比解决问题更重要。只有正确理解问题的要求，才有正确解决问题的可能。编程不是打哪指哪，而是指哪打哪。

就这个问题而言，很多人都忽视了输入为负整数时应该输出什么。比如输入为 −123，输出应该是 −321 还是 321−？ 这是在编写代码之前必须明确的。此外，输入为 100 时输出应该是 001 还是 1，也是必须事先就明确的。

只有在要求明确的前提下才能编写代码，这是一个常识，也只有明确要求之后才能设计测试用例。

以下为本题的明确要求:输入为-123 时,输出为-321;输入为 100 时,输出为 1;输入为-100 时,输出为-1 。

3. 代码

程序代码 5 - 7

```c
#include <stdio.h>

int main(void)
{
    int num;
    int rev = 0, plc = 0, sgn = 1;

    printf("输入一个整数:");
    scanf("%d", &num);

    if(num < 0)
    {
        sgn = -1;
        num = -num;
    }

    do
    {
        plc += 1;
        rev *= 10;
        rev += num % 10;
    }
    while((num /= 10) != 0);

    printf("这是%d位数\n", plc);
    printf("逆序数为%d\n", rev *= sgn);

    return 0;
}
```

5.3　for 语句

5.3.1　语法要点

for 语句的关键字为:for。其语法格式为:

for([*表达式 1*]**;**[*表达式 2*]**;**[*表达式 3*]**)语句**

其中,**表达式 1**、**表达式 2** 和**表达式 3** 部分可以没有,但是"()"内的 2 个分号永远都是必需的。这样 for 语句就成了唯一一个可能带有 3 个";"的 C 语言控制语句。

for 语句的执行过程为:

(1) 求 **表达式 1** 的值,然后进入下一步,如果 **表达式 1** 不存在则直接进入下一步。

(2) 求 **表达式 2** 的值,如果这个值为 0 则结束 for 语句,程序的控制权转给 for 语句的下面一句,否则执行 **语句**,如果 **表达式 2** 不存在则直接转入 **语句**。

(3) 执行 **语句**。

(4) 求 **表达式 3** 的值,然后转向步骤(2),如果 **表达式 3** 不存在则直接转向步骤(2)。

for 语句的执行过程可表示为图 5-3 所示的 N-S 图。

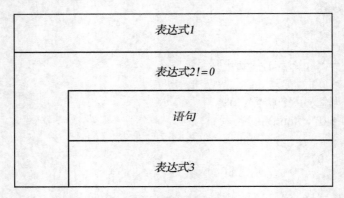

图 5-3　for 语句的 N-S 图

下面通过一个例题来初步认识 for 语句。

问题:求 $1^2 + 2^2 + 3^2 + \cdots + n^2$。n 由键盘输入。

程序代码如下所示:

程序代码 5-8

```
/*
问题:
求 1^2 + 2^2 + 3^2 + … + n^2。n 由键盘输入。
*/

#include <stdio.h>
#include <stdlib.h>

int main(void)
{
    int n;
    int sum = 0;
    int i;

    printf("输入一个整数:");
    scanf("%d", &n);
```

```
for(i = 1; i <= n; i+ = 1)
{
    sum+ = i * i;
}


printf("和为%d\n", sum);

system("PAUSE");
return 0;
}
```

for 语句中的 i+=1 这个表达式在实践中更经常地被写为 i++ 或++i。下面介绍这两种运算符。

5.3.2 ++、——

C语言中有两种运算的运算符都是"++",一种是单目运算符"++",运算对象写在运算符"++"的后面,如++i,这个运算符的结合性为从右向左。另一种是后缀运算符"++",运算对象写在运算符"++"的前面,如 i++,这个运算符的结合性为从左向右。

++i 的运算规则是求 i 的值,产生的副效应是使 i 的值变为 i+1,要求副效应在求 i 的值之前完成。i++ 的运算规则是求 i 的值,产生的副效应是使 i 的值变为 i+1,要求副效应在求 i 的值之后完成。

++i 中的"++"与 i++ 中的"++"是两种不同的运算符,后者的优先级高于前者。

类似地,"——"运算符也有两种,——i 和 i—— 的值都是 i 的值,副效应也都是让 i 减去 1。差别在于前者的副效应必须在求表达式值之前完成,后者的副效应必须在求表达式之后完成。

在前一小节代码的 for 语句中,i+=1 这个表达式的用处是产生让 i 加上 1 的副效应,i++ 或++i 都能实现这个效果,但后两者显然更简洁。在这个例子中,这三个表达式的值都没被用到。

也有的时候,使用"++"或"——"运算符时的副效应和值都被用到。例如本章的程序代码 5-1,其实可以更简洁地写成下面这样:

程序代码 5-9

```
/*
问题:
    猴子第一天摘下若干个桃,当即吃一半,又多吃一个。第二天早上将剩下的一半再吃掉一半,又多吃一个。以后每天早上都吃了前一天剩下的一半多一个,到第 10 天早上只剩下最后一个桃。问第一天摘了几个桃?
```

```
*/
#include <stdio.h>
#include <stdlib.h>

int main(void)
{
    int before = 1, after;       //每天吃之前和吃之后桃子的数目
    int day = 10;

    while(day - - > 1)    //求出前一天的情况
    {
        after = before; //前一天吃完之后的数目
        before = (after + 1) * 2; //吃之前的数目
    }

    printf("第%d天摘了%d个桃\n", day + 1, before);

    system("PAUSE");
    return 0;
}
```

注意,这种写法中 day 多减了一次 1,所以输出时要适当修正。

5.3.3 Fibonacci 数列

Fibonacci 数列指的是这样一个数列:1、1、2、3、5、8、13、21……这个数列从第三项开始,每一项都等于前两项之和。现在要求编程输出该数列的前 20 项。

这个问题的写法与前面求两个正整数的最大公约数的类似,也是采用了"窗口法",只使用了 3 个变量记录 Fibonacci 数列的各项。下面是完整的程序代码:

程序代码 5 - 10

```
/*
问题:
Fibonacci 数列指的是这样一个数列:1、1、2、3、5、8、13、21……这个数列从第三项
开始,每一项都等于前两项之和。编程输出该数列的前 20 项。
*/

#include <stdio.h>
#include <stdlib.h>

int main(void)
```

```
{
    int f_0, f_1 = 1, f_2 = 1;
    int i;

    for(i = 0; i < 20; i++)
    {
        f_0 = f_1;
        f_1 = f_2;
        f_2 = f_0 + f_1;
        printf("%d\n", f_0);
    }

    system("PAUSE");
    return 0;
}
```

注意这段代码中 for 语句的写法：

for(i=0; i < 20; i++)

这是 C 语言中的一个"惯用句型"，它可以保证循环体被执行正好 20 次。在 C 语言中，除非较为特殊的情况，for 语句循环的计数一般总是从 0 开始，i < 20 使得最后一次循环是在 i 的值为 19 时进行的，因此循环次数正好是 20 次。

5.3.4　复杂的循环

有时，循环语句的构造可能更为复杂一些。例如对于这样的问题：有两个整数，一个初值为 1，另一个初值为 200。第一个整数每次加 2，第二个整数每次减 3，问各自为几时第一个数开始不小于第二个数。这个问题可以用下面的循环语句解决：

```
for( i=1 , j=200 ; j > i ; i+=2 , j-=3 )
{
}
```

在 for 循环中，由于要求完成对 i 和 j 分别赋初值这样两件事情，而 for 语句()内第一个";"前面只能写一个表达式，所以这里用到了逗号表达式：i=1 , j=200。

按照逗号运算符的运算规则，首先求 i=1 的值，并完成相应的副效应，再求 j=200 的值，并完成相应的副效应。实际上求出的两个值都没有用到，程序用到的是两个赋值运算的副效应。这是逗号表达式的一个基本用法。后面的 i+=2 , j-=3 与此同理。

5.3.5　正确书写表达式

程序中的序点是指在这些点要求该点前面的求值和副效应必须完成。典型的序点为语句结束标志";""}"。表达式中的序点为"&&"" || "","以及"?:"运算符中的"?"；控制语句中的序点为 while(){}、do{}while()、for(;;){}中的")"和";"；函数调用表达式中

的序点为 f(……)中的")"。

C语言要求在两相邻序点之间同一数据对象的值最多只能改变一次。下面是两种典型的错误写法：

i+++i++

a+=a--=a*a

如下写法中，虽然数据对象的值只改变了一次，但也是错误的：

i+i++；

特别要注意的是，这种错误是无法通过编译的方法检查的。

5.4 不规则的循环及对循环的修整

5.4.1 循环语句中的 break 语句

1. 问题

判断一个整数是否为素数(质数)。

2. 初级写法

素数(质数)的定义为没有除了 1 以外的其他真因子(小于该正整数的因子)的正整数,因此只要从 1 开始用小于等于该数的正整数逐个试除一下该数,记录因子的数目,如果最后因子数等于 2 则是素数,否则就不是素数。代码如下:

程序代码 5 - 11

```
/ *
问题：
判断一个整数是否为素数(质数)。
* /

# include <stdio. h>
# include <stdlib. h>

int main(void)
{
    int m;
    int i;
    int num_fac = 0; / * 因子数目 * /

    printf("输入一个整数：");
    scanf(" % d", &m);

    for(i = 1; i <= m; i++)
    {
        if(m % i == 0)
```

```
        {
            num_fac + + ;
        }
    }

    printf("%d%s是素数\n",m,num_fac = = 2?"":"不");

    system("PAUSE");
    return 0;
}
```

3. 瑕疵

这种算法有个瑕疵:以 m 的值等于 6 时为例,1、2、3、6 都是它的因子,所以当 i 为 1、2、3、6 时 num_fac 各自加一次,由于最后 num_fac 的值为 4,因此 m 不是素数。

但问题在于 i 的值为 2 时已经没有必要再继续试除了,因为此时已经能够判断出 m 不是素数了。因而,这时的循环并不需要从头到尾,在循环的途中直接结束循环可以避免后面那些已经没有意义了的试除。

算法的另一个瑕疵是,对于多数情况,其实没有必要从头到尾试除。一个不等于 1 的正整数如果不是素数,必然有一个不等于 1 的不大于该整数平方根的真因子。只要找到了这个真因子,就可以确定该正整数不是素数。例如,对于 4,它不等于 1,因此一旦发现 2 是它的因子就足以断定 4 不是素数了。但是有一点要特别注意,这种方法只适合判断大于 2 的正整数。

4. break 语句

switch 语句中的 break 语句的作用是结束相应的 switch 语句,循环语句(while\do—while\for)中的 break 语句的作用则是结束对应的循环语句。

break 语句的语法格式非常简单,就是 break 关键字加一个分号:

break;

但是和在 switch 语句中不同,循环语句中的 break 语句通常不会这样赤裸裸地出现,一般总是和某个条件相关联,比如作为 if 语句的子句出现。

从形式上来说,循环语句中的 break 语句往往是和 if 等语句一起使用的,这是 break 语句的功能决定的,因为如果不加以一定的条件限制,break 语句就会无条件地结束循环,那又何必写循环语句呢?

5. 改进的写法

程序代码 5 - 12

```
/*
问题:
判断一个整数是否为素数(质数)。
*/


# include <stdio.h>
# include <stdlib.h>
```

```
int main(void)
{
    int m;
    int i;

    printf("输入一个整数:");
    scanf("%d", &m);
    if(m > 2)
    {
        for(i = 2; i * i <= m; i++)
        {
            if(m % i == 0)
            {
                break;
            }
        }
        printf("%d%s是素数\n",m, i * i > m?"":"不");
    }
    else
    {
        if(m == 2)
        {
            printf("%d是素数\n",m);
        }
        else
        {
            printf("%d不是素数\n",m);
        }
    }

    system("PAUSE");
    return 0;
}
```

首先关注代码中的 for 语句:

```
for(i = 2; i * i <= m; i++)
{
    if(m % i == 0)
    {
        break;
    }
}
```

这个循环的结束有两种可能(术语叫有两个出口),一是由于 i * i <= m 的值为 0,再就是因为 m % i == 0 的值为 1。一个是因为 m 是素数而结束,另一个是因为 m 不是素数而结束。下一句的

```
printf("%d%s是素数\n",m, i * i > m?"":"不");
```

就是根据这点判断 m 是否是素数的。

　　美中不足的是这段代码过于啰嗦,实际上在 if 语句各个分支都出现的内容是可以像代数中提取公因式那样写到 if 语句之外的。整个 if 语句的功能无非是是否输出一个"不"字。

　　此外观察一下会发现,m 为 2 的情形其实也适用那个 for 语句。为此下面对代码做出进一步改进。

　　6. 进一步改进的写法

程序代码 5 - 13

```
/*
问题:
判断一个整数是否为素数(质数)。
*/

#include <stdio.h>
#include <stdlib.h>

int main(void)
{
    int m;
    int i;

    printf("输入一个整数:");
    scanf("%d", &m);

    printf("%d",m);

    if(m >= 2)
    {
        for(i=2; i * i <= m; i++)
        {
            if(m % i == 0)
            {
                break;
            }
        }
        printf("%s",i * i > m ? "" : "不");
    }
    else
    {
        printf("不");
    }

    printf("是素数\n");

    system("PAUSE");
    return 0;
}
```

7. 补充说明

break 语句只对循环语句或 switch 语句有结束作用。当存在嵌套情形时(无论是 switch 语句的嵌套、循环语句的嵌套或循环语句与 switch 语句的嵌套),break 语句只结束所在的最内层的循环语句或 switch 语句,对其他层的循环语句或 switch 语句的执行没有影响。

5. 4. 2   continue 语句

1. 语法格式

continue 语句的语法格式就是 continue 关键字后面加一个分号:

continue;

和 break 语句不同,continue 语句只应用于循环语句之中。其含义是不执行 continue 语句后面的语句而直接进行下一轮循环,也就是说直接转到循环语句中的"()"内继续执行。对于 for 语句来说,是转为求**表达式 3** 的值。

和 break 语句一样,continue 语句也总是结合一定条件使用。

2. 问题

在一个游泳池的更衣箱上的编号中没有 4 这个数字,已知这个游泳池的更衣箱的最大编号为 100,编号从 1 开始且为连续编号,遇有 4 的号码跳过,问被编号了的更衣箱有多少只?

3. 分析

这不是一个很难的问题,无非是从 1 开始数到 100,遇到有 4 的数值就跳过去数下一个数,如果没有 4 则计数。

从 1 开始数到 100 显然是一个循环,但是在这个循环中有时候计数,有时候跳到下一个数。简要地示意一下就是下面这样:

1(计数)   2(计数)   3(计数)   4(跳过)   5(计数)   6(计数)   ……

continue 语句的作用就是在这个循环中跳过某些情况。

4. 代码

程序代码 5 - 14

```
/ *
问题:
    在一个游泳池的更衣箱上的编号中没有 4 这个数字,已知这个游泳池的更衣箱的
最大编号为 100,从 1 开始编号且为连续编号,遇有 4 的号码跳过,问被编号了的更衣箱
有多少只?
* /

# include <stdio. h>
# include <stdlib. h>

int main(void)
{
    int i;
    int count = 0;
```

```
for(i = 1; i < = 100; i + +)
{
    if(i % 10 = = 4
      || i / 10 % 10 = = 4
      || i / 10 / 10 % 10 = = 4)
    {
        continue;//跳过,进入下一轮循环
    }
    count + + ;//计数
}

printf("一共有%d 只箱子\n", count);

system("PAUSE");
return 0;
}
```

代码中,i％10 == 4 表明个位是 4,i／10％10 == 4 表明十位是 4,i／10／10％
10 == 4 表明百位是 4。在这些情况下,不执行后面的计数语句"count++;",直接跳入
for 循环的"()"内,即执行 i++。

5. 局限

这段代码的局限在于只能求最大编号不多于 3 位的情况。如何改进代码使之适合
更多位数最大编号的情况,将在后面很快给出解决办法。

5.5　循环的嵌套与穷举法

5.5.1　循环的嵌套

1. 乘法口诀表
1) 问题
在屏幕上输出乘法口诀表。
2) 分析
从整体看一共输出 9 行,由于每一行所做的事情都一样,因而构成循环,相应代码
如下:

```
int line;

for(line = 1; line < = 9; line + +)
{
    //输出一行数据
}
```

而每一行都由若干列算式组成,因而输出每一行时所做的事情也一样,都是输出一
列算式,因而也构成了循环。完整代码如下:

程序代码 **5-15**

```
/ *
问题:
在屏幕上输出乘法口诀表。
* /

#include <stdio.h>
#include <stdlib.h>

int main(void)
{
    int line;

    for(line = 1; line <= 9; line++)
    {
        int row; //输出一行数据
        for(row = 1; row <= line; row++)
        {
            printf("%2d * %2d = %2d ", row, line, line * row);
        }
        putchar('\n');
    }

    system("PAUSE");
    return 0;
}
```

这种循环体内也有循环语句的结构就是所谓的循环的嵌套。

2. 对程序代码5-14的改进

为了让代码具有更广泛的意义,下面将程序代码5-14的问题修改为:在一个游泳池的更衣箱上的编号中没有4这个数字,已知这个游泳池的更衣箱的最大编号为 m,编号从1开始且为连续编号,遇有4的号码跳过,问被编号了的更衣箱有多少只? 其中 m 为一正整数,值由键盘输入。

这个问题的关键在于如何判断一个正整数的各位数字是否有4这个数字。解决这样的问题可以从最容易的情况开始。

首先很容易判断出一个正整数的个位数字是否是4。假如这个整数用变量 n 来存储,很容易用 n%10 这个表达式求出个位数。如果个位数为4,那么 n%10==4 这个表达式的值为1,否则为0。如果个位数不是4,那么接下来的判断就与个位数无关了。可以把这个个位数"划掉",这可以用 n /=10 来实现。现在问题又变成了看个位数是否为4。

如此这般每次只解决一小部分问题,并且剩下的问题恰好还是刚才的问题,这样就可以用循环来逐步解决。这是程序设计解决问题的一个重要方法。

那么何时问题算是解决了呢,显然,要么是发现了 4,要么是这个 n 最后会变成 0,这时可以断言这个数中没有 4。用代码描述一下就是:

```
int n;
scanf("%d",&n);
while(n != 0)
{
    if(n % 10 == 4)          //个位数为 4
    {
        break;
    }
        n /= 10;             //去掉个位数
}
if(n == 0)
{
    //没有 4
}
else
{
    //有 4
}
```

理解了这里的算法,不难得到如下解决问题的完整代码:

程序代码 5 - 16(错误的代码)

```
/*
问题:
    在一个游泳池的更衣箱上的编号中没有 4 这个数字,已知这个游泳池的更衣箱的
最大编号为 m,编号从 1 开始且为连续编号,遇有 4 的号码跳过,问被编号了的更衣箱有
多少只? 其中 m 为一正整数,值由键盘输入。
*/

#include <stdio.h>
#include <stdlib.h>

int main(void)
{
    int m;//最大号码
    int count = 0;//用于计数
    int n;
```

```
        printf("输入最大的号码\n");
        scanf("% d",&m);

        for(n = 1; n < = m; n + +)
        {
            while(n ! = 0)
            {
                if(n % 10 = = 4)
                {
                    break;
                }
                n / = 10;
            }

            if(n = = 0)
            {
                count + +;
            }
        }

        printf("一共有% d 只箱子\n", count);

        system("PAUSE");
        return 0;
    }
```

然而很遗憾,这段程序根本运行不出任何结果,换言之,这段代码是错误的。

错误的原因在于,对于 for 语句来说,n 是控制循环次数的,但是在内层的 while 语句中这个值被改变了。这样由于每次 n 都变成了 0,回到外层循环时,经过 n++,n 又变成了 1,因而循环永远不会终止。这叫做死循环,是编程时很容易发生的一种错误。从前面对算法的介绍可知,算法必须在有限步骤后停止。这段代码明显违背了这点。

这里得到教训就是,在内层循环内更改外层循环的循环变量时必须极其慎重,一定要确认这种修改没有破坏外层循环的循环路径。多数情况下不要在循环体内改变循环变量的值,这是一个比较禁忌的做法(不是说绝对不可以,这么做在语法上没有任何问题)。在循环嵌套时,有时在内层循环可能需要使用外层循环变量的值,但是否要改变这个值是要特别注意的,如果不希望改变,最好使用外层循环变量值的一个拷贝。外层循环变量名取得不好、含义不清晰时,初学者特别容易在内层直接使用外层循环变量名并改变它,因而造成代码的逻辑错误。

解决的办法很简单,可以再定义一个变量 n_作为 n 的一个副本,用这个副本来判断编号中是否有 4。修改后的代码如下:

程序代码 5 - 17

```
/ *
问题：
    在一个游泳池的更衣箱上的编号中没有 4 这个数字,已知这个游泳池的更衣箱的
最大编号为 m,编号从 1 开始且为连续编号,遇有 4 的号码跳过,问被编号了的更衣箱有
多少只? 其中 m 为一正整数,值由键盘输入。
 * /

# include <stdio.h>
# include <stdlib.h>

int main(void)
{
    int m;//最大号码
    int count = 0;//用于计数
    int n;

    printf("输入最大的号码\n");
    scanf("%d",&m);

    for(n = 1; n < = m; n + +)
    {
        int n_ = n;//建立 n 的一个副本

        while(n_ ! = 0)//用副本判断编号中是否有 4
        {
            if(n_ % 10 = = 4)
            {
                break;
            }
            n_ / = 10;
        }

        if(n_ = = 0)
        {
            count + +;
        }
    }

    printf("一共有 %d 只箱子\n", count);

    system("PAUSE");
    return 0;
}
```

5.5.2 穷举法

所谓穷举法,泛指一类算法,即当问题的解属于一个有限集("穷"的本意是有限个),把有限集中的所有元素一一罗列(举)出来,找出符合条件的解。

例如有这样的问题:一次数学测验共有 10 道题,每做对一题得 5 分,每做错一题扣 2 分。史迪夫完成了全部 10 道题,共得 29 分。他做对了多少道题?

因为最多做对 10 道题,最少做对 0 道题,一共有 11 种可能。所以算法之一就是把各种情况的分数都罗列出来,哪一种的分数为 29 哪一种就是解。

程序代码 5 - 18

```
/*
问题:
一次数学测验共有 10 道题,每做对一题得 5 分,每做错一题扣 2 分。史迪夫完成了
全部 10 道题,共得 29 分。他做对了多少道题?
*/

#include <stdio.h>
#include <stdlib.h>

int main(void)
{
    int r, w;

    for(r = 0, w = 10; r <= 10  ; r++, w--)
    {
        if(r * 5 + w * (-2) == 29)
        {
            printf("对%d题,错%d题\n", r, w);
        }
    }

    system("PAUSE");
    return 0;
}
```

穷举法看起来似乎很笨拙,然而十分有效。很多喜欢数学的人更迷恋数学公式,实际上数学公式所能解决的问题其实是有限的。在代码中应用数学的结论可能会提高程序的效率,但在数学无能为力的时候,管用的往往是这种朴素的思想方法。这种方法发挥了计算机内存比人脑大、计算速度比人类快的特点。

有时候问题的解的范围是受到多种因素联合制约的,换句话说,解是一个多种有限因素条件下的集合,这时候往往可以用循环的嵌套来给出解的集合。

比如这个问题:一角钱人民币换成零钱一共有多少种换法? 一方面一角钱人民币只能换成一分、二分、五分三个币种(有限),另一方面一分、二分、五分的个数最多为 10 个、5 个、2 个(三种有限集合),符合要求的解属于其组合所构成的有限集。在这个思路下可以写出下面的代码:

程序代码 5-19

```
/*
问题:
一角钱人民币换成零钱一共有多少种换法?
*/

#include <stdio.h>
#include <stdlib.h>

int main(void)
{
    int n_c1, n_c2, n_c5;
    int count = 0;

    for(n_c1 = 0; n_c1 <= 10 / 1  ; n_c1 + +)
    {
        for(n_c2 = 0; n_c2 <= 10 / 2  ; n_c2 + +)
        {
            for(n_c5 = 0; n_c5 <= 10 / 5  ; n_c5 + +)
            {
                if(n_c1 * 1 + n_c2 * 2 + n_c5 * 5 = = 10)
                {
                    count + + ;
                }
            }
        }
    }

    printf("一共有 %d 种换法。\n", count);

    system("PAUSE");
    return 0;
}
```

由于一角能兑换零钱的种数不多,所以应该很容易验证结果的正确性,请读者自己验证。

由于穷举法需要根据问题给出的特定条件来判断是否是解,所以善于写出正确的判断表达式在穷举法中特别重要。C语言的表达式的表达能力特别强也特别灵活。例如有问题:某地发生一起凶杀案,凶手是 a、b、c、d、e、f 中某一人。L 说不是 a 就是 b,M 说绝不是 c,N 说案发时 a、b 都不在场。已知 L、M、N 中只有一人正确,请问谁是凶手?

对此问题依然是采用穷举法,关键在于问题中所给出的约束条件如何用 C 语言描述。代码如下:

程序代码 5 - 20

```
/*
问题:
某地发生一起凶杀案,凶手是 a、b、c、d、e、f 中某一人。L 说不是 a 就是 b,M 说绝不
是 c,N 说案发时 a、b 都不在场。已知 L、M、N 中只有一人正确,请问谁是凶手?
*/

#include <stdio.h>
#include <stdlib.h>

int main(void)
{
    int a,b,c,d,e,f;

    for(a=0; a<=1; a++)//0 表示不是凶手,1 表示是
    {
        for(b=0; b<=1; b++)
        {
            for(c=0; c<=1; c++)
            {
                for(d=0; d<=1; d++)
                {
                    for(e=0; e<=1; e++)
                    {
                        for(f=0; f<=1; f++)
                        {
                            if(a+b+c+d+e+f == 1)//一个凶手
                            {
                                if((a+b==1)+(c==0)+(a+b==0) == 1)
                                //一个人正确
```

```
                                      {
                                          printf("a%s\n", a = = 1?"是":"不是");
                                          printf("b%s\n", b = = 1?"是":"不是");
                                          printf("c%s\n", c = = 1?"是":"不是");
                                          printf("d%s\n", d = = 1?"是":"不是");
                                          printf("e%s\n", e = = 1?"是":"不是");
                                          printf("f%s\n", f = = 1?"是":"不是");
                                      }
                                  }
                              }
                          }
                      }
                  }
              }

          system("PAUSE");
          return 0;
      }
```

5.6 goto 语句

goto 语句和标签语句(Labeled Statement)共同使用,标签语句是一条被标志了位置的语句,其构成为

标签:语句

其中**标签**为一标识符。goto 语句的作用是跳转至该语句,其语句格式为:

goto 标签;

标签语句和对应的 goto 语句必须在同一函数内,其中**标签**这个标识符不需要声明。

在编程的历史上,goto 语句是唯一一个备受攻击的语句,曾被认为是导致程序错误和混乱的根源之一。尽管有编程大师曾经指出,在特定的条件下也不是绝对不可以使用 goto 语句,但稍有编程修养的人对这个语句都退避三舍、敬而远之,虽然他们口头上也不绝对地反对这个语句,但在编程行动中却绝对是杜绝 goto 语句的。

即使是 C 语言的发明者似乎也对 C 语言中存在 goto 语句感到不安和后悔。C 语言的发明者 Kernighan 和 Ritchie 在他们的名著《C Programming Language》中介绍了关于 goto 语句的语法之后,含蓄地说了一句"在本书中我们没有使用 goto 语句"。

Kernighan 和 Ritchie 在他们的著作中坦率地承认 goto 语句的存在不是必要的。事实上,goto 语句的功能完全可以通过其他语句实现,在 C 语言基础上衍化出的 Java 语言就废除了 goto 语句。

goto 语句常见的一种用法是跳出嵌套的循环,除此之外,不建议初学者使用 goto 语句。

5.7 浮点类型

5.7.1 浮点类型数据的存储模型

浮点数是一种记数方法,它和科学记数法有些类似。

1. 科学记数法

科学记数法将实数写成一个绝对值小于 10、大于等于 1 的小数与 10 的若干次幂的形式,例如将 -123450000 写作 $-1.2345*10^8$。

显然,这种方法只能表示长度有限的实数,不能表示无限循环小数或无理数。

2. 浮点记数法

浮点记数法与科学记数法类似,以 1.2345 为例,由于计算机内只有二进制数,所以必须先把它换算成二进制形式:

$$(1.2345)_{10} \approx (1.0011\ 1100\ 0000\ 1000\ 0011\ 0001\ 0010\ 0110\ 1110\ 1001\ 0111\ 1000\ 1101\ 0100)_2 \times 2^1$$

然后在计算机内部存储这个二进制数的正负号(用 0、1 表示)、小数部分以及 2 的幂次。

特定类型浮点数的长度是确定的,固定用 1 bit 存储正负号,小数部分和幂次部分的长度也是确定的。由于存储幂次部分的长度固定,所以浮点数只能表示一定范围内的实数。又由于存储小数部分的长度也是固定的,所以浮点数有一个精度范围,超出部分只能舍去。

由此可见,浮点数是对某一范围内实数的一种近似表示。

3. 浮点型数据与整型数据的区别

在数学上 36 与 36.0 是相同的,但在计算机中整数和浮点数的存储有天壤之别(如图 5-4 所示)。同样,这两种数据的运算及运算规则也不同。

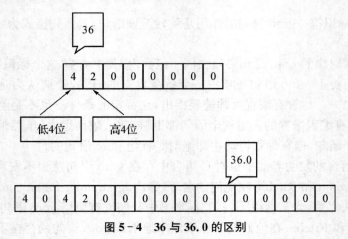

图 5-4 36 与 36.0 的区别

(矩形格子中单个数字都为一十六进制数,代表半个字节的内存单元)

5.7.2 float 类型、double 类型与 long double 类型

C 语言提供了三种浮点类型:float 类型、double 类型与 long double 类型。

浮点类型数据在计算机内部的表示由具体系统规定,其中不少系统采用通行的国际标准(IEEE 标准,IEEE 是电子电器工程师协会,是一个著名的国际性技术组织):

(1) float 类型数据用 4 个字节 32 位二进制数表示。这样表示的数大约有 7 位十进制有效数字,数值的表示范围约为±($3.4 \times 10^{-38} \sim 3.4 \times 10^{38}$)。

(2) double 类型数据用 8 个字节 64 位二进制数表示。双精度数大约有 16 位十进制有效数字,数值的表示范围约为±($1.7 \times 10^{-308} \sim 1.7 \times 10^{308}$)。

显然,每个浮点类型能表示的数也只是数学中实数的一个小子集合,不仅表示范围有限,表示的精度(数的有效数字位数)也有限。

5.7.3　double 类型常量的写法

double 类型常量有三种书写方法。

1) 十进制小数形式

书写规则为:由 0~9 十个数字组成,带一个小数点。例如:3.14、3.、.2 和 1.6。

2) 十进制指数形式

书写规则如下:

(1) 核心是一个字母 E 或 e,其前后都必须有数。

(2) E(或 e)前面同十进制小数形式,但可以没有小数点。

(3) E(或 e)后面为一十进制整数(可带正负号)。

其中,E(或 e)后面表示的是 10 的幂次(Exponent),整个 double 类型常量表示的数值为 E(或 e)前后数值的积。例如:2.6E7、.3e−5、4e+6 和 3.E−009 分别表示 2.6×10^7、0.3×10^{-5}、4×10^6 和 3.0×10^{-9}。

3) 十六进制指数形式(C99)

书写规则如下:

(1) 核心是一个字母 P 或 p,其前后都必须有数。

(2) P(或 p)前面为以 0x(或 0X)开头的十六进制小数或整数。

(3) P(或 p)后面可以跟一个正号或负号(也可以没有),再后面是十进制数字序列。

其中,P(或 p)后面表示的是 2 的幂次(Exponent),整个 double 类型常量表示的数值为 P(或 p)前后数值的积。例如:0x12.EFP100 和 0xAB.CDP5 分别表示 $(12.EF)_{16} \times 2^{100}$ 和 $(AB.CD)_{16} \times 2^5$。

从表示形式上就可以看出,double 类型的常量和 int 类型的常量一样,只有非负值。

C 语言并没有规定 double 类型的常量应该占多少内存空间。目前,在通常的运行环境中,double 类型的数据占 64bits,本书后面的讨论都以此为准。

5.7.4　浮点类型数据的运算

对于浮点类型数据来说,取余运算是不存在的,1.0%2.0 存在语法错误。

浮点类型数据有加法、减法、乘法、除法这几种算术运算。但和整数类型数据不同的是,其运算结果只能要求是在相应的浮点类型可以表示的范围之内。浮点类型数据的运算存在运算结果是相应浮点类型所无法表示的可能,这时运算得到的值是一个近似值。

比如,对于 $2+3$,由于 2 和 3 都是 int 类型,这个运算表示的是 2 加 3 的精确值;2. + 3. 的含义则是,求一个近似等于 2 的浮点数与一个近似等于 3 的浮点数的和的近似值。对于浮点数来说,谈论"精确"是没有什么意义的。

这些实浮点类型数据作为有限长度的有理数,主要用于近似的数值计算。在使用之前,了解编译器所支持的实浮点类型的特征是十分必要的(比如表示范围等)。C 语言要求编译器在 float.h 文件中提供这些类型所表示数据的特征和参数。

这些实浮点类型数据具有一些特殊值:无穷大(Infinity)和 NaN(非数值,Not-a-Number)。例如,当一个 double 类型数据除以 0.0 或一个很小的数时,尽管发生了溢出,但并不发生运行时错误,而是会得到一个表示无穷大的特殊值。又如,3./0. 的值为 1. ♯INF00。

这些特殊值通常也可以被输入、输出及参加计算,但这不是本书讨论的主要内容。在这里只是提醒一下,由于有这些特殊值参与运算,所以进行近似数值计算的结果有时实际上可能只是一种假象。

两个 double 类型数据运算时,可能因为结果太大而发生溢出(指数部分无法表示),同样可能因为结果太小而溢出(小数部分无法表示)。前者叫上溢(Overflow),后者叫下溢(Underflow)。

近似数值计算是十分复杂的问题,其本身就已经构成了一门学科,绝不像某些人想象得那么成熟。使用浮点类型数据往往更需要加倍的谨慎。

此外需要了解的是,浮点类型数据的运算速度通常比整数类型数据的运算速度要慢。这点从浮点类型数据复杂的存储结构上就能体现。回想一下小学时学习的计算"$2345+34563$"与"$2.345\times10^3+3.4563\times10^4$"在步骤上的差别就不难理解这一点。

可以把浮点类型数据赋值给整数类型变量,这时相当于对浮点类型数据做了隐式类型转换运算,运算的结果等于小数部分被舍去的结果。例如:

    int i=1.23;

相当于

    int i=(int)1.23;

而(int)1.23 的值为 1,所以 i 被赋值为 1。

反过来,整数类型数据也可被赋值给浮点类型变量。例如:

    double d=1;

等价于

    double d=(double)1;

d 将被赋值为 1.0。

5.7.5 浮点类型数据的输出

可以调用 printf() 函数输出 double 类型数据,相应的转换格式如表 5-1 所示。

表 5－1 double 类型数据的转换说明

转换说明	适用数据类型	含 义
%f(或%F)①		将对应数据转换成十进制小数形式的字符串
%e(或%E)	double	将对应数据转换成十进制科学记数法形式的字符串
%g(或%G)		上面两种中较短的格式
%a(或%A)②		将对应数据转换成十六进制科学记数法形式的字符串

此外可以规定输出的宽度和精度,例如%m. nf,其中 m、n 为两个整数,表示一共输出至少 m 位,小数点后为 n 位。但是当数据的实际宽度超过了指定的宽度时,则按照实际宽度输出。例如:

```
printf("%f\n",1.2345);
printf("%10.3f\n",1.2345);
```

的输出结果为:

1.234500

    1.234

需要注意的是,由于浮点类型数据多数情况下只是对数据的近似表示,所以可能会出现在屏幕上的输出与代码中写的浮点类型值有差别的情况。

5.7.6 浮点类型数据的输入

用 scanf()函数输入浮点类型数据时,float 类型数据的格式转换说明为%f,double 类型数据的格式转换说明为%lf。例如:

```
float f;
double d;
scanf("%f", &f);
scanf ("%lf", &d);
```

一定要注意用 scanf()函数输入时,double 类型数据用的是%lf 转换说明,float 类型数据用的是%l 转换说明。但是用 printf()函数输出时,float 类型数据和 double 类型数据的转换说明都既可以用%f 也可以用%lf。

5.8 近似计算

5.8.1 求调和级数和

1. 问题

计算和式 $\sum_{n=1}^{m} \frac{1}{n}$ 的近似值,m 由键盘输入。

---

① C99 之前没有%F,只有%f。%F 目前在多数编译器上还没有实现。

② C99 新增加的格式,目前在多数编译器上还没有实现。

2. 代码

程序代码 5 – 21

```
#include <stdio.h>

int main(void)
{
    int n, m;
    double sum = 0.0;

    printf("输入调和级数项数:");
    scanf("%d",&m);

    for(n=1; n<=m; n++)
    {
        sum += 1.0 / (double) n;
    }

    printf("调和级数和近似为%f\n", sum);

    return 0;
}
```

这段代码中最容易写错的地方是把

```
1.0 / (double) n
```

按照数学习惯误写成

```
1/n
```

在 C 语言中这两者的含义截然不同,前一个表达式中 1.0 是 double 类型数据,(double) n 也是 double 类型数据,1.0 / (double) n 的含义是求它们的商的近似值,这个值也是 double 类型数据。比如:

1.0/2.0

得到的是 double 类型的 0.5。

但是 1/n 这个表达式,由于 1 和 n 都是 int 类型数据,得到的也是精确的 int 类型的值。比如:

1/2

得到的是 int 类型的 0。

为了得到题目所要求的结果,代码中将分子 1 写成了 double 类型数据,又对分母的 n 进行类型转换运算,得到的是与 n 的值对应的 double 类型的操作数。

也许有人会问,如果最初把 n 定义为 double 类型数据,不就免去了对 n 做类型转换运算了吗? 这种方案是错误的,循环计数变量 n 不应该定义为浮点类型,因为这种类型一般不能精确计数。把计数的循环变量定义为浮点类型所引起的错误将在下一小节展现。

顺便说一下,下面的表达式

```
1.0 / (double) n
```

也可以简略地写为

```
1.0/n
```

这是因为 C 语言规定,当算术运算符的两个操作数一个为整数类型另一个为浮点类型时,编译器会把整数类型的操作数隐式转换为浮点类型。

5.8.2　误用浮点类型数据

1. 问题

求 $1.00007-2.00007+3.00007-\cdots-10.00007$ 的值。

2. 代码

程序代码 5-22(错误代码)

```
/*
问题:
求 1.00007 - 2.00007 + 3.00007 - … - 10.00007 的值。
*/

#include <stdio.h>
#include <stdlib.h>

int main(void)
{
double fds = 1.00007, he = 0.;    //浮点数,和
    int fh = 1;                        //符号

    while(fds <= 10.00007)
    {
        he += fh * fds;
        fds += 1.;
        fh = -fh;               //交替改变符号
        printf("当前结果为 %lf\n", he);
    }

    printf("\n 最后计算结果为 %lf\n", he);
    system("PAUSE");
    return 0;
}
```

这段代码中值得学习的一个技巧是通过循环语句中的"fh=-fh;"实现交替改变数列中各项的符号。然而它的运行结果却是:

```
当前结果为 1.000070
当前结果为－1.000000
当前结果为 2.000070
当前结果为－2.000000
当前结果为 3.000070
当前结果为－3.000000
当前结果为 4.000070
当前结果为－4.000000
当前结果为 5.000070

最后计算结果为 5.000070
请按任意键继续. . .
```

很显然结果是错误的。错误的根本原因在于对于数据类型的认识不够清楚,具体体现在 fds <=10.00007 这一表达式。由于 fds 是 double 类型变量,在许多情况下只能近似地表示一个带小数点的实数,因此"<="这个运算在许多情况下不会得到精确的结果。

由此可以得出结论:在定数循环中,作为计数器的变量一般为整数类型。请自己重新编写程序代码 5－20 并改正其中的错误。

5.8.3 求一元二次方程的根

1. 问题

求方程 $ax^2+bx+c=0(a\neq0)$ 的根。

2. 代码

程序代码 5－23

```c
# include <stdio.h>
# include <math.h>

int main(void)
{
    double a, b, c;
    double delta;

    printf("输入方程的系数 a、b、c:");
    scanf("%lf%lf%lf",&a,&b,&c);

    delta = b * b-4. * a * c;

    if(delta >= 0.0)
    {
        delta = sqrt(delta);
        printf("方程有两实根:");
```

```
        printf("x1 = % f;x2 = % f\n",(-b+delta)/2./a,(-b-delta)/2./a);
    }
    else
    {
        delta = sqrt(-delta);
        printf("方程有两虚根:");
        printf("x1 = % f + % fi;x2 = % f + % fi\n",
                -b/2./a,delta/2./a,
                -b/2./a,-delta/2./a);
    }

    return 0;
}
```

这段代码的逻辑很简单,其中用到了 sqrt()函数求平方根。sqrt()函数也是系统提供的一个库函数,调用这个函数前需要在代码开头加上如下预处理命令:

```
# include <math.h>
```

原因就是对 sqrt()函数的声明写在 math.h 文件中。调用其他数学计算函数同样也需要加上这条预处理命令。

此外,这段代码并没有像数学上那样把解分为 b*b-4*a*c 小于 0、等于 0 和大于 0 三种情况分别求解。这是因为 a、b、c 是浮点类型数据,本身就是一种近似表示,b*b-4*a*c 得到的也是近似值,判断这个近似值是否等于 0 没有意义。在近似计算中,除非极个别情况,原则上浮点类型数据不能做等于或不等于运算。

5.8.4 求立方根(迭代和逼进)

1. 问题

已知求 x 立方根的迭代公式(递推公式)是: $x_{n+1} = \dfrac{1}{2}(2x_n + x/x_n^2)$,利用这个公式求 x 的立方根的近似值,要求达到精度 $|(x_{n+1}-x_n)/x_n| < 10^{-6}$。

2. 代码

程序代码 5-24

```
# include <stdio.h>
# include <math.h>

int main(void)
{
    double x, x1, x2;

    printf("输入 x:");
    scanf("% lf",&x);

    if(fabs(x) < 1E-6)
```

```
    {
        printf("%f 立方根为 %f\n", x, 0.0);
        return 0;
    }

    x2 = x;

    do
    {
        x1 = x2;
        x2 = (2.0 * x1 + x / (x1 * x1)) / 3.0;
    }
    while(fabs((x2 - x1) / x1) >= 1E - 6);

    printf("%f 立方根为 %f\n", x, x2);

    return 0;
}
```

这段代码中用到了 fabs() 函数,这也是一个标准库函数,功能是求浮点数的绝对值。

在近似计算中,通常无法判断两个浮点类型的值是否相等,一般用二者是否充分接近描述。如果二者的差的绝对值小于某个给定的值,一般就认为二者相等。因此,如下表达式:

fabs(x) < 1E-6

表示 x 的值很小,与 0 充分接近。

近似计算同样无法完全精确完成,比如求 3 的立方根,这本身就是一个无理数,甚至无法用有限小数表示,所以一般要求结果只要充分接近就可以。根据高等数学的知识,当计算得到的相邻两项的差很小时,可以认为结果已经有足够精度了。因此代码中把

fabs((x2 - x1) / x1) >= 1E - 6

作为循环的终止条件。

5.8.5 求 sin 函数值(通项计算)

1. 问题

利用公式求 $\sin x = \sum_{n=0}^{\infty} (-1)^n \frac{x^{2n+1}}{(2n+1)!}$ 求 $\sin x$ 的近似值。

2. 分析

显然在计算过程中需要将各项的值不断加在一起,在 n 趋向无穷时,项的值将逐渐趋向于 0。为写出这个程序,需要给近似值概念一个精确定义。例如,采用项的值小于 10^{-6} 作为结束条件,在这时结束循环,以得到的累积值作为近似值。下面以 $\sin x$ 存储这个累加的值。

3. 代码

程序代码 5 - 25

```c
#include <stdio.h>
#include <stdlib.h>
#include <math.h>

int main(void)
{
    double x;
    int n = 0;
    double sinx = 0.;
    double item;

    printf("输入 x 的值\n");
    scanf("%lf",&x);

    do
    {
        int i;
        for(i = 1, item = 1.; i <= 2 * n + 1; i + +)//求第 n 项的绝对值
        {
            item * = x / (double)i;
        }
        item = n % 2 ? - item : item;//根据 n 确定符号

        if(fabs(item) > = 1E - 6)
        {
            sinx + = item;//累加
        }
        else
        {
            break;
        }
        n + +;
    }
    while(1);

    printf("sin(%lf) = %lf\n", x, sinx);

    system("PAUSE");
    return 0;
}
```

这段代码的问题在于重复计算。比如 n 为 0 时, 计算了 x/(1), n 为 1 时计算了 - x * x * x/(1)/(2)/(3), n 为 2 时计算了 x * x * x * x * x/(1)/(2)/(3) /(4)/(5)……这其中的公共部分的计算其实是重复计算, 完全可以通过将前面一项乘以 x * x 后除以(2 * n

* (2 * n+1))再改变一下符号得到。

为提高计算效率,下面的代码改变了通项的算法。

程序代码 **5 - 26**

```c
#include <stdio.h>
#include <stdlib.h>
#include <math.h>

int main(void)
{
    double x;
    int n = 0;
    double sinx = 0.;
    double item;

    printf("输入 x 的值\n");
    scanf("%lf",&x);

    item = x / (double)(2 * 0 + 1);//首项

    while(fabs(item) >= 1E - 6)
    {
        sinx + = item;//累加
        //求下一项
        n + +;
        item * = (x * x);
        item / = (double)(2 * n * (2 * n+1));
        item = - item;
    }

    printf("sin(%lf) = %lf\n", x, sinx);

    system("PAUSE");
    return 0;
}
```

第6章 函数及结构化程序设计

把事情变复杂很简单,把事情变简单很复杂。

6.1 函数的调用、声明和定义

6.1.1 从初学者常犯的一个错误谈起

在编程求 2^1、2^2、$\cdots$、2^{10} 时,有不少初学者给出下面这样的错误代码:

程序代码 6 - 1(错误代码)

```c
#include <stdio.h>

int main(void)
{
    int i;

    for(i = 1; i <= 10; i++)
    {
        printf("%d\n", 2^i);
    }

    return 0;
}
```

这段代码可以通过编译,没有任何语法错误,可是运行的结果却是:

```
3
0
1
6
7
4
5
10
11
8
请按任意键继续...
```

完全不符合题目要求。

造成这个错误的原因是代码作者误以为"^"是乘方运算符,以为"2^i"这个表达式就是2 的 i 次方。

实际上在某些语言中"^"确实表示乘方运算,比如在 VB 语言中就是。而在 C 语言中"^"同样也是一个运算符,但不是乘方运算符。

由于在 C 语言中"^"也是一个运算符,所以前面的代码在编译时没有错误。又由于在 C 语言中"^"并不表示乘方运算,因而前面的程序的输出并不是 2 的 1 次方到 2 的 10 次方。

现在既然问题找到了,修改错误就很容易了,只要把"^"替换为 C 语言中的乘方运算符不就可以了吗?

然而新的问题产生了,C 语言究竟有没有乘方运算? 答案是:既没有,也有。回答没有是因为,查遍 C 语言运算符表也找不到一个"乘方运算符";回答有是因为在 C 语言中有一个"万能"运算符,这个运算符可以进行任何复杂的求值运算,一个简单的求乘方运算更是不在话下。

6.1.2　"( )"运算符

这个万能的运算符就是"( )",叫做函数调用运算符。由于这个运算符功能强大,所以它并不是拿过来就能用,而是先要做大量准备工作,然后才能便利地对其加以应用。

以前面代码中所要求的求乘方运算为例,首先要为这个运算取个名字,假如叫:

qiu_chengfang

取名依然是按照标识符法则来取。

之所以要给运算取名,是因为"( )"不仅可以实现求乘方运算,还能实现其他运算。为了使各个运算之间相互区别开,为它们取不同的名字以相互区别显然是必需的。

然后要确定这个运算需要几个操作对象。在求 2 的 i 次方运算中,显然需要 2 和 i 这两个数据。于是可以把这个运算式子写为:

qiu_chengfang(2, i)

它就表示求 2 的 i 次方这种运算。在这里,"( )"是一种运算符,它的运算对象为"qiu_chengfang"和"2, i"。注意后者并不是逗号运算,而是一种用逗号分隔的列表(List)。因而 qiu_chengfang(2, i)是一个表达式,这个表达式叫函数调用表达式。这个表达式有一个值,我们认为这个值应该是 int 类型,或者说我们期待这个值是 int 类型。

这样,相应的代码就是下面这样:

程序代码 6-2(未完成)

```
#include <stdio.h>

int main(void)
{
    int i;
```

```
for(i = 1; i < = 10; i + + )
{
    printf(" % d\n", qiu_chengfang(2, i));
}

    return 0;
}
```

至此,代码完成了用一个运算表达式表达求 2 的 i 次方值的初衷。但由此也产生了一个新的问题,那就是代码中出现了一个编译器不认识的标识符——qiu_chengfang。

6.1.3　函数类型声明

除了 main 以及标号语句中的标号标识符,所有的标识符在使用前必须向编译器进行必要的说明。

说明 qiu_chengfang 这个标识符的位置一般应该在源程序的最前面,同时应该注意不要把说明写在任何函数之内。

首先,在 qiu_chengfang 后面写一对“()”:

```
qiu_chengfang()
```

这是在告诉编译器,qiu_chengfang 是一个函数。

然后需要告诉编译器,这个函数有几个参数:

```
qiu_chengfang(,)
```

“()”内的一个“,”是在说有两个参数。类似地,如果有三个参数就需要写两个“,”……如果不需要参数则在“()”内写“void”。

仅仅告诉编译器有两个参数还不够,还必须说明这是两个什么类型的数据:

```
qiu_chengfang(int, int)
```

这两个“int”说的是第一个参数是 int 类型,第二个参数也是 int 类型。

最后,还要说明 qiu_chengfang 与两个 int 类型的数据进行“()”运算符表示的运算得到的是一个什么类型的结果:

```
int qiu_chengfang(int, int)
```

至此,对 qiu_chengfang 这个标识符的性质全部说明完毕。完整的函数类型声明语句如下:

```
int qiu_chengfang(int, int);
```

行末的“;”即在告诉编译器,关于 qiu_chengfang 这个标识符的说明至此结束。完成后的代码是下面这样的:

程序代码 6 - 3(未完成)

```
# include <stdio.h>

int qiu_chengfang(int, int);

int main(void)
```

```
{
    int i;

    for(i = 1; i < = 10; i + +)
    {
        printf(" % d\n", qiu_chengfang(2, i));
    }

    return 0;
}
```

6.1.4　函数定义

函数类型声明是说给编译器的,仅仅是告诉编译器函数名这个标识符的性质。到目前为止,我们还没有告诉计算机乘方究竟应该如何计算,而函数定义就是告诉计算机应该如何计算。

函数定义同样要经历一系列步骤。首先,复制刚刚写好的函数类型声明,即程序代码 6 - 4 中黑体表示的部分:

程序代码 6 - 4(未完成)

```
# include <stdio. h>

int qiu_chengfang(int, int);

int main(void)
{
    int i;

    for(i = 1; i < = 10; i + +)
    {
        printf(" % d\n", qiu_chengfang(2, i));
    }

    return 0;
}
```

如上所示,选择文字块的时候注意不要选择";"。然后将其粘贴到 main()函数体的后面,如程序代码 6 - 5 所示:

程序代码 6 - 5(未完成)

```
# include <stdio. h>

int qiu_chengfang(int, int);

int main(void)
```

```
    {
        int i;

        for(i = 1; i < = 10; i + +)
        {
            printf(" % d\n", qiu_chengfang(2, i));
        }

        return 0;
    }


    int qiu_chengfang(int, int)
```

这一步的要点是,粘贴的位置一定要在函数体外部,不能贴在任何函数体内部。不一定非要贴在 main() 函数体之后,但强烈推荐贴在 main() 函数体之后,其道理以后再说。

所有的函数定义都有统一的格式,所以和 main() 函数一样,在函数"头部"(int qiu_chengfang(int, int))后面是一对"{}"括起来的函数体:

```
    int qiu_chengfang(int, int)
    {
    }
```

这个函数的功能是求某个 int 类型数据的若干次方,为了描述这个计算过程,必须为这两个参数取个名字,现在为这两个参数分别取名为 i 和 n,这就是所谓的形参:

```
    int qiu_chengfang(int i, int n)
    {
    }
```

现在这个函数的定义在形式上已经完全充分,它的功能是求 int 类型的 i 的 n 次方。现在唯一所差的就是在函数体之内描述这个求值过程。

由于乘方是一个累乘的过程,所以先定义一个变量用以存储这个计算结果。显然这个变量的初值应该为 1,然后再乘以 i 共 n 次,代码如下:

```
    int chengfang = 1;
    while(n - - > 0)
    {
        chengfang * = i;
    }
```

这样,循环结束后,变量 chengfang 中存储的值就是 i 的 n 次方。

但是,这个值并不是 qiu_chengfang() 自己所需要的,而是 main() 要求函数计算的,因此需要把这个值传给 main()。这可以通过一条 return 语句实现:

```
    return chengfang;
```

这条语句的意思就是计算结果传给函数调用者,同时程序控制也返回到函数调用处继续执行那里的语句。

彻底完成后的 qiu_chengfang()函数如下所示:

```c
int qiu_chengfang(int i, int n)
{
    int chengfang = 1;

    while(n - - > 0)
    {
        chengfang * = i;
    }
    return chengfang;
}
```

完整的源代码如下所示:

程序代码 6 - 6

```c
#include <stdio.h>

int qiu_chengfang(int, int);

int main(void)
{
    int i;

    for(i = 1; i <= 10; i + +)
    {
        printf("%d\n", qiu_chengfang(2, i));
    }

    return 0;
}

int qiu_chengfang(int i, int n)
{
    int chengfang = 1;

    while(n - - > 0)
    {
        chengfang * = i;
    }
    return chengfang;
}
```

运行测试,结果为:

```
2
4
8
16
32
64
128
256
512
1024
```

6.1.5　return 语句

return 语句有两种形式,分别是:

return;

return EXP;

第一种的作用是从函数中返回到调用函数处,一般用于函数返回值为 void 类型的函数;第二种除了有返回到调用函数处的功能之外,还返回表达式 **EXP** 的值,这个值就是相应函数调用表达式的值。

6.2　结构化程序设计

结构化程序设计原则是由迪克斯特拉(E. W. Dijkstra)在 1969 年提出的,是人类编程实践中总结出的一些基本的经验原则。

结构化程序设计认为任何算法都可以也应该由三种基本程序结构——顺序结构、选择结构和循环结构组合而成。

结构化程序设计方法遵循"自顶向下,逐步细化"的思想原则进行程序设计,并且提倡"单入口单出口"的控制结构。

6.2.1　限制使用 goto 语句

结构化程序设计方法的起源是对 goto 语句的认识和争论。肯定的结论是,在块和进程的非正常出口处往往需要用 goto 语句,使用 goto 语句会使程序执行效率较高;在合成程序目标时,goto 语句往往是有用的,如返回语句用 goto。否定的结论是,goto 语句是有害的,是造成程序混乱的祸根,程序的质量与 goto 语句的数量呈反比,应该在所有高级程序设计语言中取消 goto 语句;取消 goto 语句后,程序易于理解、易于排错、易于维护、易于进行正确性证明。作为争论的结论,1974 年 Knuth 发表了令人信服的总结,并证实了:

(1) goto 语句确实有害,应当尽量避免。

(2) 完全避免使用 goto 语句也并非是个明智的方法,有些地方使用 goto 语句会使程序流程更清楚、效率更高。

（3）争论的焦点不应该放在是否取消 goto 语句上,而应该放在用什么样的程序结构上。其中最关键的是,应在以提高程序清晰性为目标的结构化方法中限制使用 goto 语句。

6.2.2 自顶向下

程序设计时,应先考虑总体,后考虑细节;先考虑全局目标,后考虑局部目标。不要一开始就过多追求众多的细节,先从最上层的总目标开始设计,逐步使问题具体化。这就是所谓的 Top-Down(自顶向下)原则。

6.2.3 逐步细化

对复杂问题,应设计一些子目标作为过渡,逐步细化。

6.2.4 模块化

一个复杂问题肯定是由若干稍简单的问题构成。模块化就是把程序要解决的总目标分解为子目标,再进一步分解为具体的小目标,把每一个小目标称为一个模块。

下面用一个例题结合 C 语言函数理论来说明结构化程序设计的主要思想和工作方法。

6.2.5 求调和级数的和

1. 问题

求 $\frac{1}{1}+\frac{1}{2}+\frac{1}{3}+\cdots+\frac{1}{n}$ 的和,要求给出精确结果,n 由键盘输入。

2. 数据设计

问题要求给出精确结果,对这个精确结果的表示只能是有理数即分数。

分数由分子、分母两部分组成。前面学过的任何数据类型都不足以表示这样的数据。为此需要用两个整数来表示一个分数。

3. 寻求算法

一个切实可行的办法是自己用手工的方式在纸上把题目试做几次。如果手算的话,计算过程可能是这样:

$$\left(\frac{0}{1}+\frac{1}{1}=\frac{0\times1+1\times1}{1\times1}=\frac{1}{1}\right)$$

$$\frac{1}{1}+\frac{1}{2}=\frac{1\times2+1\times1}{1\times2}=\frac{3}{2}$$

$$\frac{3}{2}+\frac{1}{3}=\frac{3\times3+2\times1}{2\times3}=\frac{11}{6}$$

$$\frac{11}{6}+\frac{1}{4}=\frac{11\times4+6\times1}{6\times4}=\frac{50}{24}=\frac{25}{12}$$

不难发现,每次计算的过程几乎都一样,因此整个计算过程构成了一个循环,可用如下代码表示:

程序代码 6 - 7(中间伪代码)

```
/ *
问题：
求调和级数的和,项数 n 由键盘输入。
* /

# include <stdio. h>
# include <stdlib. h>

int main(void)
{
    int n;
    int i;

    //输入 n

    //求和
    for (i = 1; i < = n;i + +)
    {
        //求两个分数的和
    }

    //输出

    system("PAUSE");
    return 0;
}
```

这就是所谓的自顶向下。从大的方面讲,问题的解决分为输入、求和与输出三个步骤,这三个部分构成顺序结构,这首先保证了程序在整体上的正确性。然后是逐步细化,把较为复杂的问题进一步分解,较为简单的问题可以直接解决。

根据手工演算的步骤,求两个分数和部分是由求分子、求分母和约分三个步骤构成的循序结构,可用如下代码表示：

程序代码 6 - 8(中间伪代码)

```
/ *
问题：
求调和级数的和,项数 n 由键盘输入。
* /

# include <stdio. h>
# include <stdlib. h>
```

```
int main(void)
{
    int n;
    int i;
    int 和分子 = 0,和分母 = 1;

    //输入 n
    printf("输入 n 的值:");
    scanf("%d", &n);


    //求和
    for (i = 1; i <= n;i ++)
    {
        //求两个分数的和
        //求和分子
        //求和分母
        //约分
    }

    //输出

    system("PAUSE");
    return 0;
}
```

　　先考虑如何求和分子。和分子是用当前和分子、当前和分母以及 i 求得的(和分子/和分母＋1/i)。注意这里的重点不在于如何求,而在于用哪几个数去求。求得的新的和分子的值又存在和分子变量中,这可以用代码表示如下:

程序代码 6－9(中间伪代码)

```
/*
问题:
求调和级数的和,项数 n 由键盘输入。
*/

#include <stdio.h>
#include <stdlib.h>

int main(void)
```

```
{
    int n;
    int i;
    int 和分子 = 0,和分母 = 1;

    //输入 n
    printf("输入 n 的值:");
    scanf("% d", &n);


    //求和
    for (i = 1; i < = n;i + +)
    {
        //求两个分数的和
        //求和分子
        和分子 = 求和分子(和分子,和分母,i);
        //求和分母
        //约分
    }

    //输出

    system("PAUSE");
    return 0;
}
```

利用函数思考首先要进行概括性思考,如何求的问题放在以后再说,当下的重点是确定用哪几个值去求。

接下来需要写函数声明,代码如下:

程序代码 6 - 10(中间伪代码)

```
/ *
问题:
求调和级数的和,项数 n 由键盘输入。
* /


# include <stdio.h>
# include <stdlib.h>


int 求和分子(int,int,int);


int main(void)
```

```
{
    int n;
    int i;
    int 和分子 = 0,和分母 = 1;

    //输入 n
    printf("输入 n 的值:");
    scanf("%d", &n);


    //求和
    for (i = 1; i < = n;i + + )
    {
        //求两个分数的和
        //求和分子
        和分子 = 求和分子(和分子,和分母,i);
        //求和分母
        //约分
    }

    //输出

    system("PAUSE");
    return 0;
}
```

最后再完成函数定义,如何求新分子的问题是在函数定义里解决的,代码如下:

程序代码 6 - 11(中间伪代码)

```
/ *
问题:
求调和级数的和,项数 n 由键盘输入。
* /

# include <stdio. h>
# include <stdlib. h>

int 求和分子(int,int,int);

int main(void)
{
    int n;
    int i;
    int 和分子 = 0,和分母 = 1;
```

```
        //输入 n
        printf("输入 n 的值:");
        scanf("%d", &n);



        //求和
        for (i = 1; i <= n; i++)
        {
                //求两个分数的和
                //求和分子
            和分子 = 求和分子(和分子,和分母,i);
                //求和分母
                //约分
        }


        //输出

        system("PAUSE");
        return 0;
}


int 求和分子(int 分子 1,int 分母 1,int 分母 2)
{
    return 分子 1 * 分母 2 + 1 * 分母 1;
}
```

注意要把计算所得的值返回给函数调用者。

在调用处只需要概括性的思考而不用考虑实现细节,无疑使思考得到了简化;而在函数定义里只考虑用少数几个参数完成单一功能,不需要考虑调用者如何使用这个功能,从另一个方面使问题得到了简化。这就是使用函数的意义。

下面,求分母和约分的实现与前面类似,这里不再赘述。最后给出完整的代码:

程序代码 6 - 12

```
/*
问题:
求调和级数的和,项数 n 由键盘输入。
*/


#include <stdio.h>
#include <stdlib.h>
```

```
int qiu_fz(int, int, int);
int qiu_fm(int, int);
int qiu_gys(int, int);
void shuchu(int, int);

int main(void)
{
    int n;
    int i;
    int fz = 0, fm = 1;//分子,分母

    printf("输入 n 的值:");
    scanf("%d", &n);

    for(i = 1; i <= n; i++)
    {
        int gys; //公约数
        fz = qiu_fz(fz, fm, i);//求分子
        fm = qiu_fm(fm, i);        //求分母
        gys = qiu_gys(fz, fm);   //求公约数
        fz /= gys;                          //约分
        fm /= gys;
    }

    shuchu(fz, fm);                    //输出

    system("PAUSE");
    return 0;
}

void shuchu(int fz, int fm)
{
    printf("%d/%d\n", fz, fm);
}

int qiu_gys(int m, int n)
{
    int r;
    while((r = m % n) != 0)
```

```
    {
        m = n;
        n = r;
    }
    return n;
}


int qiu_fm(int fm1, int fm2)
{
    return fm1 * fm2;
}


int qiu_fz(int fz, int fm, int i)
{
    return fz * i + fm * 1;
}
```

约分这一步是先求分子、分母的最大公约数,然后分子、分母分别除以最大公约数。这个过程有点拖泥带水,但目前只好如此。后面学习了指针之后将给出更漂亮的写法。

6.3　递归

6.3.1　什么是递归

递归(Recursion)是现实世界中普遍存在的一种现象,这种现象的特点就是某个过程以某种方式不断地重复出现。

用两面镜子互相照,很容易发现镜子的镜像中还有镜子的镜像,镜子的镜像中的镜子的镜像中还有镜子的镜像……植物的生长也是如此,植物长出一片叶子或花瓣后,过段时间在另一个地方又长出另一片叶子或花瓣。庄子所说的"一尺之捶,日取其半,万世不竭"描述的是一个反复进行的过程(日取其半),这也是一种递归。

由此可见,递归在本质上是一种重复或循环,这种重复或循环有时是以简单的方式进行的,有时是以比较复杂的方式进行的。

在人类的思维领域也存在大量递归的例子,比如数学中阶乘的定义就是用递归的方式描述的(用阶乘本身对阶乘进行定义):

$$n! = \begin{cases} 1 & (n=0) \\ n \times (n-1)! & (n>1) \end{cases}$$

数学归纳法的思想也和递归有异曲同工之妙。用数学归纳法证明对一切自然数 n 都成立的命题的一般步骤是:①证明这个命题对自然数 1 成立;②假设当 n 取某一自然数 k 时命题正确,以此推出当 $n=k+1$ 时这个命题也正确;有了①、②就可以断言命题对所有的自然数 n 都成立了。

数学归纳法的这种思考方法通常叫做递推。递推成立的前提有两个,首先需要有个递推的**基础**($n=1$ 时命题成立),其次是建立**递推的关系**(若 $n=k$ 时成立则 $n=k+1$ 时成立)。

反过来,当求解一个关于自然数 n 的问题时,如果可以把问题简化成关于 $n-1$ 的问题,而且对于 $n=1$ 这个问题可以解决的话,那么这个问题就解决了。这种思维方式就叫做递归。

递归同样需要有个**递归的关系**,这个依据就是把问题简化(把对于 n 的问题变成对于 $n-1$ 的问题),此外递归还需要有**递归的终止**(对于 1 的问题可解)。

例如,当需要求 $f(n)=1+2+3+\cdots+n$ 的值时,由于这个问题可以简化成 $n+f(n-1)$,而且当 n 为 1 时问题的答案 $f(1)$ 明显为 1,这样的问题就可以视为已经解决了。而具体的求解方法则可以由 $n=1$ 时的解答 $f(1)$ 得到 $n=2$ 时问题的解答($f(2)=2+f(1)=3$),再由 $f(2)$ 可以求得 $f(3)=3+f(2)=6$ ……只要 n 为有限值,总能得到最终所要求的解答。如果把问题的不断简化的过程(把对于 n 的问题简化成对于 $n-1$ 的问题的过程)理解为"递"的话,那么从"递"的终止点($f(1)=1$)开始,求 $f(2)$,再由 $f(2)$ 求得 $f(3)$ ……直到求得 $f(n)$ 的这个过程就是"归"。"递"的终点就是"归"的起点。

因此,递归也是人类的一种思维方式,同样递归有时也是描述解决问题的方法的一种方式。当解决问题的方法可以用递归的方式来描述时,在程序中使用递归技术来解决问题也就顺理成章了。

1. 递归是函数对自身的调用

使用递归的前提是具备递归的思想,亦即用递归的方法思考解决问题的方法和步骤,而程序则是对这种方法和步骤的自然描述。在程序实现上,递归就是函数通过对自身的调用来描述自己的函数定义。

很多人都听过这样的故事:

"从前有个山,山里有个庙,庙里有个老和尚给小和尚讲故事。讲的什么呢?"

"从前有个山,山里有个庙,庙里有个老和尚给小和尚讲故事。讲的什么呢?"

"从前有个山,山里有个庙,庙里有个老和尚给小和尚讲故事。讲的什么呢?"

……

这是个明显的递归的例子。在每次讲到"讲的什么呢?"之后,又开始讲故事,而讲的故事恰恰是刚刚讲过的内容。如果把讲故事的过程抽象为一个函数,那么在函数完成"讲的什么呢?"之后的行为,就完全可以用对自身的调用来实现。下面是揭示这一过程的示意性代码:

```
void 讲故事(void)
{
    printf("从前有个山,山里有个庙,庙里有个老和尚给小和尚讲故事。讲的什么呢? \n");
    讲故事();
}
```

这个过程会无限度地进行下去,这叫无限递归。在程序中不容许一个无限进行的过程(算法必须经有限步骤完成),就如同程序不容许死循环一样。

在程序中,使用递归的函数必须在一定条件下使递归终止。"讲故事"函数的一个比较现实可行的版本应该是下面这样:

```
void 讲故事(int 讲的次数)
{
```

```
    if(讲的次数 > 0)
    {
       printf("从前有个山,山里有个庙,\
              庙里有个老和尚给小和尚讲故事。讲的什么呢? \n");
         讲故事(讲的次数-1);                    //还需要讲"讲的次数-1"次
    }
    return;
}
```

新版本的"讲故事"函数将把需要讲故事的次数作为参数,讲完之后不再继续调用自身,而是返回到程序最初调用"讲故事"函数的地方继续执行。

2. 递归的实现过程

下面以一个极简单的例子说明递归过程是如何实现的,这个例子并不解决实际问题,仅仅为了演示说明递归的过程。

程序代码 6-13

```
# include <stdio. h>
# include <stdlib. h>

void dgys(int);

int main(void)
{
dgys(3);

system("PAUSE");
return 0;
}
//递归过程的演示,n 应为正整数
void dgys (int n)
{
  if(n > 1)
  {
    printf("调用 dgys(%d)前,n 的值为 %d\n", n-1,n);
    dgys(n-1);
    printf("调用 dgys(%d)后,n 的值为 %d\n", n-1,n);
    return;
  }
  else
    return;
}
```

程序的运行结果为:

调用 dgys(2)前,n 的值为 3
调用 dgys(1)前,n 的值为 2
调用 dgys(1)后,n 的值为 2
调用 dgys(2)后,n 的值为 3

　　首先,从在 main()函数中的表达式 dgys(3)开始调用,这时控制流程转到了 dgys() 函数,这个函数有一个形参 n(为了便于描述,这里为这个 n 取一个别名 n3),这实际上相当于定义了一个变量 n(n3)并用实参 3 进行了初始化;在 dgys()函数中,由于 n(n3)大于 1,所以又通过 dgys(n−1)这个表达式进行了调用,控制流程同样转到了 dgys()函数,这时的形参 n 是另一个不同于前面 n3 的 n,为以示区别把它叫做 n2,n2 的初值为 2(因为调用的实参为 n3−1);因为 n2 也大于 1,所以又发生了一次 dgys(n2−1)即实参为 1 的调用,控制流再次转到 dgys()函数,这次的形参 n(把这个 n 叫做 n1)的初值就为 1。

　　这个就是"递"的过程。从中可以看到 dgys()函数一共被调用了 3 次,形参也一共有 3 个,尽管表面上这 3 个形参的名字都是 n,但却是 3 个不同的变量,值分别为 3、2、1。到目前这个阶段为止,它们都同时存在着,因为每一个函数定义内的过程都没有完全执行完,都是执行中途又去调用 dgys()函数。图 6−1 描述了这个过程。

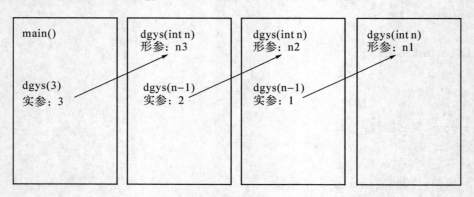

图 6−1 "递"的过程

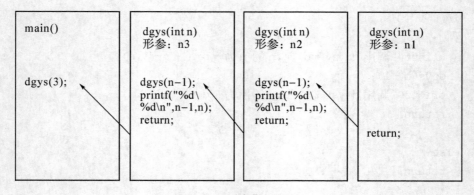

图 6−2 "归"的过程

　　最后一次调用由于它的形参 n 的值为 1,不满足 n＞1,于是执行 else 后面的 return 语句。"return"的意思就是返回到调用函数,同时意味着当前这个函数执行完毕。return

语句返回到调用函数中的调用处,因此继续执行后面的语句:

　　printf("调用 dgys(%d)后,n 的值为%d\n", n−1,n);

而这里的 n 就是那个 n2,它的值显然是 2。执行完毕后,又遇到 return 语句,这里的 n2 就被系统收回了,因为函数调用结束了,再返回上一级调用者的调用处,继续执行后面的语句:

　　printf("调用 dgys(%d)后,n 的值为%d\n", n−1,n);

而这里的 n 就是那个 n3,它的值显然是 3。之后执行 return 语句,就返回到 main()。

　　这个就是"归"的过程。从理解方面来说,关键是要懂得每次调用都有一个不同的私有形参,它们名字相同,都叫 n,却是不同的变量。这些形参一直被保留到本次调用结束才消失,而在函数调用结束前则一直被保留着。对于函数本地的局部变量也是如此(除非是 static 存储类别的局部变量),每次调用时局部非 static 变量也都有自己的"私有"副本。图 6-2 描述了这个过程。

　　n3、n2、n1 出现的次序是 n3、n2、n1,在 n1 出现后有那么一段时间它们同时存在。之后,它们又依次"消失",消失的次序是 n1 最先消失,n2 次之,n3 最后消失,发生在返回 main()之后。

　　英语单词"recursion"(递归)本身就是"来回"(re-)"跑"(cur-)的意思,结合前面图示的过程,必须承认的是"递归"这个翻译确实非常漂亮,完美且传神。

　　3. 递归与循环

　　从递归调用过程程序的执行轨迹中还可以看出,递归本质上可以看作是以形参为"循环变量"的、对函数调用的"循环"。这种循环和普通的变量循环(有时也被叫做迭代)不同的是它是双向的,除了有一个"去"的过程("递")还有一个回的过程("归")。因此一切可以用循环实现的算法也都可以用递归实现。

　　以前面提到的求 $f(n)=1+2+3+\cdots+n$ 的值问题为例,下面的程序代码通过两种方式求解:

程序代码 6-14

```
/*
问题:求 f(n)=1+2+3+…+n 的值,项数 n 由键盘输入。
*/

#include <stdio.h>
#include <stdlib.h>

int dgqiuhe(int);
int xhqiuhe(int);

int main(void)
{
    int n;
```

```
    printf("请输入一个正整数\n");
    scanf("%d",&n);

    if (n>0)
    {
        printf("1+2+…+n=%d\n", dgqiuhe(n));
        printf("1+2+…+n=%d\n", xhqiuhe(n));
    }
    else
    {
        printf("输入有误,无法计算\n");
    }

    system("PAUSE");
    return 0;
}

//递归法求自然数前n项的和,n>0
int dgqiuhe(int n)
{
    if (n==1)
    {
        return 1;
    }
    else
    {
        return  n+dgqiuhe(n-1);
    }

}

//循环法求自然数前n项的和,n>0
int xhqiuhe(int n)
{
    int i,he=0;
    for(i=1; i<=n; i++)
    {
        he+=i;
    }
    return he;
}
```

在这个程序中,假设输入为 5,xhqiuhe( )函数使用了两个变量进行计算,而 dgqiuhe( )函数由于还需要调用 dgqiuhe(4)、dgqiuhe(3)、dgqiuhe(2)、dgqiuhe(1)才能完成 dgqiuhe(5)的计算,而每次调用至少需要一个自身私有的 n,所以至少需要 5 个变量的内存开销(此外还有记录执行位置的内存开销和运算时间上的开销)。所以一般来讲,递归的方法比循环的方法在内存和运算时间上的开销要大。此外,过多的递归会导致溢出。因此,递归从来不是无限度的,各个编译器都对递归的深度有所限制。

递归的优点在于对递归思想的有力表达和体现。递归在表达形式上非常简洁,所表达的思想不容怀疑,在表达思想的贴切和自然这方面是无与伦比的。因此用递归写成的代码往往给人一种优雅且从容不迫的优美感觉(代价是牺牲内存和速度)。

6.3.2　Hanoi 塔问题

Hanoi 塔问题是一个古老的智力游戏。这个游戏需要三根柱子(如图 6 - 3 所示)和若干大小不等的空心圆盘。一开始,所有的圆盘依由大到小的顺序插放在第一根柱子上。游戏者必须依照下面两条规则把所有的园盘移动到第 3 根柱子上:

(1) 每次只能拿取某根柱子最上面的一个圆盘。

(2) 取出的圆盘必须马上插放到另一根柱子上,且必须保证较大的圆盘不被放在较小的圆盘上面。

图 6 - 3　Hanoi 塔

在盘子不太多的情况下,相信一般的读者都可以按照规则凭借直觉顺利地完成这个任务。但让计算机完成这个任务则是另一回事情。因为计算机没有直觉,我们也不可能告诉计算机我们的直觉。让计算机完成任务就必须告诉计算机完成任务的方法和步骤。

可以用循环的方式解决这个问题,但这个算法不但需要使用较为复杂的数据来描述,且其本身也难以理解、过程复杂、不易表述。下面让我们体验一下递归的力量和优美。

首先,必须要确定的一件事情是问题是否可解。如果问题无解也就根本没有编程解决问题的必要了。为了解决这个问题,先从简单的情形开始推理:

(1) 在只有一个圆盘的情形下,它可以不违背规则地从第一根柱子被移动到第三根柱子。这点用不着更多的解释。

(2) 同理,在只有一个圆盘的情形下,它同样可以不违背规则地从第一根柱子被移动到第二根柱子。

（3）在有两个圆盘的情形下，由于推理（1），所以可以先把第一个圆盘从第一根柱子移动到第二根柱子（较大的第二个圆盘在这个过程中没有移动，所以不会产生违背规则的问题），再把第二个圆盘不违背规则地移动到第三根柱子上（第三根柱子目前是空着的），最后把第二根柱子上的圆盘移动到第三根柱子上（较大的第二个圆盘在这个过程中也没有移动，所以也不会产生违背规则的问题）。结论是可以不违背规则地把两个圆盘从第一根柱子移动到第三根柱子上。

（4）同理，在有两个圆盘的情形下，可以把这两个圆盘在遵守规则的前提下从第一根柱子移动到第二根柱子上（相对第一根柱子，第二根和第三根柱子在地位上完全是对称对等的，可以移动到第三根柱子上当然可以移动到第二根柱子上）。

（5）类似地，由于推理（4）可以推论出能够不违背规则地把三个圆盘不违背规则地从第一根柱子移动到第三根柱子上。

（6）由于推理（5）且由于相对第一根柱子，第二根和第三根柱子在地位上完全是对称对等的，所以可以推论出能够不违背规则地把三个圆盘不违背规则地从第一根柱子移动到第二根柱子上。

（7）……

至此，通过递推的办法可以确定问题可解。顺理成章地，还可以从上面的推理中得到解决问题的策略和步骤，即对于 n 个圆盘：

（1）首先从第一根柱子移动 n−1 个圆盘到第二根柱子上。

（2）把第一根柱子上剩的最后一个圆盘移动到第三根柱子上。

（3）把第二根柱子上的 n−1 个圆盘移动到第三根柱子上。

用移动 n−1 个圆盘来描述移动 n 个圆盘的解决方案，且一个圆盘的移动方法已知，这个解决方案明显是递归性质的，用函数的递归来实现是非常自然的，完整的程序代码如下：

程序代码 6－15

```
/*
Hanoi 塔问题。
*/

#include <stdio.h>
#include <stdlib.h>

#define YI   (1)
#define ER   (2)
#define SAN  (3)

void ydyp(int, int, int, int);

int main(void)
```

```
{
    int n;

    printf("请输入圆盘的个数\n");
    scanf("%d",&n);

    if(n>0)
    {
        ydyp(n,YI,ER,SAN);
    }
    else
    {
        printf("输入的数值不合理\n");
    }


    system("PAUSE");
    return 0;
}


//移动 n 个圆盘,从第一根柱子到第三根柱子
void ydyp(int n, int YI, int ER, int SAN)
{
    if(n > 0)
    {
        //移动 n-1 个圆盘,从第一根柱子到第二根柱子
        ydyp(n-1, YI, SAN, ER);
        //移动一个圆盘,从第一根柱子到第三根柱子
        printf("从第%d根柱子移动一个圆盘到第%d根柱子\n", yi, san);
        //移动 n-1 个圆盘,从第二根柱子到第三根柱子
        ydyp(n-1, ER, YI, SAN);
    }
    return;
}
```

从这段程序代码中可以看到,对于如此复杂的问题,递归的代码居然可以写得异常简洁却又同时把解决问题的思想表达得恰到好处、淋漓尽致,这就是递归的魅力之所在。

写递归代码的前提是具备递归的思想,递归思想的本质是把问题简化,解决一小部分问题并且留下一个规模更小的同样的问题,最终简化至问题可以解决。这种思维方式需要通过不断的自我训练才能建立并完善。

在代码中,递归体现为函数定义中用函数的自我调用来描述。由于程序中的递归必须是有穷递归,所以递归函数总是由递归的过程(问题的不断简化)及递归的终止(问题简化到可以解决的程度)两个部分组成,这使得递归函数在形式上几乎总是使用 if 语句来实现[1],而且在递归函数中往往可能需要不止一个 return 语句。在这方面初学者容易犯的一个错误是忘记写其中某个必需的 return 语句,或者由于忘记递归的终止或由于不正确的递归过程导致无限递归。

6.3.3 间接递归

除了函数直接调用自身的情形,还有一种在函数定义时函数需要调用其他函数,而其他函数的定义又反过来需要调用前一个函数的情形,这种情形叫间接递归。

假定银行一年整存零取的月息是 0.63%。现在某人打算存入银行一笔钱,然后在每年年底取出 1 000 元,在第 5 年年底刚好取完,请问他该存入多少钱(精确到厘)?

此问题相当于第 1 年到第 5 年每年年初都存一次钱,数额是每年年底的本息÷(1+12×0.63%),而前 4 年年底的本息都是下一年年初存钱数额+1000,第 5 年年底的本息是 1000。因此可用如下代码实现:

程序代码 6-16

```
/*
假定银行一年整存零取的月息是 0.63%。现在某人打算存入银行一笔钱,然后在
每年年底取出 1000 元,在第 5 年年底刚好取完,请问他该存入多少钱(精确到厘)?
*/

#include <stdio.h>
#include <stdlib.h>

#define YX (0.63/100.)          //月息
#define YS (12)                 //一年有 12 个月
#define BXBL (YX * (double)YS)  //本息比率
#define YQY  ((double)1000)     //1000 元

//求年初存钱数额
double nccqs(int);
//求年底本息
double ndbx(int);

int main(void)
```

---

[1] 递归总是和一定的条件联系在一起,使用"?:"运算符或循环语句中的条件判断也可以实现递归,利用循环语句中的条件判断实现递归比较少见。

```
{
    printf("第一年须存钱 :%.3lf 元\n", nccqs (1));

    system("PAUSE");
    return 0;
}


//求第 i 年年初存钱数额
double nccqs(int i)
{
    return ndbx(i) /((double) 1 + BXBL);
}


//求第 i 年年底本息
double ndbx(int i)
{
    if(i = = 5)
    {
        return YQY;
    }
    else
    {
        return nccqs(i + 1) + YQY;
    }
}
```

运行结果为:

第一年须存钱 :4 039.444 元

6.4　局部变量的作用域及生存期

6.4.1　作用域(Scope)

在函数内定义的变量(包括形参)叫做局部变量。

标识符的可视(Visible)区间叫做作用域(Scope),更通俗地说就是可以使用这个标识符的区域。由于局部变量都是在函数内定义的,因而其作用域都在函数之内。例如:

```
{
    //这里不能使用 i
    {
        //这里不能使用 i
        int i;                    //从这里开始可以使用 i 这个标识符
        /*这里可以使用 i 这个标识符*/
    }                     //一直到这个 } 之前都可以使用 i 这个标识符
    //这里不能使用 i
}
```

局部变量的作用域从变量定义完成之后开始,一直到所在的对应的"{}"语句块的"}"符号为止。

6.4.2　作用域重叠问题

如两个标识符作用域发生重叠,局部的优先。例如:

```
{
    int i;//①
    //这里使用的 i 是①
    {
        //这里使用的 i 是①
        int i;                        //②
        /*这里使用的 i 是②*/
    }                        //②的作用域一直到这个 } 之前
    //这里使用的 i 是①
}
```

必须说明的是,这是一种极其恶劣的编程作风,不应该写这样的代码。

6.4.3　对局部变量的进一步修饰

对于局部变量,其定义的位置向编译器说明了该变量可以被使用的开始位置,其定义的类型向编译器明确了该变量的存储空间和运算规则,但是局部变量还有另一个属性——就是它的生命周期。有的局部变量是从程序运行一开始就存在,一直到程序运行结束才消失;有的则是在被使用时才存在,所在代码块执行结束时就消失——把所占据的内存还给操作系统去做其他的事情。这两类局部变量的性质是不同的,在程序中起的作用也不同,需要用进一步的修饰来让编译器加以区别对待。

这类修饰符号也由相应的关键字担任,称之为变量存储类别说明符(Storage Class Specifier)。下面详细介绍这些关键字。

1. auto

auto 这个关键字在 C 语言中一直是个摆设,原因是 auto 是局部变量的缺省修饰符。也就是说,如果局部变量前不加任何存储类别说明符,那么这个局部变量就是 auto 类别的。前面用到的所有局部变量都是 auto 类别的。

　　auto 类别的局部变量的含义是执行到这个局部变量的定义处时,"自动"地为它找个存储空间,当这个局部变量所在的代码块执行结束时,它所占据的存储空间自动地还给计算机。当程序再次遇到 auto 类别的局部变量的定义时,会再次为这个变量寻找一个存储空间(注意:这两个变量同名但不同时存在,本质上是两个变量),基本上这个空间和上一次它所占据的空间是不一样的,即使一样也毫无意义,因为原来所占据的存储空间既然还给了操作系统,那么里面的内容——原来的值,可能早就面目全非了。下面以程序代码 6-17 为例来演示一下 auto 类别的局部变量的特点。

程序代码 6-17

```
//auto 类别的局部变量的特点的演示

# include <stdio.h>

int main(void)
{
int i;

for(i=0;i<3;i++)
{
    auto int j=1; //这是个 auto 类别的局部变量,也可以写为 int    j=1;
                  //每次程序运行到这里时重新为这个变量寻找一个存储空间
                  //每次都为这个变量赋一个初值 1
    printf("%d\n",j);
    j++;
}                 //程序运行到这里后变量 j 所占据的存储空间就被释放了
//也可以理解为 j 已经不存在了,因为它的存储空间可能被挪作他用
return 0;
}
```

这段程序的运行结果是:

```
1
1
1
请按任意键继续...
```

　　这表明了每次运行到 j 所在的代码块时,程序都为 j 寻找存储空间并且重新为 j 赋初值 1。而每次离开 j 所在的代码块时,j 的存储空间都被释放掉。

　　形参的性质是一样的,形参也是在被调用时才拥有自己的存储空间,在执行 return 语句时这个空间被释放掉。

　　2. static

　　和 auto 类别的局部变量相反,static 类别的局部变量是在程序开始运行的时候就存

在的,而且它的生命一直持续到程序运行结束。下面的程序代码和输出结果演示了 static 类别的局部变量与 auto 类别的局部变量的重要区别。

程序代码 6-18

```
//static 类别的局部变量的特点的演示

#include <stdio.h>

int main(void)
{
int i;

for(i = 0;i<3;i + +)
{
    static int j = 1;   //这是个 static 类别的局部变量
                        //它在程序的整个运行期间都存在
                        //每次程序运行到这里都不为这个变量赋初值
                        //赋初值的工作在编译时就已经完成了
                        // = 1 这部分代码不会被多次执行
    printf(" %d\n",j);
    j + +;
}               //程序运行到这里后变量 j 依然占据着原来的存储空间
                //这样它的值被一直保留着直到程序运行结束
return 0;
}
```

这段程序的运行结果是:

```
1
2
3
请按任意键继续. . .
```

对于 static 类别的局部变量,定义时赋初值的含义与 auto 类别的局部变量在定义时赋初值完全不同。由于 static 类别的局部变量在程序运行期间一直存在,所以初值也是在程序刚刚运行时就存在了,以后将不再执行赋初值这个动作。而对于 auto 类别的局部变量,其所在代码块运行几次,赋初值的动作就执行了几次,因为 auto 类别的局部变量一直处于不断的生生死死的状态中,每次重生都得为它赋初值。

如果在定义时没有指定初值,对于 static 类别的局部变量来说初始值是"0"(各种类型的 0,本质上是所占据的内存的每一位都被置为 0);而对于 auto 类别的局部变量来说初始值是"垃圾值",既没有意义事先也没人知道究竟会是多少。

形参不可以是 static 类别的,这在概念上是自相矛盾的,因为形参必须在函数调用时才能把实参的值作为自己的初值。

此外需要注意的是，尽管 static 类别的局部变量在程序运行期间一直都存在，但这不意味着这个变量在代码中哪里都可以使用。static 类别的局部变量依然只在自己所在的代码块中可以使用。"static"是程序运行时间上的概念，而"局部"是代码空间中的概念。

特别还要注意的是，对于递归调用，static 类别的局部变量不再是每次调用都有一个"副本"，而是唯一的。

3. register

register 关键字的用法如下：

```
register int i;
```

和 auto、static 一样，register 也是一种存储类别说明符，其含义是建议编译器尽可能快速地访问该变量。但这仅仅是一个建议，编译器可能听从这个建议，也可能对这个建议置之不理。

register 只能用于局部非 static 类别的变量，并且这样的变量在某些方面受到限制，比如不能进行逻辑与运算，不能定义 register 数组等等。

第7章 指向数据对象的指针

不忘掉地址，就不可能掌握指针。

7.1 传值调用的局限

前面在求调和级数的和的精确值时，约分部分没有实现用一个函数完成这个功能，而是分几步用几条语句完成的。这种用若干条语句完成一个功能的写法与函数的思想是背道而驰的——函数要求能实现概括性思考。

下面首先研究一下为什么当时没能用函数实现约分的原因，再用新知识给出新的解决方案。

7.1.1 约分问题

为避免不必要的细节，下面的代码只考虑了对分数 6/8 的约分问题，但讨论的原理是普遍性的。

程序代码 7 - 1(错误代码)

```
/ *
问题：
    通过调用函数实现对分数 6/8 的约分。
* /

# include <stdio. h>
# include <stdlib. h>

void yuefen(int, int);
int qiu_gys(int, int);

int main(void)
{
    int  fenzi = 6,
         fenmu = 8;

    printf("在 main()函数内：%d/ %d\n", fenzi, fenmu);
```

```
yuefen(fenzi,fenmu); //试图通过函数调用进行约分

printf("在 main()函数内 :%d/%d\n", fenzi, fenmu);

system("PAUSE");
return 0;
}

void yuefen(int fenzi, int fenmu)
{
    int gys = qiu_gys(fenzi, fenmu);
    fenzi  / = gys;
    fenmu / = gys;
    printf("在 yuefen()函数内 %d/%d\n", fenzi, fenmu);
}

int qiu_gys(int m, int n)
{
    int r;
    while((r = m % n) ! = 0)
    {
        m = n;
        n = r;
    }
    return n;
}
```

这段程序试图通过调用 yuefen()函数实现对 main()函数中的变量 fenzi、fenmu 的值进行约分,但却未能如愿。

7.1.2　对错误的分析

抛开无关的细节,这个问题的本质是希望通过调用函数一次性地改变 main()函数内的两个变量(fenzi、fenmu)的值。

由于要改变两个变量的值,所以以往那种通过把函数返回值赋值给 main()内的本地变量的方法根本行不通,因为任何函数只可能返回一个值。那么在 yuefen()函数内直接改变 main()函数内的两个变量(fenzi、fenmu)的值是否可行呢? 也不行。因为 main()函数内的两个变量(fenzi、fenmu)的作用域仅限于main()函数之内,在 main()函数以外的任何地方都不可能使用这两个变量。

程序代码 7-1 试图通过在 yuefen()函数中定义两个形参(也叫 fenzi、fenmu),然后通过传递 main()函数内的两个变量(fenzi、fenmu)的值给 yuefen()函数中的这两个形参的办法完成任务,结果依然是失败的。这是因为 main()函数中的变量 fenzi、fenmu 与 yuefen()中的形参 fenzi、fenmu 是不同的变量,在发生函数调用时只是把 main()函数中的

变量 fenzi、fenmu 的值赋值给了 yuefen()函数中的形参 fenzi、fenmu,换句话说,yuefen()函数中的形参 fenzi、fenmu 只是 main()函数内的两个变量(fenzi、fenmu)的副本,因此无论 yuefen()函数中的形参 fenzi、fenmu 如何改变,都不意味着改变 main()中的两个变量 fenzi、fenmu 的值。

那么怎样才能在 main()函数中通过调用函数的办法来改变 main()函数的本地变量的值呢? 答案是通过指针。

7.2 什么是指针

7.2.1 指针是一类数据类型的统称

对于 C 语言来说,计算机的内存由连续的字节(Byte)构成。这些连续的字节同样被连续地编上了号码以相互区别,这个号码就是所谓的地址(Address),如图 7-1 所示。

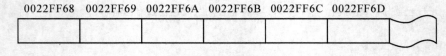

图 7-1　内存单元与地址

指针(Pointer)是 C 语言中的一类数据的统称。这种类型的数据专门用来存储和表示内存单元的编号,以实现通过地址得以完成各种运算。

这样看来指针似乎就是地址,然而事实却并非如此。后面将会看到,地址只是指针内涵中的一部分甚至只是一小部分内容而远非其全部。片面地把地址理解为指针的全部将永远学不好指针。

为了使得语言具有广泛的适用性,C 语言标准容许编译器自行选择指针类型数据的长度。在不同的编译环境下,指针类型数据的长度可能不同,甚至相同的编译环境中不同的指针类型数据也可能有不同的长度。

为了叙述的方便,本书中的指针类型数据一律假设为具有 32bit 的长度。这样并不影响对指针本质的描述,但涉及指针类型数据长度的代码(极少)在不同的编译环境中可能具有不同的结果,这点请读者加以注意。

C 语言同样不规定"地址"这种内存单元的编号在内存中的存储格式,但在现实中目前这种编号多数是与二进制的 unsigned int 类型数据的存储格式一样,这是本章的另一个假定。这意味着程序可以访问的内存的大小最大为 2^{32} Byte(4GB)。但这绝不意味着指针类型等同于 unsigned int 类型,因为它们的运算规则截然不同。

7.2.2 指针是派生数据类型

指针数据类型和数组、结构体、联合体等一样,也是一种派生数据类型(Derived Types),也就是说指针数据类型是一种借助其他数据类型构造出来的数据类型。对于任何类型[①],都可以构造出与之相对应的指针数据类型。因此指针数据类型实际上有无穷多的种类。

----

① 除了位段。

没有纯粹的指针，正如同没有纯粹的数组一样。数组是在其他数据类型的基础上构造出来的，指针也必须与其他数据类型一道才能构成自己。

指针让人感到比较复杂的原因之一在于各种不同类型的指针都有自己的运算规则，尽管它们都被叫做指针。这一点请特别留意，不同类型的指针有不同的运算种类和不同的运算规则。

综上所述，每一种特定的指针类型都是一种派生数据类型，其值表示某个内存单元的地址，其用途是完成与地址有关的计算。

7.2.3　指针是一类数据的泛称

当某个数据的数据类型是指针时，通常也简称这个数据是一个指针。很显然，在这里"指针"具有名词含义。而指针表示"数据类型"时，显然具有形容词含义。这种"一词多用"的现象对于熟悉 C 语言特点的人来说并不值得大惊小怪，C 语言本身也是这样的。比如，"[]"既可以作为类型说明符也可以作为运算符。

7.2.4　指针专用的类型说明符——"∗"

数组这种构造性数据类型有自己特定的类型说明符——"[]"，用于定义数组或描述数组名的类型；结构体和联合体数据类型特定的类型说明符分别是关键字"struct"和"union"；指针也有自己特定的类型说明符——"∗"。

和仅靠"[]"无法完成数组的描述一样，指针也需要"∗"与其他的类型说明符一道才能完成对指针类型的完整描述。由于"其他的类型说明符"有无限多种，所以指针的类型也有无限种可能，可以构造出 int ∗类型的指针、char ∗类型的指针、double ∗类型的指针、void ∗类型的指针……

指针的一个重要特点是它总是和另外一种具体的数据类型联系在一起。

7.2.5　指针的分类

尽管有无穷多种指针类型，但从指针所关联的数据类型方面看，指针可以分为三类：指向数据对象的指针（Object Pointer）、指向函数的指针（Function Pointer）、指向虚无的指针（void ∗类型）。前两者都与内存中的实体（数据和一段函数的执行代码）有关，而void ∗类型的指针则仅仅是一个值，是纯粹的地址。"指针就是地址"这样的说法对于void ∗这种类型的指针是成立的，但对于与内存中的实体相关联的指针类型来说这种说法是极其片面的，甚至片面到了几乎完全忽略了指针的本质而只剩下了指针的皮毛的地步。正确的说法是，指针的值（右值）是地址，这与"指针就是地址"是完全不同的概念。学习指针最重要的内容通常是关心指针的值以外的东西，而指针的值——下面将会看到，那几乎倒是无关紧要的[①]。

从所具有的运算方面看，这三类指针各自拥有不同的运算种类的集合。有的运算种类多些，有的少些。

---

　　①　对于有些应用领域，如嵌入式开发等，有时需要特别关心指针的值，但对于初学者来说这个值基本没有关心的必要。

7.3　指向数据对象的指针

7.3.1　什么是数据对象

所谓数据对象（Object），这里指的是：

（1）内存中一段定长的、以 Byte 为基本单位的连续区域。

（2）这段内存区域中的内容表示具有某种类型的一个数据。

数据对象的类型不一定是简单数据类型（int、long、double 等），也可以是派生数据类型，比如数组甚至指针等。

而"指向"（Pointer to）的含义是指针与这块具有数据类型含义的整体相关联。例如，对于

int i;

"i"可以表示它所占据的内存块，当说到某个指针指向"i"时，其确切的含义是指向"i"所占据内存的整体。显然这里提到的"i"是左值意义上的"i"。

函数类型不属于数据对象。

7.3.2　"&"运算符

尽管前面各章从来没有提到指针，但实际上在前面编程的过程中已经和指针打过无数次交道了。这可能令人感到吃惊，但却是事实。

比如，在调用 scanf()函数输入变量值的时候，在实参中经常可以看到的"&"，实际上就是在求一个指向某个数据对象的指针。

对于下面的变量定义：

double d;

表达式"&d"就是一个指针类型的数据，类型是 double ＊，这种类型的指针被称为指向 double 类型数据的指针。

前面讲过，作为二元运算符时，"&"表示按位与运算。当"&"作为一个一元运算符时，要求它的运算对象是一个左值表达式（一个内存空间），得到的是指向这块内存（类型）的指针。而一个变量的名字的含义之一就是这个变量所占据的内存。大多数人在多数情况下关心的只是变量名的另一个含义——值，这可能是学不好指针以及 C 语言的一个主要原因。在此，简要地复习一下 C 语言的一些最基本的内容。假如有如下定义：

double d＝3.0;

那么，应该如何理解表达式"d＝d＋5.0"呢？

这是一个赋值表达式，表示的确切含义是"取出变量 d 的值与常量 5.0 相加，然后把结果放到变量 d 所在的内存中去"。请特别注意在赋值号"＝"的左边和右边 d 这个标识符的含义是不同的，在赋值号"＝"右边的"d"表示的是 d 的值，计算机的动作是取出这个值（本质上是在运算器中建立 d 的副本或拷贝），并不关心 d 存放在内存中的什么地方；而在赋值号"＝"左边的"d"表示的是 d 所在的内存空间，计算机的动作是把一个值放入到这块内存中去，后一个动作与 d 中的值没有什么关系（只是把原来的值擦除），d 中原来有什么值都不妨碍把一个新的值放入其中，也对新的值没有任何影响。

由此可见，同一个变量名确实有两种含义，针对两种不同的含义计算机能进行的操

作也不同。换句话说,对于某些运算变量名的含义是其右值,而对于另一些运算变量名的含义是其左值。编译器根据上下文来分辨变量名究竟是哪种含义。对于用 C 语言编程的人来说,不分辨清楚这两种含义就不可能透彻地理解 C 语言。

再举个例子,在 sizeof d 这个表达式中,"d"的含义也是 d 占据的内存而不是 d 的值——无论 d 的值是多少,表达式 sizeof d 的值都为 8。

在表达式 &d 中,"d"的含义也是 d 所在的内存空间而不是 d 的值,d 的值是多少都对"&d"的运算结果没有任何影响。

有一种说法称一元"&"运算符是求地址运算符,这种说法既是片面的,也是不严格的,同时对于学习指针有很大的负面作用。理由如下:在 C 语言中根本没有"地址"这种数据类型,只有"指针"数据类型,而指针的值才是一个地址。用地址亦即指针的值的概念偷换指针的概念,显然是以偏概全。更为严重的是,这种说法使得许多人根本就不知道 &d 是个指针,也掩盖了 &d 指向一个内存空间的事实,因为 &d 的值仅仅是 d 所占据的那个内存空间中第一个 Byte 的编号。

那么 &d 的值是多少呢? 实际上多数情况下,尤其是对于初学者来说,根本没必要关心这个值是多少,也不可能事先知道这个值。因为为变量 d 安排存储空间是编译器的工作,编译器是根据程序运行时内存中的实际情况"相机"为变量 d 安排内存的,源程序的作者是永远不可能为变量"指定"一块特定的存储空间,同样也不可能改变 d 在内存中的存储位置。

这样,&d 就是一个既不可能通过代码被赋值也不可能通过代码被改变的值,因而是个常量,叫做**指针常量**[①],类型是 double *。这样的常量不可以被赋值也不可以进行自增、自减之类的运算,因为改变 &d 的值就相当于改变了变量 d 的存储空间的位置,而这是根本不可能的。

当然,在程序运行之后,具体地来说是 d 的存储空间确定之后(也就是定义了变量 d 之后,因为这时 d 才开始存在),&d 的值是确实可以知道的(其实知道了也没什么用),如果想查看一下,可以通过调用 printf() 函数并用"%p"格式转换说明输出(指针类型数据的输出格式转换说明是"%p"),如下面那样:

程序代码 7 - 2

```
#include <stdio.h>

int main(void)
{
  double d;
  printf(" % p\n", &d);

  return 0;
}
```

这段代码的程序运行结果并不能事先确定,这和程序运行的具体环境有关。在我的

[①]　这种常量的含义不可能通过代码在程序中改变。

计算机上,其运行结果是:

> 0022FF78
>
> 请按任意键继续...

这个运行结果表示的含义如图 7-2 所示。

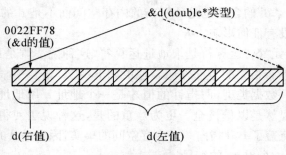

图 7-2 指针与地址

应该注意到 d 没有被赋值,但程序没有任何问题。这再次说明了 &d 与 d 的值没有任何关系,在表达式 &d 中的 d 表示的仅仅是变量所在的内存空间而不是这块内存的值。

一元"&"运算符的优先级和其他一元运算符(比如逻辑非运算符"!")一样,次于"()"、"[]"等运算符,结合性为从右向左。这个运算符叫做关联运算符(Referencing Operator),其确切的含义是,运算所得到的与运算对象所占据的那块内存相关联的指针,其值为那块内存单元中起始 Byte 的地址。也可以将之称为求指针运算符。

大多数情况下"&"运算符的运算对象是一个变量名(或数组名、函数名),但一般它的运算对象可以是一个表达式,只要这个表达式能够表示一块内存①,比如对于数组

long a[100];

a[0]就是一个表达式,由于这个表达式既可以表示 a[0]的值,也可以表示 a[0]所占据的内存,所以 &a[0]是合法的、有意义的 C 语言运算,结果就是一个 long * 类型的指针。而另一些表达式,比如 a[0]+3,由于只有值(右值)的含义而不代表一个内存空间,所以 &(a[0]+3)是没有意义的非法的表达式。

代码中的常量由于只有右值的含义,因而不可以进行关联运算,比如 &5 是没有意义的非法的表达式。对于符号常量也同样不可以做关联运算。

【练习】编写程序验证一下 &d 不可以被赋值也不可以进行自增、自减之类的运算。

7.3.3 数据指针变量的定义

数据指针变量的定义是指用完整的指针类型说明符(这里所谓的"完整"是指共同用 * 和另一个数据类型的名称的意思)来说明一个变量标识符的性质并为这个变量标识符开辟存储空间。比如:

int * p_i;

就定义了一个指向 int 类型数据的指针变量 p_i,其中"int"是另一种数据对象的类型的名

---

① 严格的说法是只要这个表达式是左值表达式。

称,"∗"是指针类型说明符。类似地,定义

　　char ∗ p_c;

　　double ∗ p_d;

分别被称为定义了一个指向 char 类型数据的指针变量 p_c 和定义了一个指向 double 类型数据的指针变量 p_d。

　　至于"指向 int 类型数据"是指:如果 p_i 的值为 3456H,那么 p_i 指向的是 3456H、3457H、3458H、3459H 这 4 个字节,因为 int 类型数据占据的内存空间的大小是 sizeof(int)亦即 4,如图 7 - 3 所示。

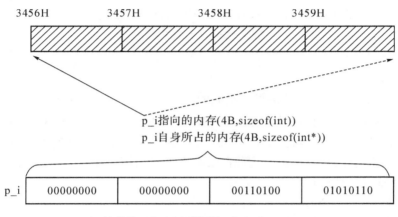

图 7 - 3　数据指针类型的含义

　　由此可见"指向 int 类型数据"的确切含义是指向一块大小为 sizeof(int)的内存(但是指针的值只记录最前面一个 Byte 的地址而不是记录所指向的全部内存单元的地址)。这比指针的值要重要得多,指针具体的值对掌握指针这种数据类型通常没有什么意义。

　　学习指针最重要的是要时刻关注指针指向一个多大的或者一个什么样的内存空间,因为这关系到这个指针的几乎所有运算。

　　对于任何一种数据类型,都可以用和上面相仿的方式定义相应的指针变量,指向对应类型数据所占据的内存空间的大小。

7.3.4　指针的赋值运算

　　对于指针类型的数据,唯一一个普遍可以进行的运算是赋值运算,各种指针都可以用来赋值,指针变量都可以被赋值(除非用 const 关键字限制了的),其余的指针运算都没有普遍性。

　　对于下面的代码片段:

程序代码 7 - 3(片段)

```
int  * p_i;
int  i;
p_i = &i;
```

其中,在表达式"p_i=&i"中,"&i"是一个指向 int 类型数据的指针常量,"p_i"是一个指向 int 类型数据的指针变量。

对指针变量进行赋值运算的一般原则是,**应该**(本章所提到的"应该"的含义指的是普遍认同的、良好的编程风格,而不是语法的必需要求)用同样类型的指针进行赋值。例如下面的赋值就是似是而非的,尽管有的编译器对其是能容忍的:

程序代码 7 - 4(片段)

```
double d;
long * p_l;
p_l = &d;//这两个指针的类型是不同的
```

本质上,不同类型的指针是不可以互相赋值的,但是对于表达式"p_l=&d",编译器会对这个不合逻辑的赋值表达式做一个隐式类型转换。如果不是精确清醒地知道编译器会进行什么样的转换,就不要写这种自己都不清楚确切含义的语句。如果一定要进行类型转换,不如显式地表达出来。比如:

p_l =(long *) &d;

一种不多见的对指针变量的赋值是把一个地址常数赋值给它,这时一般也应该把地址常数用类型转换运算转换为一个指针常数再进行赋值,如:

int * p_i=(int *)0XABCD;

7.3.5 "＊"运算符

"＊"是指针类型说明符,同时也可以充当乘法运算符(作为二元运算符时),此外"＊"也可以是一个一元运算符。这是 C 语言中典型的一词多义现象(变量名也是如此),符号具体的含义需要由符号所处的语境——代码的上下文确定。这是 C 语言的一个特点,也是难点。

一元"＊"运算符是指针特有的一个运算符,下面通过具体的例子讲述"＊"运算符的含义。

对于如下变量定义:

int i;

根据前面所讲,对 int 类型变量"i"做关联运算可得到一个指向 int 类型变量 i 的指针,这个指针的数据类型是 int ＊。而对于 int ＊类型的指针 &i, ＊(&i)的含义就是 &i 所指向的那块内存或者是那块内存的值,换句话说＊(&i)就是 i——可以作为左值使用也可以作为右值使用。

因此,对 i 的一切操作也都可以通过指向 i 的指针与"＊"运算符来实现。例如对 i 这块内存赋值:

i=2;

另一种完全等效的方式是:

· 204 ·

$*(\&i)=2;$

如果需要取得 i 的值也是一样,比如对于表达式"i ∗ 3"(这里"i"的意义是 i 的值),完全等价的表达式是"(∗ (&i)) ∗ 3"。这里出现的第二个" ∗ "运算符由于左右都有运算对象,因此是乘法运算符,而(&i)前面的" ∗ "则不是乘法运算符。这也是在不同语境上下文中一词多义的例子。

此外由于" ∗ "作为一个一元运算符其优先级与"&"相同,且一元运算符的结合性为从右向左,所以表达式"(∗ (&i)) ∗ 3"的另一种等价写法是" ∗ &i ∗ 3"。

" ∗ "运算符叫做间接引用运算符(Indirection Operator 或 Dereferencing Operator),其运算对象是一个指针,运算结果是指针所指向的那块内存(左值)或那块内存中数据的值(右值)。

从"&"和" ∗ "运算符的含义中完全可以发现这样的事实:对于任何一个变量"v"," ∗ &v"就是"v";反过来,对于任何一个指针"p",只要"p"指向一个变量(可以进行间接引用运算),那么"& ∗ p"就是"p"。

前面的结论还可以适当推广,实际上,这对透彻地理解指针非常有帮助。比如第一条规律不仅仅对变量成立,实际上对任何内存中的有完整意义的实体"st"(一段连续的内存空间,可能代表某种类型的一个数据或者是一个函数的执行代码[①])都成立:" ∗ &st"就是"st";反过来,只要一个指针"p"不是 void ∗ 类型,那么"& ∗ p"就是"p"。

由此可见,"&"与" ∗ "是一对逆运算符(Referencing Operator 与 Dereferencing Operator)。

【练习】对于下面的变量定义(程序代码 7 - 5(片段)):

程序代码 7 - 5(片段)

```
int ∗ pi, ∗ pj,t;
long ∗ pl;
double ∗ pd;
```

假设在内存中的存储情况如图 7 - 4 所示,试问经过程序代码 7 - 6(片段)运算后,内存中的存储状态为何?

程序代码 7 - 6(片段)

```
∗ pd + = (double) ∗ pi;
pi = &t;
∗ pi = (int) ∗ pl;
pj = pi;
∗ pj / = 3;
```

---

① 只有 void ∗ 类型的指针不是指向一块内存。

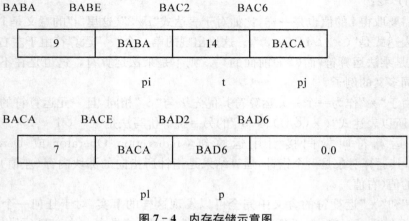

图 7-4　内存存储示意图

7.4　指针的应用与误用

7.4.1　指针有什么用

在了解了指针的一些基本概念之后,自然而然会想到的一个问题就是指针究竟有什么用处。如果对于以下变量定义:

int　i;

既然 i=2 与 * &i=2 是完全等价的操作,那么两个完全等价的操作中难道不是必然会有一个是多余的吗?

想到这些问题非常自然。实际上指针非常有用,指针是 C 语言的精华。下面逐步地介绍如何应用指针。

指针的用途之一是通过函数改变函数调用处本地局部变量的值。如果没有指针的话,改变本地局部变量的值只能通过把函数返回值赋值给这个本地局部变量。但是由于函数只能返回一个值,所以这种办法有很大的局限性。

首先看一个简单的例子:

程序代码 7-7

```
# include <stdio.h>

void f(int);

int main(void)
{
int i = 5;

f(i);
printf("i = % d\n",i);
```

```
    return 0;
}

void f(int n)
{
    n++;
    printf("n= %d\n", n);
    return;
}
```

这段程序的输出是：

```
n＝6
i＝5
请按任意键继续...
```

可以看到在 f() 函数中形参 n 的值的改变对 main() 函数中的 i 没有影响。这是因为在 C 语言中实参与形参之间是传值关系，形参 n 是把 i 的值（右值）而不是 i 本身作为自己的初始值。在计算实参时求出的 i 的值可能被放在运算器中也可能被放在内存中的另一个地方，这样无论 n 如何变化都不会使得 i 发生改变。这个过程如图 7－5 所示。

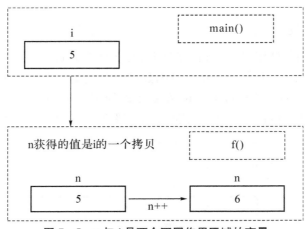

图 7－5　n 与 i 是两个不同作用区域的变量

也就是说，尽管在 f() 函数中可以获得 main() 函数中本地变量 i 的值（右值），然而由于 i 是 main() 函数中的局部变量，在 f() 函数并不能直接使用这个变量的左值。

如果在 main() 函数中希望通过函数调用改变本地局部变量的值，也就是说在 f() 函数中改变 main() 函数中的局部变量 i 的值，应该如何实现呢？答案是通过指针和间接引用运算，代码如下：

程序代码 7－8

```
#include <stdio.h>

void f(int *);
```

```
int main(void)
{
    int i = 5;

    f(&i);
    printf("i = %d\n",i);

    return 0;
}
void f(int * p)
{
    (* p) + + ;
    printf("* p = %d\n",* p);
    return;
}
```

这段程序的输出是：

```
* p＝6
i＝6
请按任意键继续. . .
```

在这段程序中函数调用以指向 i 的指针 &i 作为实参,可以实现 p 指向变量 i,这样在 f() 函数中对 * p 的操作,也就是对 main() 函数中局部变量 i 的操作,因而实现了通过对 f() 函数的调用改变函数调用处即 main() 函数中的局部变量 i 的值的目的。理解了这个道理就不难明白为什么调用 scanf() 函数时经常需要写"&"这个运算符了。

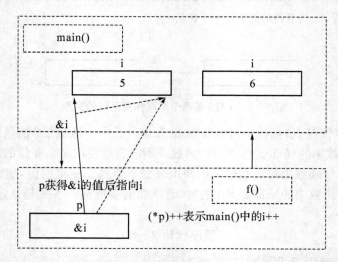

图 7－6　f( )函数中的(＊p)＋＋表示的是对 main( )函数中的 i 的运算

此外要注意在 f()函数中(* p)＋＋不可以写成 * p++,原因在于"++"运算符的优先级比" * "运算符的高, * p++的含义是 * (p++),也就是说是对指针 p 做自增运

算而不是对＊p 做自增运算。当然对于上个例子来说,把(＊p)＋＋写成＋＋＊p,最后的
执行效果是一样的。

　　理解这部分内容对以后的学习非常重要,为此本书提供了一件微课视频作品供学习
者观摩体会,需要者可到出版社网站下载。

7.4.2　重新构造约分函数

　　有了以上预备知识,实现约分功能的函数就可以实现了。

程序代码 7－9

```
/*
问题:
    通过调用函数实现对分数 6/8 的约分。
*/

#include <stdio.h>
#include <stdlib.h>

void yuefen(int * , int * );
int qiu_gys(int, int);

int main(void)
{
    int   fenzi = 6,
          fenmu = 8;

    printf("约分前 :%d/%d\n", fenzi, fenmu);

    yuefen(&fenzi, &fenmu); //试图通过函数调用进行约分

    printf("约分后 :%d/%d\n", fenzi, fenmu);

    system("PAUSE");
    return 0;
}

void yuefen(int * p_fz, int * p_fm)
{
    int gys = qiu_gys( * p_fz, * p_fm);
    * p_fz  / = gys;
    * p_fm / = gys;
}
```

```
int qiu_gys(int m, int n)
{
    int r;
    while((r = m % n) != 0)
    {
        m = n;
        n = r;
    }
    return n;
}
```

7.4.3　对指针的误用及预防

指针很容易被滥用,比如:

int * p;

* p＝10;

就是个典型的误用指针例子。这个错误在于,定义了指针变量 p 之后并没有给 p 赋值。由于 p 是个 auto 类别的局部变量,所以定义之后 p 的值是个"垃圾值",说不清楚 p 指向哪块内存,这样 * p＝10 就会导致把数据写在内存中一个未知的、不当的、错误的位置。这会使应用程序发生错误甚至造成灾难性后果(更坏的后果是你可能根本无法马上察觉)。这种对" * "运算符的误用的后果通常会比对变量的误用严重得多。

为了尽量避免这种情况,在定义指针变量时将其赋值为 0 被普遍认为是一种良好的编程习惯。例如:

程序代码 7 - 10(片段)

```
#include <stdio.h>
……
int * p_i = NULL;
```

其中"NULL"是文本文件 stdio.h 中定义的一个符号常量,其值为 0,指针被赋值为 0 值时这个 0 一般是不用进行类型转换的。对"0"这个地址的写入操作是被禁止的,这样可以很大程度地防止应用程序在内存中错误地"随处乱写"。

7.4.4　再求分橘子问题

1. 问题

父亲将 2520 个橘子分给六个儿子。分完后父亲说:"老大将分给你的橘子的 1/8 分给老二;老二拿到后连同原先的橘子分 1/7 给老三;老三拿到后连同原先的橘子分 1/6 给老四;老四拿到后连同原先的橘子分 1/5 给老五;老五拿到后连同原先的橘子分 1/4 给老六;老六拿到后连同原先的橘子分 1/3 给老大"。在分橘子的过程中并不存在分得分数个橘子的情形,结果大家手中的橘子正好一样多。问六兄弟原来手中各有多少橘子?

2. 分析

每次分橘子都有两个人的橘子数目发生改变。由于函数只能返回一个值,所以无法通过函数一次求得两个人在分之前的数目,但是利用指针可以完成这样的功能。

问题由 6 个相同的小问题组成,其中的任一个小问题的提法都可以描述为:甲把自己的橘子分给乙 1/n 之后,甲和乙各有橘子若干,求甲把自己的橘子分给乙之前两人的橘子数目。若通过函数完成这个任务,显然需要知道甲分给乙之后两人的橘子数目和 1/n,由于要求函数改变两个数据的值,所以函数原型可以描述为:

void 求甲分给乙之前各自的数目(int * pointer_to_甲的数目,int * pointer_to_乙的数目,const int n);

由于这样的函数的前两个参数是指针,所以在函数中不但可以知道"甲的数目"和"乙的数目"(" * pointer_to_甲的数目"和" * pointer_to_乙的数目"),也可以通过这一次函数调用同时改变"甲的数目"和"乙的数目"值,亦即同时求出甲把自己的橘子分给乙之前两人的橘子的数目。

3. 代码

程序代码 7 - 11

```
/ *
  父亲将 2520 个橘子分给六个儿子。分完后父亲说:"老大将分给你的橘子的 1/8
分给老二;老二拿到后连同原先的橘子分 1/7 给老三;老三拿到后连同原先的橘子分
1/6 给老四;老四拿到后连同原先的橘子分 1/5 给老五;老五拿到后连同原先的橘子分
1/4 给老六;老六拿到后连同原先的橘子分 1/3 给老大"。在分橘子的过程中并不存在
分得分数个橘子的情形,结果大家手中的橘子正好一样多。问六兄弟原来手中各有多
少橘子?
 * /
# include <stdio.h>
# include <stdlib.h>

void backto(int * , int * , int);

int main(void)
{
  int num_1,num_2,num_3,num_4,num_5,num_6;

  num_1
= num_2
= num_3
= num_4
= num_5
= num_6
= 2520/6;
```

```
    //老六给老大之前
    backto(&num_6,&num_1,3);

    //老五给老六之前
    backto(&num_5,&num_6,4);

    //老四给老五之前
    backto(&num_4,&num_5,5);

    //老三给老四之前
    backto(&num_3,&num_4,6);

    //老二给老三之前
    backto(&num_2,&num_3,7);

    //老大给老二之前
    backto(&num_1,&num_2,8);

    printf("最初个人桔子数为：%d %d %d %d %d %d\n",num_1,num_2,num_3,
        num_4,num_5,num_6);

    system("PAUSE");
    return 0;
}


//求 *p 给 *q 1/n 之前的 *p 和 *q
void backto(int * p, int * q, int n)
{
    * p = * p /(n-1) * n;
    * q - = * p / n;
}
```

```
E:\Dev-Cpp\程序代码9-8.exe                              _ □ ×
最初个人桔子数为：240,460,434,441,455,490
请按任意键继续. . . ■
```

第 8 章　数组与指针

处理的数据越多，变量应该越少。

8.1　使用数组

首先来看一个问题，如图 8-1 所示。

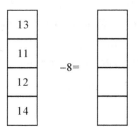

图 8-1　填数题

这是小学数学练习册里的一个题目。这个问题的特点是有一组数据逐个减去 8，得到的结果也是一组数据。

8.1.1　老式的解决办法

按照从前的办法，可以用变量存储这组被减数和这组差：

int bjs0，bjs1，bjs2，bjs3；

int cha0，cha1，cha2，cha3；

但如果这两组数据都较多的时候，这种办法是很难行得通的，因为很难在一个函数中定义成百上千个变量。即使理论上可以，也很难找到或很难描述与之相适应的算法。同时代码也将会十分臃长混乱，甚至根本无法把握其正确性。

这时就需要程序编写者自己构造更适合描述问题和解决问题的新的数据类型。数组是描述比基本数据类型略为复杂些的一类数据对象的一种构造性数据类型。

8.1.2　定义数组

具体来说，数组通常用于描述问题中一组性质相同且有序的数据。对于代码来说，数组是指一组数据类型相同的数据对象。这时，可以为这组数据对象取一个共同的名字，就如同若干学生组成了一个班级一样。对于前面的题目，可以为这组被减数和差分别取一个名字 bjs 和 cha。

正如同在使用变量之前需要定义变量一样,使用数组之前也需要先进行定义。对于该题目,bjs 和 cha 可以定义为:

int bjs[4];

int cha[4];

这两个定义表明了 bjs 和 cha 这两个数组分别有 4 个 int 类型的数据对象,且为这些数据申请了相应的存储空间。

从这里可以看到,使用数组至少有一个好处,那就是不用再为一组相同类型的变量一一取名了。

8.1.3 如何称呼数组中的各个数据对象

在代码中数组中的各个数据对象是通过其公共的名字及编号被称呼的,就如同通过班级名称和学号来指称班级里的一个学生一样。

数组中的每个数据对象都叫做数组元素,数组元素的编号是从 0 开始的,例如 bjs 这个数组中的 4 个元素依次被称为 bjs[0]、bjs[1]、bjs[2]、bjs[3],这就是它们在代码中的"称谓"。使用这些称谓的方式和使用普通的 int 类型的变量名一样:可以用这些称谓通过标准输入设备读入数据,比如"scanf("%d", &bjs[0]);";可以用这些称谓进行运算,比如"bjs[0]−8";甚至同样可以进行赋值,比如"cha[0]=bjs[0]−8;";当然,也可以向标准输出设备输出,如"printf("%d", bjs[0]);"。

8.1.4 完整的演示

填数问题的完整代码如下:

程序代码 8-1

```
/*
填数问题
*/
#include <stdio.h>
#include <stdlib.h>

#define JS 8      //减数

int main(void)
{
  int bjs[4],cha[4];

  //怎样使数组元素获得值
  {
  //如同一个 int 类型的变量一样可以被赋值
  bjs[0] = 13;
  bjs[1] = 11;
  bjs[2] = 12;
  bjs[3] = 14;
  }
```

```
//也可以如同一个 int 类型的变量一样
//通过调用 scanf()函数输入：  scanf("%d",&bjs[]);
//{
// int i;
// for(i = 0; i < 4; i + +)
//{
//     scanf("%d",&bjs[i]);
//}
//}


//数组元素可以参与运算
{
 cha[0] = bjs[0] - JS;
 cha[1] = bjs[1] - JS;
 cha[2] = bjs[2] - JS;
 cha[3] = bjs[3] - JS;
}


//输出
{
 int i;
 for(i = 0; i < 4; i + +)
     printf("%d",cha[i]);  //[]内也可以是变量
 putchar('\n');
}


system("PAUSE");
return 0;
}
```

这段代码有许多不尽完美之处,然而它的目的在于演示数组的使用方法,所以请把注意力放在数组的定义和数组元素的使用上面。

8.2　深入理解数组

在概要性地了解了数组之后,下面将更全面、更深入地介绍数组。

8.2.1　数组是一种数据类型

数组是一种数据类型。这种数据类型与指针类似,它并不是一种由 C 语言预先定义好了的数据类型,而是根据具体问题由程序编写者自己构造的一种数据类型。

数组是用来描述具体问题中一组有序且性质相同的数据对象的。这种"性质相同"

反映在代码中就是它们的数据类型相同。

由于这个数据类型可能是任何一种适合作为数组元素的类型,而且这组数据的数目也有各种可能,因此有无数多种数组类型。只有在数组定义完成后,这个具体的数组类型才成为完全确定的数组类型。

8.2.2 数组定义的含义

和定义变量一样,定义数组的目的是为某组数据申请内存空间并命名这个内存空间以便在后面代码中的使用。和定义变量不一样的是,定义数组还意味着对这个数组进行构造。

在定义或构造一个数组时,需要为这组数据占据的内存空间取一个共同的名字,这个名字也就是这组数据共同的名字,这个名字需要满足标识符法则。此外还要明确向编译器表明数组元素总的个数以及数组元素的类型。

数组定义的一般形式为:

数组元素的类型 数组名[数组元素的个数];

以"int bjs[4];"为例,这个定义蕴涵着下列信息:

(1) [ ]说明 bjs 是个数组名(这里[ ]是一个类型说明符)。

(2) 数组 bjs 中共有 4 个元素(4 也属于类型说明符)。

(3) 这 4 个元素皆为 int 类型(int 也是类型说明符)。

在定义数组时,数组元素的个数必须是大于 0 的整数类型的表达式,在 C99 之前必须是整数类型的常量表达式,而 C99 则容许使用变量表达式。使用变量表达式的数组叫做变长度数组(Variable−length Array),简称 VLA,将在后面专门的章节内介绍。

8.2.3 数组名是什么

如果在代码中加上一句"printf(" %d ", sizeof bjs == sizeof (int) * 4);",从这条语句的输出值为 1 中就不难体会到,数组名意味着一个连续的内存空间,而且这个内存空间的大小恰恰等于数组元素的个数与数组元素占据空间大小的乘积。

数组的各个元素是依次连续地存储于这个内存空间中的。了解这一点对于后面的学习特别重要。

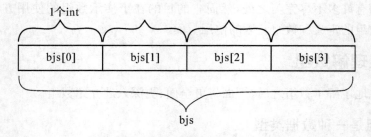

图 8−2　数组的各个数据是连续存放的

数组的名字可以表示数组这种数据对象占据的内存,这说明它具有左值含义。然而,C 语言并没有定义对数组整体上的赋值运算。因此数组的名字不可以用来给数组整体进行赋值。换句话说,尽管数组的名字在 sizeof 运算中表示的是左值的含义,但是却绝对不像普通的基本类型变量名一样可以出现在赋值号的左面。这也没有什么好奇怪的,因为所谓运算都是针对具体的数据类型而言的。数组是一种新的数据类型,这种数据类型可以进行 sizeof 运算但并没有(被)赋值这种运算。

8.2.4　一维数组元素的引用

定义数组解决了为一组类型相同的数据对象进行命名和安排内存的问题。由于数组的名字不是一个可以被赋值的左值表达式,所以除了极少数情况(如做 sizeof 运算),数组并没有太多的整体上的运算。对于具体的问题一般需要把数组中的数据一个一个拿出来单独运算。

把数组中的数据单个地拿来运算叫做对数组元素的引用。在 C 语言中,对数组中各个元素的引用是依据各个元素的编号实现的。引用数组元素的一般方法是:

数组名［**整数类型表达式**］

［］内的**整数类型表达式**即要引用数组元素的编号,叫做下标。

在 C 语言中数组元素的编号永远是从 0 开始的,因此对于数组元素的个数为 4 的数组来说,其各元素的编号依次为 0,1,2,3。

由于数组元素的编号是从 0 开始到**数组元素的个数　-1**,因此在引用数组元素时要特别注意下标的范围不可以超出合理的界限。仍以前面定义的数组为例,bjs［-1］、bjs［4］都是合法的 C 语言表达式,但由于得到的数据对象不在数组所在的那个内存空间中,所以这两个引用毫无具体意义(不清楚引用的究竟是什么),而且会造成程序的错误和危害。这种情况叫做越界。

有些语言的编译器会对下标是否越界进行检查,但 C 语言的编译器不进行这种检查。C 语言认为把数组元素下标写正确是程序作者的责任而不是编译器的义务,而越界恰恰是初学者最容易犯的错误之一。

8.2.5　数组元素引用是一个表达式

具体地,仍以定义

int bjs［4］;

为例,其各个元素依据各自在内存中的顺序分别被叫做

bjs［0］、bjs［1］、bjs［2］、bjs［3］

这里［］是一个运算符(数组下标运算符(Array Subscript Operator),属于后缀运算符的一种,优先级为 16[①]),bjs 与数组元素的编号进行［］运算得到该编号的数组元素。

可以用这些表达式去读、写这些数据或进行其他运算。这些表达式和基本类型变量名的作用完全一样。比如:

bjs［1］=11;

printf("%d\n",bjs［1］);

现在可以发现一个新的 C 语言现象,那就是表达式可以出现在"="运算符的左边作

---

① 在定义数组时,［］并不是一个运算符而是一个类型说明符,是用来说明数组名类型的。了解 C 语言的一词多用特点的人对这一点应该不会感到惊讶。

为被赋值的对象。这一点也不用奇怪，在 C 语言中一个表达式可能表示一个数据对象所占据的内存，这时这个表达式叫左值表达式（如 bjs[1]＝11）。但在"printf("%d\n"，bjs[1])中"bjs[1]"表示的是 bjs[1] 这个内存空间中的值，这时 bjs[1] 是一个右值表达式。

随之而来的是另一个问题，在表达式 bjs[1] 中，数组的名字 bjs 究竟是作为左值还是右值参与运算的呢？答案是，作为右值（值）参与运算的。

8.2.6　数组名的值

可以肯定地说，数组名有值。如果在代码中加上一句"printf(" %u ", bjs);"，就会发现这会输出一个值。而且即使改变了数组各个元素的值，"printf(" %u ", bjs);"的输出结果依然如故。这暗示着 bjs 的值与所占据内存中的数据并没有什么关系。

这是由于数组所占据内存的内容在总体上并没有一个值的含义，而数组名的值也同样不表示数组所占据内存的内容的值（因为压根没有）。数组名作为右值表示的是另外一种含义。这是和那些简单的基本数据类型变量最大的区别。

8.2.7　重复一遍

恐怕有些读者会有些糊涂了，但是，C 语言就是如此地细腻而微妙。而且这些内容极其重要，所以在此把前面陈述的要点重复一遍是十分必要的。

首先，数组是一种新的数据类型，但这并不是一种具体的数据类型的名称，而是一类数据类型的总称。

数组的名字在作为左值表达式的时候（如作为 sizeof 运算符的运算对象）表示数组占据的总的那个内存空间。但是尽管数组的名字可以作为左值，C 语言却并不容许对数组名进行赋值运算。

数组的名字具有一个值，这时数组的名字是一个右值表达式，数组名的值并不是数组所占据内存的内容的值含义而是有其他含义（将在后面章节介绍）。数组所占据内存的内容在总体上没有任何值含义。

本书在后面提到数组的名字时将采用两种说法：数组和数组名。前者表示这个数组的名字是一个左值表达式，亦即表示的是数组所占据的内存；后者表示的是这个数组的名字的右值含义。例如，对于

int bjs[4];

称 sizeof bjs 的含义是求数组 bjs 占据多少内存空间，而称 bjs[0] 的含义是数组名与 0 做下标（"[]"）运算符运算。

数组 bjs 的数据类型名称是"int [4]"，这可以通过"printf("%d", sizeof bjs ＝＝ sizeof(int [4]));"的输出结果得到证实。

数组名 bjs 的数据类型是一种指针，暂时可以用"int []"来表示。对于目前的应用来说这已经足够了，更准确的名称将在后面介绍。

int [] 这种数据类型目前可以进行的计算只有下标（"[]"）运算符运算。这种运算的结果，如同 int 类型的 bjs[0] 一样，可以作为左值，也可以作为右值。但是用 int [] 类型说明符定义的变量却并非数组名。

许多人认为 C 语言的指针难学,实际上是因为指针前面的不少内容并没有学好。最为突出的就是对数组这种数据类型没有透彻地理解。本小节内容的作用在数组这章里并不突出,即使没有完全掌握也不影响本章后面内容的学习。但是一旦接触到指针,本小节的内容就变得无比重要了。

8.3 熟练应用一维数组

8.3.1 一维数组的遍历

对数组最为常见的操作是对数组元素的遍历(Traversal,通俗地说就是把数组中每个元素都访问一次,或者更通俗地说就是逐个地读或写一次),下面的代码演示了对 bjs 数组中各个元素依次写入再依次读出之后输出。

程序代码 8 - 2

```
/ *
填数问题
* /
# include <stdio. h>
# include <stdlib. h>

# define JS  8    //减数

int main(void)
{
    int bjs[4];
    int i;

    printf("输入数组各项的值\n");
    for(i = 0; i < 4; i + +)
    {
        scanf("% d",&bjs[i]);
    }

    //各项减去 8
    for(i = 0; i < 4; i + +)
    {
        bjs[i] - = 8;
    }
```

```
    printf("输出数组各项的值\n");
    for(i = 0; i < 4; i++)
    {
        printf("%d\n", bjs[i]);
    }

    system("PAUSE");
    return 0;
}
```

程序运行结果为:

```
输入数组各项的值
13  11  12  14
输出数组各项的值
5
3
4
6
请按任意键继续. . .
```

注意在前面的 for 语句中,下标变量 i 总是从 0 开始,而中间的循环条件部分为"i < **数组元素的个数**",这样在循环变量每次加 1 的情况下循环的次数一定等于**数组元素的个数**。为了保证循环次数的正确性,应该把这个句式作为固定的句型来学习以养成自己的编程习惯,这样就不至于在写代码时每次都考虑循环次数的问题了,应该把精力用在思考更重要的问题上。

8.3.2 翻卡片问题

1. 问题

54 张卡片依次排成一列,初始状态皆为正面向上。第一遍,把各张卡片各翻一次使之反面向上,第二遍把第 2、4、…、54 张卡片各翻一次,第三遍把第 3、6、…、54 张卡片各翻一次……最后一遍把第 54 张卡片翻一次,问最后哪些卡片正面向上哪些反面向上?

2. 分析

每张卡片有两种状态,可以分别用两个整数 0 和 1 表示,这样翻的动作可以简单地用逻辑非运算实现。因为一共有 54 张卡片,所以可以用一个由 54 个 int 型整数构成的一维数组来表示这 54 张卡片。翻卡片一共翻了 54 遍。

3. 代码

程序代码 8-3

```
/*
翻卡片问题
```

　　54 张卡片依次排成一列,初始状态皆为正面向上。第一遍,把各张卡片各翻一次使
之反面向上,第二遍把第 2、4、…、54 张卡片各翻一次,第三遍把第 3、6、…、54 张卡片各
翻一次……最后一遍把第 54 张卡片翻一次,问最后哪些卡片正面向上哪些反面向上?

```
*/
#include <stdio.h>
#include <stdlib.h>


#define KPZS      54      //卡片总数
#define FKBS      54      //翻卡片遍数
#define ZHENG     0       //表示正面向上
#define FAN       1       //表示反面向上


int main(void)
{
    int kp[KPZS];   //卡片的状态
    int i, djb;        //循环变量 i, djb 用来表示是第几遍翻卡片


    //设置初始状态
    for(i = 0; i < KPZS; i+ +)
        kp[i] = ZHENG;


    //翻卡,共 FKBS 遍
    for(djb = 1; djb < = FKBS; djb+ +)
        for(i = djb-1; i < KPZS; i+ = djb)   //每次下标总是从 djb-1 开始
            kp[i] = ! kp [i] ;


    //输出最后结果
    for(i = 0; i < KPZS; i+ +)
    {
        printf("第%d 张为%s 面向上\n", i+1, kp[i] = = ZHENG ? "正" : "反");
        system("PAUSE");    //这里暂停一下好看个究竟
    }


    system("PAUSE");
    return 0;
}
```

8.3.3 筛法

1. 问题

编程求出 100 以内的所有素数。

2. 分析

古希腊数学家埃拉托色尼(Eratosthenes)建立了素数的概念并提出了一种求素数的方法——筛法,这种方法可以给出某个自然数以内的所有素数。假设要求 30 以内的所有素数,首先依序写出 1 到 30 之内的所有自然数:

1 2 3 4 5 6 7 8 9 10 11 12 13 14 15 16 17 18 19 20 21 22 23 24 25 26 27 28 29 30

由于 1 不是素数,把 1 划掉:

~~1~~ 2 3 4 5 6 7 8 9 10 11 12 13 14 15 16 17 18 19 20 21 22 23 24 25 26 27 28 29 30

然后从前向后找到的第一个数 2 就是素数。再把 2 的倍数都划掉(自身不划):

~~1~~ 2 3 4 5 6 7 8 9 ~~10~~ 11 ~~12~~ 13 ~~14~~ 15 ~~16~~ 17 ~~18~~ 19 ~~20~~ 21 ~~22~~ 23 ~~24~~ 25 ~~26~~ 27 ~~28~~ 29 ~~30~~

然后从 2 继续往后找,遇到的第一个没被划掉的数 3 也是素数。再把 3 的倍数划掉(自身不划):

~~1~~ 2 3 4 5 6 7 8 9 ~~10~~ 11 ~~12~~ 13 ~~14~~ ~~15~~ ~~16~~ 17 ~~18~~ 19 ~~20~~ ~~21~~ ~~22~~ 23 ~~24~~ 25 ~~26~~ ~~27~~ ~~28~~ 29 ~~30~~

然后从 3 继续往后找,遇到的第一个没被划掉的数 5 也是素数。再把 5 的倍数划掉(自身不划):

~~1~~ 2 3 4 5 6 7 8 9 ~~10~~ 11 ~~12~~ 13 ~~14~~ ~~15~~ ~~16~~ 17 ~~18~~ 19 ~~20~~ ~~21~~ ~~22~~ 23 ~~24~~ 25 ~~26~~ ~~27~~ ~~28~~ 29 ~~30~~

……

一直依据这样的原则,遇到一个没被划去数的就划去它的倍数,遇到被划去的就继续看下一个数,直到最后。

下面的代码中以值为 0(BSSS)表示不是素数,用筛法求出了 100 以内的全部素数。

3. 代码

程序代码 8 - 4

```
/*
编程求出 100 以内的所有素数。
*/

# include <stdio. h>
# include <stdlib. h>

# define GS 100      //个数
# define BSSS 0      //不是素数

int main(void)
{
    int zrs[GS];      //自然数
    int i;            //循环变量

    for(i = 0; i < GS; i + +)    //写出 100 以内的所有自然数
```

```
    {
        zrs[i] = i + 1;
    }

    zrs[1 - 1] = BSSS;  //1 不是素数,划去

    for(i = 0; i < GS; i + +)
    {
        if (zrs[i] = = BSSS)
        {
            continue;   //继续向后找
        }
        else
        {
            int bs;  // 倍数
            //把 zrs[i]的倍数划去
            for(bs = i + zrs[i]; bs < GS; bs + = zrs[i])
            {
                zrs[bs] = BSSS;
            }
        }
    }

    //输出 100 以内的素数表
    for(i = 0; i < GS; i + +)
    {
        if(zrs[i] ! = BSSS)
        {
            printf("% d ", zrs[i]);
        }
    }
    putchar('\n');

    system("PAUSE");
    return 0;
}
```

程序运行结果为:

2 3 5 7 11 13 17 19 23 29 31 37 41 43 47 53 59 61 67 71 73 79 83 89 97
请按任意键继续. . .

代码中,第二个循环语句"for(i=0；i＜GS；i＋＋)"中,i 明显不需要循环到 GS—1,事实上一般只要循环到 GS/2 甚至 $\sqrt{GS}$ 就够了。这是这段代码在效率方面需要改进的地方。

第二个循环语句循环体内的 if 语句也可以写成下面这样:

程序代码 8－5(片段)

```
if (zrs[i] ！= BSSS)
{
    int bs；// 倍数
    //把 zrs[i]的倍数划去
    for(bs = i + zrs[i]；bs ＜ GS；bs + = zrs[i])
    {
        zrs[bs] = BSSS；
    }
}
```

这和前面的代码是等效的,但看起来更简洁些。

8.3.4 一维数组的初始化

和基本类型变量可以在定义时被赋初值一样,数组也可以在定义时给各数组元素赋初值或给部分数组元素赋初值。不同之处在于,给数组赋值通常需要一组数据,数据之间要用","隔开,而且这组数据需要用"{ }"括起来。

下面以实例说明:

int bjs[4];

这样定义的数组 bjs 的各元素都是没有意义的"垃圾值"。

int bjs[4]＝{13,11,12,14};

这样定义的数组 bjs 的各元素 bjs [0]、bjs[1]、bjs[2]、bjs[3]的值依次为 13、11、12、14。

int bjs[4]＝{13,11};

这样定义的数组 bjs 的各元素 bjs [0]、bjs [1]的值依次为:13、11,其余各元素的值皆为 0。

下面是不提倡的方法(但合法):

int bjs[]＝{13,11,12,14};

数组共有 4 个元素:bjs [0]、bjs[1]、bjs[2]、bjs[3],它们的值依次为 13、11、12、14。

最后一种方法不被提倡的原因是,数组元素的个数有时很容易搞错,且不容易检查。数组元素的个数还是明确写出为好。

注意,这种赋初值的方法只可用于定义数组的时候,除此之外,数组不可以被整体性地赋值。

C99 对数组赋初值的方法做了增补,容许对特定下标的数组元素指定初值,如:

int a[5]＝{[1]＝1,4,5};

这样定义的数组 a 的各元素 a[1]、a[2]、a[3]的值依次为 1、4、5,其余各元素的值皆为 0。

也可以对同一个元素指定初值多次,最后一次有效,如:

int a[5]＝{[1]＝1,4,[1]＝5};

但这样做通常并没有多少实用价值。

8.4　数组与函数

8.4.1　数组名的值和类型

作为右值表达式,数组名确实有值。但和基本类型变量不同的是,数组名的值不是程序编写者通过代码赋予的,而是编译器在编译的时候给予的,而且这个值就是存储数组的内存单元的起始内存单元的编号,也就是一个地址。通常所说的"数组名的值是数组的首地址"就是这个含义。图 8 - 3 描述了数组名的值与数组的存储之间的关系。

图 8 - 3　数组名的值与数组的存储

图 8 - 3 中,假设数组的 4 个元素被存储在从 1232H 到 1241H[①] 这 16 个字节中,那么数组名 bjs 的值就是 1232H。

下面对数组名和基本类型的差异作一细致的比较。对于如下定义:

int bjs[4],i;

(1) bjs:有值,且有确定含义,这个值是由编译器分配的,不可以通过代码改变,因此 bjs 可以被视为一个常量。

(2) i:有"垃圾值",这个值没有任何意义,可以通过赋值等手段改变 i 的值。

为什么要如此关心数组名的值呢?因为在函数调用时首先要计算实参的值,其次这个值还将成为对应的、相同类型的那个形参的初始值。

数组名 bjs 的数据类型为 int [4],含义就是这是一个数组([]),数组的元素有 4 个(4),每一个元素都是 int 类型的数据。

但是很多情况下,编译器无视 int [4]中的那个 4,这时也可以认为数组名 bjs 的数据类型为 int[]。具体来说就是凡是把数组名作为右值使用时,数组名的类型都可以视为没有[]里面的数字。

8.4.2　对应的形参

函数调用时使用数组名作为函数实参,由于这里的数组名是一个右值,类型为

数组元素的类型[]

因此对应的形参的类型也应该如此。

数组元素的类型[]这种类型是一种不完全类型(Incomplete Type),它的不完全性体现在无法用它定义变量(因为编译器不知道数据的长度,无法为这个变量分配内存空

---

① 　H 后缀表示 16 进制。

间),但可以用它来描述一种类型或说明一个标识符的类型。不完全类型只在有限的若干种情况下使用①,除了在函数原型中使用之外,也被用来说明形参的类型②。

也就是说,如果使用数组名 bjs 作为实参,那么对应的形参的类型应该是 int [];如果对应的形参取名为 bjs_,那么对应的形参的声明应写为 int bjs_[]。

8.4.3　调用原理

下面的代码是一个原理性演示代码,作用是把只有一个元素的 a 数组的元素的值加1。这并不是一个很正规的代码,这里只是用来说明函数名作实参时函数的调用是如何实现的。

程序代码 8-6

```
#include <stdio.h>

void jia1(int []);

int main(void)
{
  int a[1] = {3};
  jia1(a);
  printf("%d\n",a[0]);

  return 0;
}
void jia1(int b[])
{
  b[0]++;
}
```

程序运行结果为:

```
4
请按任意键继续...
```

在程序代码的 main()函数中的 a[0]是一个由数组名 a、下标 0 及运算符"[]"构成的表达式,这个表达式的意义是明确的,就是 a 数组的第一个元素(有时表示这个元素的值,有时表示这个元素所占据的内存)。

在发生调用函数 jia1()后,**由于形参 b 具有了与数组名 a 相同的值**,因此在函数jia1()中,b 与下标 0 及运算符"[]"构成的表达式 b[0]与 a[0]是完全一样的表达式。由于这个缘故,在函数 jia1()中 b[0]表示的是和 main()函数中同样的含义——a 数组的第

---

① 其他两种使用不完全数组类型的场合将在后面介绍。
② 后面可以看到,数组名作实参的时候,形参完全可以用另一种办式描述,不一定非要用这种使用不完全类型的方式。

一个元素的值或这个元素所占据的内存。

这就是数组名作为实参时函数调用的基本原理:两个相同类型的值相同,做相同的运算表示的含义也自然相同。

8.4.4　不可以只有数组名这一个实参

由于数组名的值中没有任何关于数组元素个数的信息(从对应的形参的类型描述中也可以看出这一点),所以在使用数组名的值作为实参时,通常还应该有另外一个实参,就是这个数组元素的个数。下面以一个例题来说明这点。

1. 问题

有一数组,共 10 个元素,其值分别为 9,6,3,6,3,5,8,1,3,5,通过函数求这个数组中所有元素的和并输出。

2. 代码

程序代码 8 - 7

```
/*
有一数组,共 10 个元素,其值分别为 9,6,3,6,3,5,8,1,3,5,通过函数求这个数组
中所有元素的和并输出。
*/

#include <stdio.h>
#include <stdlib.h>

int qiuhe(int [],int);

int main(void)
{
    int a[10] = {9,6,3,6,3,5,8,1,3,5};

    printf("和为 %d \n", qiuhe(a, sizeof a / sizeof a[0]));

    system("PAUSE");
    return 0;
}

int qiuhe(int p[],int n)
{
    int i, he;

    for(i = 0,he = 0; i< n;i + +)
    {
        he + = p[i];
    }

    return he;
}
```

3. 解析

这是一个简单的题目,题目的主要目的是要演示如何通过函数实现对数组的操作。要点有如下几点:

(1) 数组名作为函数的实参时,函数声明中对应的类型的写法。(数组定义为"int a[10];",对应的类型写为"int []"。)

(2) 可以在定义时对数组初始化。

(3) 数组名作为函数的实参时,函数定义中对应的形参的类型的写法。(数组定义为"int a[10];",对应的形参的类型应该写成"int p[]",注意这里是将 int 和[]分别写在形参前后来描述形参的类型的。)在形参后面的[]里面不应写任何值,因为写了也没有任何意义,编译器会忽略这个值的。

(4) 数组名作为实参时,一般总是伴随着另一个实参——数组元素的个数,来告诉函数这个数组一共有几个数组元素。通过表达式 sizeof a / sizeof a[0]来计算数组元素的个数,要比直接写 10 更专业、更不容易出错,且无论数组有几个元素,这个表达式总是正确的。

与前面的自定义函数相比,这段代码有一个特别的不同寻常之处,那就是调用 jia1()函数改变了 main()函数中的 a 数组的数据。

8.4.5　const 关键字

8.4.3 节中的程序代码 8−6 揭示了这样一个事实:数组名作实参时,被调用函数可以改变调用函数处所定义数组中的元素的值。

程序代码 8−6 为例,由于形参 b 的值等于实参 a 的值,那么就可以在 jia1()函数改变 main()函数中定义的数组 a 的元素的值。这在函数不是以数组名为实参而是以基本的数据类型为实参的时候不会发生,因为形参的初始值只是实参的一个拷贝或副本。然而数组名 a 的值的副本或拷贝却是可以改变数组 a 中元素的值的! 这是因为 a 或 b 这样的值与一个整数做下标运算得到的就是数组元素——既可以表示这个元素的值也可以表示这个元素所占据的内存。有的时候希望这样的事情发生(比如要求一函数输入数组元素的值),但在另一些时候是不希望发生的(比如要求一函数输出数组元素的值)。

在明确希望变量不被改变的情况下,可以使用 const 关键字修饰变量,对变量做进一步的限制。const 是 C 语言的一个关键字,是类型限定符(Type Qualifier),表明一个变量不应该被明显地改变。

例如,在筛法问题的代码中,如果希望用一个函数输出数组中不为 0 的数(那些素数),这个过程是不希望数组元素有任何改变的,这时可以把代码写成如下形式:

程序代码 8−8

```
/*
编程求出 100 以内的所有素数。
*/

#include <stdio.h>
#include <stdlib.h>
```

```
#define GS  100    //个数
#define BSSS  0    //不是素数

void shuchu(const int[],const int);

int main(void)
{
    int zrs[GS];    //自然数
    int i;          //循环变量

    for(i = 0; i < GS; i++)   //写出 100 以内的自然数
    {
        zrs[i] = i + 1;
    }

    zrs[1 - 1] = BSSS; //1 不是素数,划去

    for(i = 0; i < GS; i++)
    {
        if (zrs[i] == BSSS)
        {
            continue;    //继续向后找
        }
        else
        {
            int bs; // 倍数
            //把 zrs[i]的倍数划去
            for(bs = i + zrs[i]; bs < GS; bs += zrs[i])
            {
                zrs[bs] = BSSS;
            }
        }
    }

    //输出 100 以内的素数表
    shuchu(zrs,sizeof zrs/sizeof zrs[0]);

    system("PAUSE");
    return 0;
```

```
    }

    void shuchu(const int sz[],const int n)
    {
        int i;
        for(i = 0; i < n; i + +)
        {
            if(sz[i] ! = BSSS)
            {
                printf("%d", sz[i]);
            }
        }
        putchar('\n');
    }
```

这段代码的"void shuchu(const int sz [], const int n)"一句中：

(1) "const int sz[]"表示的是数组中的各个元素不可被显式地修改（const 修饰的是 int），比如被赋值、自增、自减等。而传进来的数组元素的个数 n，尽管它改变了对 main() 函数没有什么影响，但可以确定的是在输出这个函数中是不变的。将其规定为 const 类别有一个额外的好处，就是一旦在函数内部误写了改变这个值的表达式，编译器通常会以编译错误或警告的形式向我们指出这一点。

(2) "const int n"中的 n 这种变量尽管不可以被修改（Non-modifiable），但它并不是常量，而是变量，并且是一个左值[1]。有的翻译称之为常变量（这令我想到"很黑的白色"这样的让人忍俊不禁的修辞），也有的翻译称之为只读变量，因为这样的变量可能（不是一定）被某些编译器置放在只读的内存区域。后一种翻译可能比较靠谱，但远未臻完美。本书称呼这种变量为 const 变量。

const 还可以用来实现构造复杂数据类型的"常量"，比如：

const int a[3]＝{1,2,3};

一旦能确定问题的初始数据是数组且在程序运行过程中保持数据不变化，这种定义是非常有用的，比起

int a[3]＝{1,2,3};

显然，前者更安全，因为编译器可以帮助我们发现对数据无意中错误地修改。

const 变量只可以在定义时被赋值，形参在本质上也是如此，因为形参在函数被调用时才拥有自己的存储空间。

const 是说给编译器听的，没有这个类别修饰，对代码的功能并没有影响。但是一旦告诉编译器某个变量是 const 类别，那么编译器就有可能（不是一定）在编译时进行适当的优化，改善程序的功能。

---

[1] 理由在后面会提到。

8.4.6　排序问题

排序(Sort)是计算机科学的一个基本问题。几十年来,人们发明了不下数百种排序方法。

排序这个术语主要指由小到大排序,而所谓的由小到大是指非递减的性质,也就是说只要不存在后面元素小于前面元素的情况,就称已排好顺序。

排序大体上可以分为三种方法:交换法、选择法、插入法。冒泡法排序属于交换法中的一种,它的排序过程是这样的:

设有一组数据 14,23,52,11。

第一趟:

从前到后依次比较两个相邻元素的值,如果前面的大,则交换前后两个元素的值。因为有 4 个数据,所以要进行 3 次:

14 < 23 52 11

14 23 < 52 11

14 23 52 > 11　(交换)　14 23 11 52

可以发现进行一趟这样的操作后,可以保证这组数据的最后一个是最大的。现在数据只剩前三个没有排好序,可以对前三个数据如法炮制。

第二趟:

因为只剩 3 个数据待排序,所以要进行 2 次:

14 < 23 11 (52,保持不变)

14　23 > 11 (52,保持不变)　(交换)　14　11　23 (52,保持不变)

第二趟结束后,可以发现这组数据的倒数第二个是数据中的次大者,换句话说,最后两个数据已经排好顺序且都在自己应该在的位置。现在只剩两个数据需要继续排序。

第三趟:

14 > 11　(23　52,保持不变)　(交换)　11　14　(23　52,保持不变)

第三趟结束后,数据就已经排好顺序了。由于这种方法不断地把较大的数据移动到后面,有些类似于水中的气泡向上冒的过程(越来越大),所以俗称冒泡法。

如果在一个 main() 函数中针对一个特定的数组完成这样的操作可能并不是非常困难,要点是把握住每趟比较交换过程中数组下标的变化边界。但在学习了函数及结构化程序设计思想之后,那种把所有的事情都放在一个 main() 函数中完成的做法就显得极其业余甚至有些幼稚了。因此我们考虑一般的情形,并把这个工作交给一个函数来完成。

因为是对一个 int 类型数组排序,所以解决问题的前提条件是知道数组名及数组元素的个数,也就是说函数应该有两个参数。函数的功能是对数组排序,结束后并没有什么特定的值要返回给调用函数的地方,所以函数的类型应该是 void 类型(当然如果你是喜欢汇报的人,你也可以把交换次数作为一个 int 类型的成就返回),排序是它的一个副效应。如函数名取为 paixu 的话,它的函数原型应该是:

void paixu(int [ ], int);

如果函数的形参分别为 sz 和 ysgs,那么函数的头部,也就是对形参的声明应该是:

void paixu(int sz[ ], int ysgs);

排序的过程是经过若干趟完成的,而每趟所做的事情都是比较交换若干次,这样就构成了一个循环。主要需要解决的问题是循环的次数。不难发现也不难证明,循环的次数为元素个数−1,即 ysgs−1,显然这个写法中第几趟是从 1 开始编号的。

每趟进行的工作都是若干次比较交换,因此这也是一个循环,这样就构成了一个循环嵌套。比较交换总是对于前后两个元素进行的,如果前面元素的下标用 qian 这个变量表示的话,那么后面元素的下标 hou 显然比 qian 大 1。所有循环都有的一个重要问题是正确地确定循环次数,对于本问题来说也可以等价地说成是确定每趟 qian 或 hou 这两个变量的变化范围。这个变化范围显然与第几趟(djt)是有关的。通过对算法的观察与审视,不难发现 qian 总是从 0 开始到 ysgs−1−djt,这里 djt 是从 1 开始编号的。

如果 djt 从 0 开始编号,那么外层循环的循环条件显然是 djt 从 0 到 ysgs−2,而每趟内层循环的下标 qian 是从 0 到 ysgs−2−djt。

对于循环条件的分析是这种排序方法的重点和难点,因为稍有差池不是造成越界访问的错误就是造成循环次数不够因而排序不充分的毛病。下面是 paixu()函数的代码。

程序代码 8−9

```
void jiaohuan(int * , int * );

void paixu(int sz[], const int ysgs)//数组,元素个数
{
    int djt; //第几趟

    for(djt = 1; djt < ysgs; djt + + ) //一共 ysgs−1 趟
    {
        int qian;
        for(qian = 0; qian < ysgs − djt; qian + + )
        {
            int hou = qian + 1;
            if (sz[qian] > sz[hou])        //交换变量值
            {
                jiaohuan(&sz[qian], &sz[hou]);
            }
        }
    }
}

void jiaohuan(int * p, int * q)
{
    int tmp = * p;
    * p = * q;
    * q = tmp;
}
```

　　要验证这段代码的正确性,还必须要编写一个提供了原始数组的 main()函数并编写一个输出数组各个元素值的输出函数。编写提供原始数组的 main()函数叫做编写驱动代码(用它来调用编写好的 paixu()函数),而编写输出数组各个元素值的输出函数叫做"插桩",因为没有它的支持程序无法完整地运行。请自己编写这两个函数以便能测试 paixu()函数的功能,再按照 djt 从 0 开始编号的方式重新编写一个 paixu()函数。

8.5　一维数组与指针

8.5.1　数组名是什么

　　数组名是一种比指针更难理解的数据类型,而且与指针有密切关系。

1. 数组名是指针

　　为了探求数组名的性质,先来看下面一段代码:

程序代码 8 - 10

```
/*
数组名是指针
*/

#include <stdio.h>
#include <stdlib.h>

int main(void)
{
    int a[6] = {1,2};

    printf("%p %p\n",&a[0],a);
    printf("%d %d\n", *&a[0], *a);



    system("PAUSE");
    return 0;
}
```

它的运行结果是:

```
0022FF20 0022FF20
1 1
请按任意键继续. . .
```

　　从中不难发现,&a[0]与数组名 a 的值相同,而且对于" * "运算符来说,得到的值也相同,都是 a[0]的值。也就是说两者值相同,行为也一致。

　　由于 &a[0]是指向 a[0]的指针,因而 a 显然也应该是指针,且是指向数组起始元素的指针。下面的代码演示了数组名与指针的这种等价性:

程序代码 8－11

```
/*
数组名与指针的等价性
*/

#include <stdio.h>
#include <stdlib.h>

int main(void)
{
    int a[2] = {5,7};
    int *p = a; //这是对 p 初始化,不是对 *p 初始化。等价于 int *p; p=a;
    int i;

    for(i = 0; i < 2; i++)
    {
        printf("a[%d] = %d *(a+ %d) = %d"\
          "\tp[%d] = %d *(p+ %d) = %d\n",
              i, a[i],  i, *(a+i),
              i, p[i],  i, *(p+i));
    }

    system("PAUSE");
    return 0;
}
```

它运行的结果是：

```
a[0]=5 *(a+0)=5      p[0]=5 *(p+0)=5
a[1]=7 *(a+1)=7      p[1]=7 *(p+1)=7
请按任意键继续...
```

注意代码中"int *p=a;"的含义是对 p 初始化而非对 *p 初始化。它等价于
int *p;
p= a;
因为在"int *p=a;"中定义的变量是 p,* 在这里只是一个类型说明符,不是运算符。

要注意 p 是一个变量,它的值是可以改变的,它可以被赋值为 d,也可以被赋值其他的值,还可以进行自增、自减等常量不可以进行的运算,而数组名则不能进行赋值、自增、自减等运算。

2. 数组名不是指针

要理解数据指针,最重要的也是最不容易弄清楚的并非指针变量,而是数组名这样遮遮掩掩着的指针常量。因为这种指针常量的类型往往并不那么明显,而如果不清楚一

个数据的类型,那就表明对这个数据几乎一无所知。

数组名不但具有指针的性质,同时也具有一些自身独有的性质。下面的代码用于演示数组名的特性:

程序代码 8－12

```
/*
数组名不是指针
*/

#include <stdio.h>
#include <stdlib.h>

int main(void)
{
    int a[6] = {1,2};

    printf ("sizeof a = %u\n",sizeof a);
    printf ("sizeof (&a[0]) = %u \n", sizeof (&a[0]));

    system("PAUSE");
    return 0;
}
```

这段程序的输出是:

```
sizeof a=24
sizeof (&a[0])=4
请按任意键继续. . . .
```

&a[0]显然是一个指针,表达式 sizeof (&a[0])得到的是这个指针所占的内存空间大小。

然而,这次 a 表现得并不像一个指针,因为 sizeof a 的值与指针的大小完全不同。

3. 数组名的两种含义

数组名其实有两种含义,一种是指数组,另一种是指指针,如图 8-4 所示。

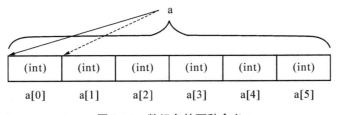

图 8-4　数组名的两种含义

这个说法听起来似乎有些自相矛盾,但其实不然。所有的数据类型的变量名标识符都有两种解释:变量的值以及变量所占据的内存空间,亦即右值和左值。比如下面的代码:

程序代码 8 - 13

```
/ *
左值与右值
* /

# include <stdio. h>
# include <stdlib. h>

int main(void)
{
    int i = 3;

    printf ("i= % d \n sizeof i= % d\n", i,sizeof i);

    system("PAUSE");
    return 0;
}
```

其输出为:

```
i=3
sizeof i=4
请按任意键继续. . .
```

前一个结果中"i"表示 i 所占据的内存空间中的内容所代表的值,而后一项结果中"i"明显表示它自身所占据的那个内存空间。因此数组名一方面是个指针另一方面又代表数组所占据的空间内存这点并没有什么矛盾。

那么数组名的特殊性体现在哪里呢?

数组名的特殊性在于它的"值"(右值)并不是数组所占据的内存空间所代表的值。事实上,数组所占据的内存空间作为一个整体也没有"值"(右值)的含义(这点和结构体或联合体也不一样),数组名的"值"是指向数组起始元素的指针常量。另一方面数组名作为内存(左值)看待时,也不像前面的"i"那样可以被赋值,因为在 C 语言中没有数组的整体赋值这样的运算。用术语来说就是,数组名不可以作为左值表达式被赋值。

那么什么时候该把数组名作为一个值,什么时候该把数组名作为一个内存空间呢?这同样要根据具体的语境上下文确定。在 C 语言中,运算大体可分为两类,一类这里称之为值运算,另一类这里称之为内存运算。出现在"="运算符左边被赋值、求长度运算("sizeof")、求指针运算("&")等等都属于内存运算。在进行内存运算的时候得到的结果与内存中的值是无关的。在进行内存运算时,数组名和其他变量名一样是被作为一个内存空间参与运算的,运算的结果与内存中的内容是无关的。而在值运算中,数组名和其他变量名一样是以"值"(右值)的意义参与运算的。对于简单的基本类型数据及结构体或联合体类型数据,值就是其所在内存中二进制数代表的意义,而数组名的值则是指向起始元素的指针,因为数组作为一个整体内存中的二进制数是没有什么意义的。

结论就是数组名被当作一个值(右值)参与运算时它就是一个指针,而在参与其他内存运算时它不作为指针而只是作为一个内存空间(左值)亦即数组所占据的内存空间。此外数组名作为值时是个指针常量,作为内存时不可以被整体赋值。这就是数组名的全部含义。

需要说明一下的是,数组名作为左值时,除了作为"sizeof"运算符的操作数,另外一种就是作为一元"&"运算符的操作数,即当对数组名做求指针运算时。除了这两种情况,数组名都是右值,亦即都是指向数组起始元素的指针。

8.5.2　数据指针与整数的加减法

指向数据类型的指针可以进行加法、减法运算,但 C 语言对另一个运算对象有严格的限制。

数据指针可以与一个整数类型数据做加法运算。为了考察这个加法的含义,首先看一下以下代码的输出。

程序代码 8 - 14

```
/*
指针的加法
*/

# include <stdio. h>
# include <stdlib. h>

int main(void)
{
    int i;

    printf("%p %p",& i, &i + 1);

    system("PAUSE");
    return 0;
}
```

在实验计算机上的输出是:

0023FF74 0023FF78

这个结果可能因为运行环境(编译器及计算机)的改变而有所不同,但有一点是确定的,那就是输出的 &i+1 的值在数值上比 &i 的值大 sizeof(int)。这表明一个数据指针加 1 的含义是得到另一个同样类型的指针,这个指针刚好指向内存中下一个同类型的量。

对更一般的数据类型 T,指向 T 类型的指针加 1 的含义是得到指向内存中紧邻的后一个 T 类型量的指针,在数值上相当于加了 sizeof(T),如图 8-5 所示。

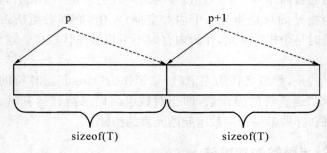

图 8-5 数据指针+1 的含义

加 1 的含义清楚了之后,加上其他整数的含义不难推之,减 1 的含义也就是得到指向内存中紧邻的前一个同类型量的指针。然而道理上虽然可以这样理解,实际上 C 语言对指针加上或减去一个整数却是有严格限制的。比如对于:

int i;

&i+1 是有意义的运算,因为 &i+1 恰好指向 i 后面第一个 int 类型数据,但 &i+2 是没有意义的,除非确信 &i+2 确实指向了一个 int 类型数据,而只有在数组内部才可能确信如此。此外,尽管 &i+1 是有意义的运算,但是 *(&i+1)并没有意义。

同理,除非是在数组内部,是在确认一个指针减 1 确实指向某个数据对象的前提下,否则指针减 1 的运算是没有意义的。

这里,存在着指针加减法不对称的现象。对于一个数据对象(譬如前面的 i),&i+1 是有意义的,而 &i−1 是没有定义的。也就是说,除非通过运算得到的指针的值为 0 或者指向一个确实的数据对象,或者指向紧邻某个数据对象之后的一个"虚拟"的同类型的数据对象,否则这个指针是没有意义的,其行为是未定义的。

8.5.3 数据指针与整数的加法的应用举例

1. 求数组最大元素值问题

1)问题

编写函数,求一个一维 int 类型数组中元素的最大值。

2)分析

假设这个数组的数组名为 a,共 n 个元素。那么显然 &a[0]是指向这个数组起始元素的指针,而且 &a[0]+1、&a[0]+2……显然依次指向 a[1]、a[2]……这样只要把 &a[0]和 n 作为实参传递给函数,函数就可以完成对数组的遍历。&a[0]和 n 的类型分别为 int * 和 unsigned,求得的最大值为函数返回值,因此函数原型为:

int qiuzd(int * , unsigned);

3)代码

完整的代码如下:

程序代码 8 - 15

```
/*
编写函数,求一个一维 int 类型数组中元素的最大值。
*/

# include <stdio.h>
# include <stdlib.h>

int qiuzd(int *, unsigned);

int main(void)
{
    int a[3] = { 5, 9, 7 }; //测试数据

    printf("%d\n", qiuzd(a, sizeof a / sizeof * a));    //测试

    system("PAUSE");
    return 0;
}

int qiuzd(int *p, unsigned n)
{
    int i, zd = * p;
    for(i = 0  ; i < n; i + +)
    {
        if( * (p + i) > zd)
        {
            zd = * (p + i);
        }
    }
    return zd;
}
```

2. 分橘子问题

如果把 7.4.4 节的分橘子问题中每人的橘子数目用一数组表示,那么无疑无论是求最后每个人的橘子数还是逐步前推的过程都可以用循环描述,代码将更为简洁潇洒。完整代码如下:

程序代码 8 - 16

```
/*
父亲将 2520 个橘子分给六个儿子。分完后父亲说:"老大将分给你的橘子的 1/8 分给
老二;老二拿到后连同原先的橘子分 1/7 给老三;老三拿到后连同原先的橘子分 1/6 给老
四;老四拿到后连同原先的橘子分 1/5 给老五;老五拿到后连同原先的橘子分 1/4 给老六;
老六拿到后连同原先的橘子分 1/3 给老大"。在分橘子的过程中并不存在分得分数个橘
子的情形,结果大家手中的橘子正好一样多。问六兄弟原来手中各有多少橘子?
```

```
*/
#include <stdio.h>
#include <stdlib.h>

void backto(int * , int * , int);
void init(int * ,int,int);
void output(int * ,int);

int main(void)
{
    int num[6];
    int i;

    init(num,6,2520/6);

    for(i = 0; i < 6;i++)
    {
        backto(&num[(5 - i) % 6],&num[(6 - i) % 6],i + 3);
    }

    output(num,6);

    system("PAUSE");
    return 0;
}

//输出
void output(int *p,int n)
{
    int i;
    for(i = 0; i < n; i++)
    {
        printf("%d ", *(p + i));
    }
    putchar('\n');
}

//用s对数组初始化
void init(int *p,int n,int s)
```

```
{
    int i;
    for(i = 0; i < n; i + +)
    {
        *(p + i) = s;
    }
}

//求 *p 给 *q 1/n 之前的 *p 给 *q
void backto(int * p, int * q, int n)
{
    * p = * p /(n-1) * n;
    * q- = * p / n;
}
```

最主要的改进就是 main()函数更加简单,各个函数由于功能单一因而也更加简单。这都是因为使用了数组这种更合适的数据类型。从中还可以体会到,用指针操作数组的便捷。

代码中用到了一点小技巧,即"(5—i)％6",这种方法常用于描述数组下标的循环。

8.5.4　数据指针的其他运算

1. 数据指针的减法

两个同类型的数据指针可以做减法,而且它们应该是指向同一个数组的数组元素,或者是指向这个数组最后一个元素的下一个同类型的量。这个运算是指针与整数的加减法的逆运算,所得到的结果是两个指针之间有几个这样类型的量,也就是它们所指向的数组元素的下标的差,结果的正负号表示两个指针的前后关系。

请判断下面程序的运行结果,然后自己运行程序验证一下:

程序代码 8 - 17

```
/ *
指针减法
* /
# include <stdio.h>
# include <stdlib.h>

int main(void)
{
    char c[10];
    printf(" % d % d",&c[2] - &c[9],&c[10] - &c[7]);

    system("PAUSE");
    return 0;
}
```

注意,这里出现了一个"c[10]"子表达式,但由于代码中并不涉及对 c[10] 的读写,只是求出指向这个 char 的指针,这个指针恰恰是 c 数组之后第一个指向 char 的指针,这在 C 代码中没有任何问题,不属于越界访问。

2. 数据指针的关系运算

两个指针做小于、小于等于、大于、大于等于这些关系运算的前提与两个指针做减法的前提类似。最后的结果要么是 0 要么是 1,含义是两个指针在内存中哪个在前哪个在后,或者是哪个不在另一个之前哪个不在另一个之后。

两个不同类型的指针的比较及其规则或潜规则基本上是个钻牛角尖的问题。如果有这个爱好及精力请独立钻研 C89/C99 标准关于兼容类型(Compatible Type)方面的阐述。事实上,在真正写代码的时候,正如记不清楚运算符优先级可以加括号避开优先级问题,不同类型之间的赋值可以通过类型转换避开转换规则一样,如果一定要在不同类型的指针之间进行关系运算也完全可以通过类型转换避开令人烦恼的兼容性问题。毕竟,程序要解决的问题才是最重要的问题。

3. 数据指针的判等运算

两个相同类型的数据指针做等于或不等于这两个等式运算的含义十分明显,无非是它们所指向的数据是否是同一个。

两个指针做等于、不等于运算对操作数所要求的前提条件比做关系运算对操作数所要求的前提条件更为宽泛,具体的规则在后面详细介绍。

4. 数据指针的下标运算

和多数运算符不同,下标运算符(Subscripting Operator)"[]"的含义实际上是由另一个运算定义的。C 语言规定下面两个表达式:

表达式 1[表达式 2]

与

(*((表达式 1)+(表达式 2)))

是完全等价的。

这可能多少令人出乎意料,但事实的确如此。进一步想下去的推论可能更加令人惊奇,比如,由于"+"运算符具有可交换性,如果

表达式 1[表达式 2]

与

(*((表达式 1)+(表达式 2)))

完全等价,那么是否可以说"Ex1[Ex2]"与"Ex2[Ex1]"也完全等价呢?

的确如此。请看一下下面的代码:

程序代码 8-18

```
/*
 * 与 [] 的等价性
 */
#include <stdio.h>
#include <stdlib.h>
```

```
int main(void)
{
    int i[1] = {7};
    printf("i[0] = % d \n0[i] = % d\n", i[0], 0[i]);

    system("PAUSE");
    return 0;
}
```

它运行后会输出:

```
i[0]=7
0[i]=7
请按任意键继续...
```

而且没有任何语法问题。

结论是,i[0]与0[i]这两个表达式是完全等价的,它们都等价于(* ((i)+(0))),也就是 * (i+0)。

8.5.5　与数组名对应的形参

在使用数组名作实参时,前面讲过对应的形参的类型可以用不完全类型描述,实际上这种描述就是在描述一种指针类型。请看下面的代码:

程序代码 8 - 19

```
/ *
与数组名对应的形参
* /
# include <stdio.h>
# include <stdlib.h>

void jia1(int [],int);

int main(void)
{
    int a[1] = {3};

    jia1(a,1);
    printf("% d\n",a[0]);

    system("PAUSE");
    return 0;
}

void jia1(int b[],int gs)
```

```
{
    int i;

    for(i = 0; i < gs; i++)
        b[i] += 1;

    return;
}
```

这段代码的一种完全等价的写法如下：

程序代码 8 - 20

```
/*
与数组名对应的形参
*/
#include <stdio.h>
#include <stdlib.h>

void jia1(int *,int);

int main(void)
{
    int a[1] = {3};

    jia1(a,1);
    printf("%d\n",a[0]);

    system("PAUSE");
    return 0;
}

void jia1(int *b,int gs)
{
    int i;

    for(i = 0; i < gs; i++)
        b[i] += 1;

    return;
}
```

也就是说，类型描述形式为 int [] 的形参 b 就是一个指针，类型为 int *。这个"b"并不是数组名,因为数组名是常量,而形参显然是一个变量(函数调用时获得实参的值),数组名占据"元素个数 * 元素尺寸"大小的内存空间,而形参 b 只占据指针类型大小的内存空间。

这给我们带来了一个启示,即对于数组名可以做此理解:比如对于"int a[1];",a 的类型有时是不完全类型 int [](a 作为值使用时),有时是 int [1](a 作为内存使用),而前者实际上就是指针。

8.5.6　指向数组的指针

对于数组,由于数组名也代表数组所占据的内存空间,所以也可以由数组名得到指向数组的指针。例如,下面这段代码:

程序代码 8 - 21

```
/ *
指向数组的指针
* /
# include <stdio.h>
# include <stdlib.h>

int main(void)
{
    int a[20];
    printf ("a = % p &a = % p\n", a,&a);
    printf ("a + 1 = % p &a + 1 = % p\n", a + 1, &a + 1);

    system("Pause");
    return 0;
}
```

其输出是:

```
a=0022FEF0 &a=0022FEF0
a+1=0022FEF4 &a+1=0022FF40
请按任意键继续...
```

代码中的"&a"就是指向数组的指针,这也是一个指针常量。可以看到在数值上它与 a 是完全相等的。这一点也不奇怪。因为一个数据指针尽管指向的是一段内存中的所有字节,但是指针的值却只记录这段内存中第一个字节的地址。a 与 &a 各自所指向的内存的起始位置是一样的,自然它们的值是相同的。

但是它们的类型是不同的,因而运算规则也不同,a+1 与 &a+1 的值不同正表明了这种区别。

由于 a 是 int * 类型的指针,所以加 1 意味着在数值上加 sizeof(int),而 &a 是指向一个 int [20]这样的数组,因而加 1 意味着加上 sizeof(int [20]),也就是加上十进制的 80

（十六进制的 50）。

&a 的类型用"int（∗）[20]"描述，这里"∗"表示这是个指针类型，"int [20]"表示这个指针指向一个由 20 个 int 类型数据所构成的一维数组。

特别要注意的是，"∗"两边的"（）"是必需的，这是因为"[]"的优先级比"∗"要高，为了强调这个类型是个指针而不是数组，必须在"∗"两边加上"（）"。定义与 &a 相同类型的变量时也是如此，如果希望定义一个与 &a 类型相同的指针变量，那么应该这样写：

int（∗ p）[20]；

"∗p"两边的"（）"同样是必需的，如果误写成：

int ∗ p[20]；

其含义是"p"是一个数组名，数组有 20 个元素，每个元素都是 int ∗ 类型的。

8.6 使用指针

8.6.1 通过指针操作数组

指针可以方便地用来操作数组。下面以一个例题来详细介绍。

1. 问题

写一程序，通过函数对一个由 int 类型元素组成的数组按照插入法进行排序然后输出。

2. 分析

插入法排序的基本思想是把数据一个个地插入到一个有序的数组中。具体的实现可以用下面描述的方法进行。

首先数组被分为两个部分，已经排好序的有序部分和待插入的部分。显然只有一个元素时数组是有序的，所以一开始有序部分有一个元素，数组中其他部分都属于待插入部分。例如，对于"int a[]＝{8,9,7,6,5,4,3,2,1,0}；"这个数组，有序部分和待插入部分分别为"{8}"和"{9,7,6,5,4,3,2,1,0}"。

然后每次从待插入部分拿出第一个插入到前面已经排好序的部分，这样排好序的部分就增加了一个元素，而待插入部分则减少了一个元素。最后当待插入部分没有任何元素时（dcr_tou ＜ dcr_wei），则排序结束。这部分的功能由 crpx() 函数完成。对于前面提到的数组来说，第一次插入意味着取出"9"插入到"{8}"这个数组中适当的位置，第二次意味着把"7"插入到"{8,9}"这个数组中……

把一个值（有序部分最后一个元素之后的元素即待插入部分的第一个元素）插入到一个有序数组中的解决过程是：首先把这个值与有序部分最后一个值进行比较，如果这个值大于等于有序部分最后一个值则这个值的位置不动，插入结束。以前面的数组为例，取出"9"的值与"8"比较，由于 9 大于 8，所以"9"应该在"8"的后面不动，插入结束，有序部分变为"{8,9}"，待插入部分变为"{7,6,5,4,3,2,1,0}"。下一步取出"7"与前面的"9"比较。如果这个值小于有序部分最后一个元素，则把有序部分最后一个元素向后移动一个位置，这样成了少了一个元素的有序部分的同样问题，所以可以通过递归解决。这个部分由 cr() 函数解决。也就是说，由于 7 小于 9，所以"9"移动到后面一个位置（"7"原来所在的位置）。这样问题就变成了将"7"插入到"{8}"这个数组中的合适位置的问题。显然这可以通过递归解决：

```
cr(yx_tou, yx_wei—1,crz);
```

3. 代码

程序代码 8 - 22

```c
/ *
插入法排序
* /
# include <stdio.h>
# include <stdlib.h>

void crpx(int * , int * );
void cr(int * , int * , int);
void shuchu(int * , int * );

int main(void)
{
    int a[] = {8,9,7,6,5,4,3,2,1,0};

    crpx(a, * (&a + 1));
    shuchu(a, * (&a + 1));

    system("PAUSE");
    return 0;
}

//输出数组
void shuchu(int * tou, int *wei)
{

    printf("数组为:\n");

    while(tou < wei)
    {
        printf(" %d ", * tou+ +);
    }

    putchar('\n');

}

//插入法排序
//tou:数组开头
```

```
//wei:数组结尾(指向最后元素之后的下一对象)
void crpx(int * tou, int * wei)
{
    //把数组划分为两部分,排好序部分和待插入元素部分
    int * yx_tou = tou, * yx_wei = tou,//有序部分:头,尾
     * dcr_tou = yx_wei + 1, * dcr_wei = wei;//待插入部分:头,尾

    //逐个把待插入元素插入有序部分
    while(dcr_tou < dcr_wei)
    {
        cr(yx_tou, yx_wei, * dcr_tou);   //插入头一个
        yx_wei + + ;
        dcr_tou + + ;
    }
}


//把待插入值插入数组
//因为待插入值在有序数组之后,
//所以总可以 * (yx_wei + 1) = * (yx_wei)
void cr(int * yx_tou, int * yx_wei, int crz)
{
    if(crz > = * yx_wei) //不用插入
    {
        return;
    }

    * (yx_wei + 1) = * yx_wei;//把末尾元素向后移动一个位置

    if(yx_tou = = yx_wei) //有序数组只有一个元素
    {
        * yx_tou = crz;
        return;
    }
    else
    {
        return cr(yx_tou, yx_wei - 1,crz);//yx_wei - 1 必须以 yx_wei > yx_tou
                                          //为前提
    }
}
```

输出结果为：

> 数组为：
> 0　1　2　3　4　5　6　7　8　9
> 请按任意键继续. . .

在 cr()函数中需要注意的是,其中的指针的最小值只能等于 a,如果出现了小于 a 的情况,是一种未定义行为,这一点在写代码时需要特别小心。指向数组元素的指针可以在数组所在的内存段上移动(最多到指向数组最后元素之后的第一个同类型对象),但不可以超出这个范围。可见对于指针同样存在着"越界"的问题。指向数组元素的指针可以通过加减法指向数组内部元素,或者数组后面第一个数据对象,超出这个范围则属于越界。当然,引用数组元素依然只能引用数组内部的。

8.6.2　返回指针的函数

函数不能返回数组类型数据,但可以返回指针类型数据。本小节结合选择法排序介绍如何使用返回指针的函数。

1. 选择法排序

选择法排序的思想非常简单直观,就是在一组数据中先找到最小的,然后将之与这组数据中的第一个交换。例如,对于

7,18,10,2,87

最小的是第四个数,把它与排在第一位的 7 相互交换后得到了

2,18,10,7,87

这样,至少这组数据的第一个数的位置是对的。剩下的问题就是对

18,10,7,87

进行排序。这和前面是一样的问题,但规模更小。原来是 5 个数据排序,现在是 4 个数据排序。显然这可以用递归的办法解决。

最后,当只剩下一个数据的时候,问题就解决了。

解决这个问题显然需要找到这组数据中最小值的位置,这个最小值的位置可以用数组下标表示,但用指针显然更直截了当。

2. 代码

将上面的数组用选择法排序并输出的程序代码如下：

程序代码 8 - 23

```
/*
选择法排序
*/
# include <stdio.h>
# include <stdlib.h>

void output(int * , int);
void sort(int * , int);
int * findmin(int * , int);
void exchange(int * ,int * );
```

```
int main(void)
{
    int a[] = {7,18,10,2,87};//测试数据

    sort(a,sizeof a/sizeof * a); //排序
    output(a,sizeof a/sizeof * a);//输出

    system("PAUSE");
    return 0;
}

void exchange(int * p,int * q)
{
    int tmp = * p;
    * p = * q;
    * q = tmp;
}

int * findmin(int * p, int n)
{
    int * p_min = p;
    while ( - -n > 0)
    {
        if( * + +p < * p_min)
        {
            p_min = p;
        }
    }
    return p_min;
}

//选择法排序
void sort(int * p, int n)
{
    if(n = = 1)//一个元素时不用再排
    {
        return;
    }
    exchange(p, findmin(p, n));//交换最小值与最前面的元素
```

```
    sort(p+1, n-1);//对剩下部分继续排序
}


//输出数组
void output(int * p, int n)
{
    while(n− −)
    {
        printf("%d", * p++);
    }
    putchar('\n');

}
```

在这段代码中,findmin()就是返回指针的函数。在它的函数类型声明和函数定义中,"findmin"前面的"*"表明它的返回值为指针类型,再前面的"int"表明这是指向 int 类型数据的指针。

8.7　二维数组

8.7.1　二维数组的定义

把图 8-6 中各上下对齐的两个数加起来并输出。

7	9	8	7
4	3	5	7

图 8-6　题图

在这个问题中,数据不但成组,而且呈现出一种二维的排列方式。这种问题用二维数组描述问题中的数据非常方便。

二维数组描绘的依然是成组的相同类型的数据,在上面的问题中你可以把其中的数据看成两个一维数组,也可以看成两个一维数组组成的一个二维数组。

和一维数组一样,二维数组的定义也无非是:

(1) 为全体元素取一个共同的名字。

(2) 告诉编译器这个数组有几个元素。

(3) 告诉编译器这个数组中每个元素的类型是什么。

图 8-6 中共有 2×4 个数据,假如为全体元素取名为"jiashu",由于每个元素都可以表示为 int 类型,所以这个二维数组可以定义为

int jiashu[2][4];

先来解读一下这个定义。

如果把这称为定义了一个由 2×4 个元素构成的名为"jiashu"的二维数组就完全没

有品味到 C 语言的那种细腻的妙味。这个定义应该这样解读：

首先它是定义"jiashu"这个标识符的，也就是说是描述"jiashu"这个标识符的性质并为其开辟存储空间的。

由于"jiashu"后面紧跟着"[2]"，这里"[]"是类型说明符，因此这说明 jiashu 是一个数组([])且是由 2 个元素组成的。

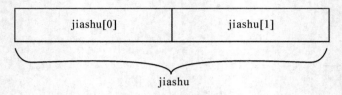

图 8－7　jiashu 的左值含义

由此可见，jiashu 是一个数组，这就是 jiashu 这个表达式的左值含义，其类型是 int [2][4]；其右值是 jiashu[0]这个内存空间的起始单元的地址，类型是 int [][4]，如图 8-7 所示。

"int jiashu[2][4];"中其余的部分就是说明这 2 个元素都是什么类型的。这 2 个元素的类型是 int [4]，也就是说是一维数组(因为有一个[4])，且这个一维数组是由 4 个元素组成的，这 4 个元素都是 int 类型的。

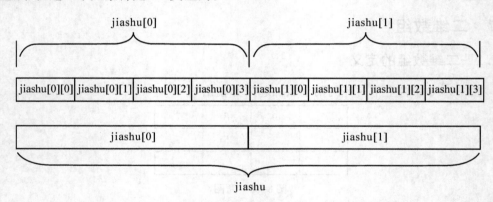

图 8－8　jiashu[0]和 jiashu[1]是一维数组

由图 8-8 可见，jiashu[0]的左值含义也是一个数组，类型是 int [4]；其右值是 jiashu[0][0]这个内存空间的起始单元的地址，类型是 int []。

这种一层套一层的关系反映了数组是一种构造类型数据，也在某种程度上反映了 C 语言构造数据的构造原则。比如在定义中有两个"[]"类型说明符，这两个当中应该先看左边的，因为"[]"运算符的结合性是从左到右。尽管结合性是运算符的一种性质，但在类型说明符中依然适用。

因此，这个二维数组实际上是由两个一维数组构成的一个一维数组，这个一维数组的两个元素分别是 jiashu[0]和 jiashu[1]，由于它们都是一维数组，所以 jiashu[0]和 jiashu[1]分别相当于这两个一维数组的数组名。对这两个一维数组名进行下标运算("[]")得到的将是一个 int 类型的量。也就是说从

int jiashu[2][4];

这个定义中我们还可以读出这样的结果，即 jiashu 进行下标("[]")运算得到的是一个由

4 个 int 类型的量构成的一维数组 int〔4〕,而 jiashu 进行两次下标("〔〕")运算得到的是一个 int 类型的量。

以上就是从代码反映出的二维数组的字面含义。其内存含义是:将为这个二维数组开辟一个连续的内存空间,大小为 2 * sizeof(int〔4〕),而且这 2 个 int〔4〕类型的数据是依照下面顺序排列的:

jiashu[0],jiashu[1]

而在 jiashu[0]中是 4 个 int 类型的量:jiashu[0][0]、jiashu[0][1]、jiashu[0][2]、jiashu[0][3],jiashu[1]中是 jiashu[1][0]、jiashu[1][1]、jiashu[1][2]、jiashu[1][3]。

这个下标排列顺序和我们平时从小到大地数数一样:00,01,02,03,10,11,12,13 个位到头进位,然后从头再来。

8.7.2　二维数组元素的初始化

赋初值的一般形式为:

```
int jiashu〔2〕〔4〕={
                  {7, 9, 8, 7},
                  {4, 3, 5, 7},
                 };
```

不提倡像下面这样的形式:

```
int jiashu〔2〕〔4〕={ 7, 9, 8, 7, 4, 3, 5, 7 };
int jiashu〔 〕〔4〕={ 7, 9, 8, 7, 4, 3, 5, 7 };
```

这两种形式不被提倡的原因是,数组元素初值被写多或写少可能引起很严重的错误,而且这种错误很难查找、改正。所以还是老话,编程是为了漂亮地解决问题,不是为了用烦恼来折磨自己。

错误的形式是下面这样:

```
int jiashu〔2〕〔 〕={ 7, 9, 8, 7, 4, 3, 5, 7 };
```

这种形式的错误在于,对于数组来说只有左边第一个"〔〕"内的数是可以省略的。之所以强调这点是因为在写函数形参的时候也有类似的规则,至于其深层的原因,要到指针部分之后才能详细讨论。

对于二维数组或更高维的数组,这种赋初值方法的意义不是很大,尤其是在数组元素很多的情况下。因为一旦用这种方法指定了初值,代码就失去了一般性。

8.7.3　二维数组元素的引用和遍历

对于由

```
int jiashu〔2〕〔4〕;
```

所定义的二维数组,尽管可以把 jiashu 看成由 2 个皆由 4 个 int 类型的量所构成的一维数组构成的数组,但是由于在 C 语言中没有定义直接对数组总体进行加、减、乘、除或赋值等运算,所以对二维数组的运算通常只能针对二维数组内的各个 int 类型的数据逐个进行(这和一维数组的情况类似)。对于这些 int 类型的数据,需要对二维数组名进行两次下标("〔〕")运算才能得到。

此外,二维数组名作为函数的实参时,对应的形参的类型为 int [][4],其中第二个"[]"中的"4"是必不可少的,否则会由于实参与形参类型不一致而引起错误。下面是前面问题的程序代码及输出结果。

程序代码 8 - 24

```
/*
问题:把各上下对齐的两个数加起来并输出。
7 9 8 7
4 3 5 7
*/
#include <stdio.h>
#include <stdlib.h>


int main(void)
{

    const int jiashu[2][4] = //存放加数
                {
                    {7, 9, 8, 7},
                    {4, 3, 5, 7},
                };
    int     he[4]          ; //存放和
    int i, j;

    //求和
    for(i = 0; i < 4; i++)
    {
        he[i] = 0;
        for(j = 0; j < 2; j++)
        {
            he[i] += jiashu[j][i];
        }
    }

    //输出加数
    for(i = 0; i < 2; i++)
    {
        for(j = 0; j < 4; j++)
```

```
            {
                printf(" % 3d ",jiashu[i][j]);
            }
            putchar('\n');
        }


        //输出和
        for(j = 0; j < 4; j + + )
        {
            printf(" % 3d ",he[j]);
        }
        putchar('\n');

        system("PAUSE");
        return 0;
    }
```

运行结果为:

```
7   9   8   7
4   3   5   7
11  12  13  14
请按任意键继续. . .
```

8.7.4 向函数传递二维数组

向函数传递二维数组的核心问题是与二维数组名对应的形参的类型。以前一小节的

int jiashu [2][4];

为例,jiashu 的类型为 int [2][4],但是对于形参来说,由于:第一,编译器会无视第一个"[]"内的数值;第二,形参不可能是数组,所以对应的形参的类型可写为:

int [][4]。

因此,如果用函数实现上一小节程序的功能,代码可以这样写:

程序代码 8 - 25

```
/*
问题:把各上下对齐的两个数加起来并输出。
7 9 8 7
4 3 5 7
*/


# include <stdio.h>
# include <stdlib.h>
```

```
void qiuhe(int [],const int [][4],int);
void shuchu(const int [][4],int);
void shuchu1(int [],int);

int main(void)
{

    const int jiashu [2][4] = //存放加数
                    {
                      {7, 9, 8, 7 },
                      {4, 3, 5, 7 },
                    };
    int     he [ 4 ]          ; //存放和
    int i, j;

    //求和
    qiuhe(he,jiashu,2);

    //输出加数
    shuchu(jiashu,2);

    //输出和
    shuchu1(he,4);

    system("PAUSE");
    return 0;
}

void shuchu1(int h[],int n)
{
    int i;
    for(i = 0; i < n; i + + )
    {
        printf(" % 3d ",h[i]);
    }
    putchar('\n');
}

void shuchu(const int a[][4],int s1)
```

```
{
    int i, j;
    for(i = 0; i < s1; i + +)
    {
        for(j = 0; j < 4; j + +)
        {
            printf(" % 3d ",a[i][j]);
        }
        putchar('\n');
    }
}


void qiuhe(int h[],const int a[][4],int s1)
{
    int i, j;
    for(i = 0; i < 4; i + +)
    {
        h[i] = 0;
        for(j = 0; j < s1;j + +)
        {
            h[i] + = a[j][i];
        }
    }
}
```

特别要注意的是,与二维数组名对应的形参中第二个"[]"内的"4"是不能免写的。这样的函数只能处理第二维为 4 的二维数组。

8.8　高维数组名的性质

8.8.1　高维数组名是指针

本小节以二维数组为例,重点讲解高维数组名的含义。如下语句定义了一个二维数组:

int a [2][3];

作为二维数组的数组名,a 由于可以进行下标("[]")运算(也就是可以进行一元求指针("＊")运算),所以显然 a 是一个指针。问题的重点在于其类型。

由于＊a 亦即"a[0]"本身是由 3 个 int 类型变量组成的一维数组 int [3],所以 a 是指向一个由 3 个 int 类型数据构成的一维数组的指针,这种类型在 C 语言中写作:

int (＊)[3]

下面代码的输出证实了这一点。

程序代码 8 - 26

```
/*
高维数组名的含义
*/

#include <stdio.h>
#include <stdlib.h>

int main(void)
{

    int a[2][3];

    printf(" &a[0][0] = %p \n", &a[0][0]);
    printf(" a = %p, a+1 = %p \n", a, a+1);
    printf(" sizeof( * a ) = %d\n", sizeof( * a));
    printf(" sizeof(a[0]) = %d\n", sizeof(a[0]));
    printf(" sizeof(int [3]) = %d\n", sizeof(int [3]));

    system("PAUSE");
    return 0;
}
```

输出结果为：

```
&a[0][0]=0022FF58
a=0022FF58, a+1=0022FF64
sizeof( * a)=12
sizeof(a[0])=12
sizeof(int [3])=12
```

从输出结果可以看出，&a[0][0]与 a 的值相同，这表明这两个指针都始于同一个起点，也就是数组开始存储的第一个 byte。然而 a+1 在数值上比 a 大 0022FF64－0022FF58 ＝C 亦即十进制的 12，说明 a 指向一大小为 12byte 的数据类型。最后三条的输出表明 * a、a[0]及 int [3]类型所占据的内存空间皆为 12byte。这就证实了 a 这个二维数组名是一个指向 int [3]类型的一维数组的指针，即 int (*)[3]类型。

定义这种类型的指针变量的方法是：

int (* p_a)[3];

其中的“( )”是必需的，这是因为“[ ]”的优先级比“ * ”要高，在说明 p_a 类型的时候，为了说明 p_a 首先与“ * ”相结合，是一个指针变量，所以必须将 * p_a 用“( )”括起来以表明

p_a是与"＊"紧密结合,因而是个指针变量。下面的定义则表示另一种含义:

　　int ＊ a_p[3];

这里由于标识符"a_p"的前后有"＊"和"[]"两个类型说明符,而"[]"的优先级别更高,因而"a_p"是一个数组名,"[]"中的"3"表示这个数组一共有 3 个元素,定义"int ＊ a_p[3];"中的其他部分说明的是数组元素的类型,本例中数组 a_p 的 3 个元素皆为 int ＊类型。

　　回到原来 a 的定义。现在已经分析出了 a 的类型是指向由 3 个 int 类型数据所构成的一维数组的指针,显然 a+1 也是同样类型的表达式,由于表达式 ＊(a+1)等价于 a[1],所以它指向 a[1],而 a[1]同样是一个 int [3]类型的一维数组,如图 8-9 所示。

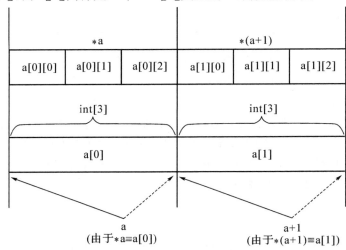

图 8-9　二维数组名的含义之一

8.8.2　高维数组名是内存

　　和一维数组名一样,在关于内存的运算中,二维数组名也代表这个二维数组所占据的那个内存空间,也就是说代表了一个数据对象(Object)。

程序代码 8-27

```
/*
高维数组名的含义
*/

#include <stdio.h>
#include <stdlib.h>

int main(void)
{
    int a [2][3];
    int ( ＊ p) [2][3] = & a;
```

```
    printf (" sizeof a = % u\n", sizeof a);
    printf (" a = % p,&a = % p,&a + 1 = % p\n", a,  &a, &a + 1);
    printf (" p = % p,p + 1 = % p\n", p, p + 1);



    system("PAUSE");
    return 0;
}
```

程序运行结果为：

sizeof a=24
a=0022FF58,&a=0022FF58,&a+1=0022FF70
p=0022FF58,p+1=0022FF70
请按任意键继续...

sizeof a 的值为 24 表明 a 也表示这个二维数组(int [2][3]类型)所占据的内存,如图 8-10 所示,进而 &a 为一个指向二维数组的指针(int（＊)[2][3]类型),所以在数值上 &a+1 比 &a 大 18H(24D,即 sizeof (int [2][3]))。程序最后的输出表明 a 与指向二维数组的指针变量 p 具有同样的性质。

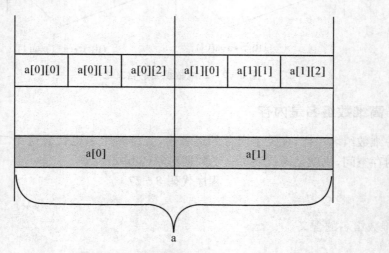

图 8-10 二维数组名的另一含义

由此可见,和一维数组名一样,二维数组名同样既可以表示指向其起始元素("a [0]")的指针,也可以表示自身所占据的内存。至于具体的含义必须要在代码的上下文中才能确定,更具体地说是要视这个数组名所参与的运算才能确定。

8.8.3 a [0]或 * a 的含义

由于 a 是指向一维数组的指针,所以 a [0]或 * a 当然是一维数组类型(int [3])。然而在 C 语言中除了数组名,没有什么东西可以表示或代表一个数组整体,因此 a [0]或 * a 的性质和数组名一样也就不足为怪了。

一方面 a[0]或 *a 可以表示一个内存空间——一维数组所占据的内存空间,这一点非常明显。因为 &a[0]或 &*a 根据运算符的定义就可以知道它们就是 a——指向一维数组的指针,而且可以通过代码证实 sizeof(a[0])的值是 3 * sizeof(int)。

另一方面,由于 a[0]或 *a 同样都可以进行一次下标("[]")运算或一元求指针("*")运算,这说明 a[0]也就是 *a 同样是指针。a[0](也就是 *a)进行一次"[]"或" * "运算后将得到 a[0][0]这个 int 类型的值,因而 a[0](也就是 *a)都是 int * 类型的指针。

再经过简单的推理,就可以轻易得出 a[0]或 *a 与 a 在数值上完全相等的结论,如图 8-11 所示。因为指针记录的只是一个内存单元中最前面的那个字节的编号,而这几个内存单元是从同一处开始的。

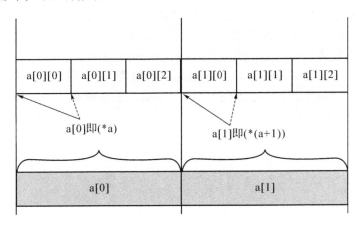

图 8-11　a[0]的两种含义

总结一下:二维数组名的值(右值)是指向构成这个二维数组的首个一维数组的指针,同时代表这个二维数组所占据的内存。对这个指针再进行一次求指针(" * ")运算或下标("[]")运算就得到了一个一维数组对象 int[3],代表这个一维数组所占据的内存,由于能够代表数组对象的只有数组名这样的东西,因而这个对象的值(右值)的类型是 int[],也就是指向这个一维数组的首个基本元素的指针 int *。对于更高维的数组,以此类推。

8.8.4　数组与指针关系的总结

数组是一类数据类型的统称,在代码中用数组名表示数组,因而在前面的章节和后面的章节的论述中,数组名和数组实际上是相同的概念。

数组或数组名在代码中表现出两种性质:一方面具有数组类型,另一方面具有指针类型。具体地说就是,在作为左值表达式时表现为数组类型,代表数组所占据的内存空间;在作为右值表达式时表现为指针类型。这种辨证统一在数组名的性质上淋漓尽致地体现了一把。

当作为"sizeof"、"&"运算符的运算对象时数组或数组名为左值表达式。此外,数组或数组名不可以作为"++"、"--"运算符的运算对象,也不可以作为"="运算符的左操作数。在其他运算场合,数组或数组名都是右值表达式。

数组或数组名作为右值表达式时,其值与数组所占据内存空间中存储的内容没有关系,数组所占据的内存空间存储的内容也不像结构体或联合体那样具有值的含义。数组或数组名的值(右值)表示的是指向构成这个数组的起始元素的指针,亦即如果数组名为"a",那么 a 就是指向 a[0]的指针。无论对于几维数组这个结论都成立。

在对高维数组或高维数组名进行求指针("＊")或下标("[]")运算时,运算结果可能是数组类型。这个结果同样具有数组和指针两种含义,视具体运算场合才能确定究竟是何种含义。

对于指向数组的指针变量来说,由于进行求指针("＊")或下标("[]")运算得到的是数组类型的数据对象,因而其运算结果也同样具有数组和指针两种含义,需要视具体运算场合才能确定。

一般地说,对于 n 维(n>2)数组 a,其数组名作为左值表达式时是 n 维数组类型,作为右值表达式时是指向 n−1 维数组的指针;而 ＊a 或 a[0]作为左值表达式时是n−1维数组类型,作为右值表达式时是指向 n−2 维数组的指针……

此外请读者注意,有的书籍中认为数组始终具有数组类型,但在作为右值使用时存在着一个从数组到指针的隐式类型转换。这与本书的叙述没有什么矛盾,只是叙述方式的不同罢了。

第 9 章　字符串、字符数组及指向字符的指针

C 语言用最简洁的方式处理字符串, 居然没有字符串这种数据类型。

9.1　字符串文字量

处理字符串是应用程序中经常要遇到的问题, 比如在处理程序的输入、输出时, 处理字符串是几乎无法避免的问题。此外在字处理、编译程序等软件中, 处理字符或字符串部分可能要占相当大的比重。

C 语言本身没有字符串这种数据类型, 但是对于字符串的处理非常得心应手, 这主要归功于指针。

9.1.1　字符串文字量的定义

字符串文字量(String Literal)是在代码中直接写出的若干连续字符所构成的一个字符序列, 在本书中的某些地方称之为"裸串"。

在代码中书写赤裸裸的字符串需要用""""把字符序列括起来(可以为空)以向编译器表示这是一个字符串文字量而不是标识符或其他的单词, 如:

"ABC"[1]

字符串文字量没有统一的长度。编译时字符串文字量中字符序列的尾部被编译器加上一个值为 0 的字符'\0'按照数组的存储方式静态存储。如前面的字符串"ABC", 在内存中的存储情况如图 9-1 所示。

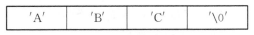

| 'A' | 'B' | 'C' | '\0' |

图 9-1　字符串文字量的存储

'\0'字符用来表示字符串的结束。'\0'这个字符的名字一般被叫做"null character", 也可以说'\0'是一个空的字符。

在字符串文字量内部, """"这样无法直接写出的字符可以用转义序列"\""来写。其他的字符常量也可以用别的方式来写, 如:

"\"\x12\n\7"
是由'"'、'\x12'、'\n'、'\7'四个字符构成的字符串文字量。

---

[1]　区别于 ABC(标识符)和 0XABC 中的 ABC。

9.1.2　字符串文字量的性质

字符串文字量可以视同为一个字符数组。比如前面的"ABC"就可以视为一个 char [4]类型的数据。

char [4]类型的数据作为左值时表示所占据的内存,作为右值时表示一个 char ∗ 类型的指针,下面的代码可以证实这点。

程序代码 9 − 1

```
/ ∗
字符串文字量的性质
∗ /


#include <stdio. h>
#include <stdlib. h>


int main(void)
{
  printf (" sizeof \"ABC\" = % u\n",sizeof "ABC");
  printf (" \"ABC\" = % p \n &\"ABC\" + 1 = % p\n",
          "ABC", & "ABC" + 1);


  system("PAUSE");
  return 0;
}
```

```
sizeof "ABC"=4
"ABC"=00403014
&"ABC"+1=00403018
请按任意键继续. . .
```

这个结果表明"ABC"的类型为 char [4]。当然,得到这个结果的前提是,代码中出现的三个"ABC"是同一个字符串文字量,这通常是编译器的一个编译选项。也就是说可以选择把它们编译为同一个,也可以不这样选择。

由于字符串文字量的值是 char ∗ 类型的指针,因此下面的表达式是完全合法的:

"ABC"+1　∗("ABC"+2)　"ABC" [1]

并且分别表示指向字符序列中字符′B′的指针、字符′C′以及字符′B′。

字符串文字量同样可以直接对同类型的指针变量赋值。如:

char ∗p="abc";

但是只可以通过指针 p 读出"abc",修改其中的字符是未定义的行为。C 语言规定,修改字符串文字量中的字符是一种未定义行为(Undefined Behavior),换句话说在代码中不容许试图修改字符串文字量中的各个字符。[①]

　　p 这种指向字符串中某个字符的指针往往俗称为"指向字符串的指针",但实际上指向字符串的指针是不存在的(因为字符串的长度各异),本质上所谓的"指向字符串的指针"是指向字符的指针。为了叙述的方便,本书间或使用"指向字符串的指针"这种说法,但一定要清楚的是,本质上这是指向字符的指针。

　　可以调用 printf()函数输出字符串文字量,输出格式转换说明为%s,%s 要求与之对应的参量应该是 char * 类型。下面是一个示意性的例子。

程序代码 9-2

```
/ *
字符串与指针
* /

# include <stdio. h>
# include <stdlib. h>

int main(void)
{
  char * p = "abcdefg";

  printf(" % s\n",p);
  printf(" % s\n","ABCD");
  printf(" % s\n",p + 3);
  printf(" % s\n","ABCD" + 2);
  printf(" % c % c\n",p[3], * (p + 1));
  printf(" % c % c\n","ABCD"[2], * ("ABCD" + 1));

  system("Pause");
  return 0;
}
```

程序输出为:

```
abcdefg
ABCD
defg
CD
d b
C B
请按任意键继续. . .
```

[①]　老式的 C 语言中字符串文字量中的字符是可以被改变的,C89 之后就不再容许了。

这段代码的主要用意是表明字符串文字量的右值是一个 char * 类型的指针。

此外还要说明一点,两个相邻的字符串文字量在编译时会被合成为一个。例如:

"ABCD""EFG"

等同于"ABCDEFG"。正如前面出现过的那样,这一点可以被利用来改善代码的可读性。

9.2 字符串的输入与存储

9.2.1 为输入的字符串准备存储空间

字符串文字量解决了在程序运行之前就可以确定的、运行期间不发生变化的字符串的存储问题,但是当在程序运行时需要输入字符串时,为这个字符串事先安排存储空间是字符串文字量本身无法胜任的任务。

在这种情况下,代码编写者必须要为输入的字符串事先安排足够的存储空间,目前这只能通过定义字符数组来实现。比如:

char str[80];

输入字符串可以通过调用标准库函数 scanf() 完成,字符串的输入格式转换说明是%s,而且由于是通过调用函数改变 str 数组的值,所以实参必须是指针,如下所示:

scanf("%s",str);

注意,对于数组名 str 不需要再做求指针("&")运算,因为 str 在这里已经是 scanf() 函数的%s 格式转换说明所要求的 char * 类型了。

特别要注意的是 str 数组不可以太小,否则一旦发生越界存储,后果就很难预料了。

另一个库函数 gets() 也可以实现类似的功能,这个函数的原型是下面这样:

char * gets(char *);

调用时也是把数组名 str 作为实参,也就是把指向字符的指针作为实参。

gets(str);

这个函数调用返回的值依然是 str,如果输入不成功返回的是 NULL。其函数原型也在头文件 stdio.h 中。

使用 scanf() 函数和 gets() 函数输入字符串的区别在于前者是把非空白字符作为字符串的开始,把空白字符作为字符串的结束,而后者是把回车换行作为字符串的结束并把遇到的第一个'\n'转变成'\0'存储的。比如下面的键盘输入:

abv aas

对于 scanf() 函数来说这是两个字符串"abv"和"aas",而对于 gets() 函数来说这是一个字符串"abv aas"。

初学者很容易忽略为程序运行时输入的字符串预备存储空间。下面是一个很常见的错误:

char * p;

gets(p);

从指针的角度讲,p 没有被赋初值,这样 p 可能指向内存中任意一个位置,由gets()输入的字符串可能被随意地放在了内存中任意的一个空间之内。这种错误的危害是不言而喻的,更可怕的是这样写的程序有时可以显得若无其事般似乎"正确"地运行。

所以在通过指针变量输入字符串时,一定要特别注意为字符串预备存储空间。比如:

```
char str[80], * p=NULL;
p=str;
gets(p);
```

这样就不会发生把字符串随意放在内存的任意位置中的错误了。不过有一点要说明，上面的代码中，指针变量 p 是多余的，没有这个 p 程序也能正常完成任务。如：

```
char str[80];
gets(str);
```

这与前面代码段的功效是一样的。

9.2.2　puts( )函数

这个标准库函数也可以用来输出字符串，其头文件也是 stdio. h，它的函数原型是：

```
int puts (const char * );
```

其返回值可能为一个非负值或 EOF(这是一个在 stdio. h 中定义的一个符号常量，它的值通常为-1)，后者表示在输出过程中发生错误。

这个函数与 printf()函数最大的区别在于它会把'\0'转化为'\n'输出。

```
puts("ABC");
```

和

```
printf("%s\n","ABC");
```

的输出效果是一样的，

由此可见，puts()函数的功能是输出其实参所指向的字符以及其后的各个字符，遇到'\0'输出字符'\n'，然后结束函数调用。

9.2.3　字符数组的初始化

字符数组具备一般数组的所有性质，但是有一种其独有的初始化方法，就是使用字符串文字量初始化。例如：

```
char str[80]={ 'a','b','c','d', '\0'};
```

可以简单地写为

```
char str[80]="abcd";
```

初学者在使用前一种方法时特别容易犯的一个错误是忘记写字符串结尾的'\0'。这往往会导致输出字符序列之后额外输出一些不相干的字符，因为相应的函数会一直输出字符直到遇到'\0'为止。如果涉及写操作，这个错误的性质就十分严重了。

9.3　字符串操作的应用

由于指针，C 语言对字符串的操作非常容易。C 语言对字符串几乎所有的操作都是通过 char * 类型的指针与字符串结尾的'\0'标志相互配合完成的。

9.3.1　求字符串长度

1. 问题

求字符串长度。

2. 分析

所谓字符串长度是指字符串中在'\0'之前有多少个字符,这个'\0'是指字符串中第一个'\0'。C语言提供了这样一个库函数 strlen()① 用于求字符串长度,实际上自己写这个函数也非常容易。

3. 代码

程序代码 9 - 3

```
/*
求字符串长度。
*/

#include <stdio.h>
#include <stdlib.h>

unsigned changdu(const char *);

int main(void)
{
    printf("%s 的长度为 %u\n","abcdefgh",changdu("abcdefgh"));

    system("PAUSE");
    return 0;
}

//求字符串长度
unsigned changdu(const char * str)
{
    const char * tmp = str;

    while( * tmp! = '\0')   //这差不多是字符串操作最常用的一个句型
    {
        tmp + + ;
    }
    return tmp - str;
}
```

输出结果为:

```
abcdefgh 的长度为 8
请按任意键继续. . .
```

上面代码中,"const char *"表示指针指向的字符对象在计算长度时不应该被改变。把形参定义为"const"这样的类别可以防止函数中可能的一些错误发生。尽管"const"这个修饰不是必需的,但由于它可以让代码书写者不必关心函数中是否存在误改写指针所指向的对象的情况,也就是不必亲自检查这些错误,因而可以把注意力放到问题本身上

---

① 函数原型为"size_t strlen(const char * s);",在 string.h 文件中描述,其中 size_t 类型就是 unsigned 类型。

面。毫无疑问这样是一个良好的编程习惯。

9.3.2　比较两个字符串的大小

1. 问题

比较两个字符串的大小。

2. 分析

字符串的大小实际上是根据字符的编号确定的,比较两个字符串时若对应字符相同则比较下一个字符,遇到字符不同时就可以根据不同字符各自编号的大小确定字符串的大小,若一直到 ′\0′ 对应字符都相同则两字符串相等。如:

"ABC"　小于　"abc"

"cBC"　大于　"abc"

"ABC"　等于　"ABC"

"ABC"　小于　"ABCD"

3. 代码

程序代码 9 - 4

```
/*
比较两个字符串的大小。
*/

#include <stdio.h>
#include <stdlib.h>

#define DEY "等于"
#define DAY "大于"
#define XIY "小于"

int bijiao(const char * ,const char * );

int main(void)
{
//测试
char * str1 = "ABC", * str2 = "abc";
int temp;

printf("%s%s%s\n",
        str1,
        (temp = bijiao(str1,str2),
          temp == 0  ? DEY :
          temp > 0 ? DAY : XIY
        ),
        str2
    );
```

```
    str1 = "cBC"; str2 = "abc";
printf("%s%s%s\n",
        str1,
        (temp = bijiao(str1,str2),
          temp = = 0? DEY :
          temp > 0 ? DAY : XIY
        ),
        str2
    );

str1 = "ABC";   str2 = "ABC";
printf("%s%s%s\n",
        str1,
        (temp = bijiao(str1,str2),
          temp = = 0? DEY :
          temp > 0 ? DAY : XIY
        ),
        str2
    );

str1 = "ABC";   str2 = "ABCD";
printf("%s%s%s\n",
        str1,
        (temp = bijiao(str1,str2),
          temp = = 0? DEY :
          temp > 0 ? DAY : XIY
        ),
        str2
    );

system("PAUSE");
return 0;


}


/ * 比较两个字符串:
相等返回 0
第一个字符串大于第二个返回一正整数
第一个字符串小于第二个返回一负整数 * /
```

```
int bijiao(const char * str1, const char * str2)
{
    while((* str1 = = * str2) &&(* str1 ! = '\0'))
    {
        str1 + + ;
        str2 + + ;
    }
    return * str1 - * str2;
}
```

测试结果为：

ABC 小于 abc

cBC 大于 abc

ABC 等于 ABC

ABC 小于 ABCD

请按任意键继续. . .

9.3.3　scanf( )函数中的转换

1. 问题

输入一个字符串，判断其是否为一个十六进制整数形式的字符串，如是，则将其转变成一个 int 类型的量存储。

2. 分析

这差不多是 scanf("%X",&n)所能做的事情。在编程之前要对输入的情况作适当考察。首先"%X"所对应的部分应该是以非空白字符开始的，然后读取数字字符，遇到空白字符结束。这表明下面的输入都是合法的输入：

[SP][SP][TAB]12AB[TAB][SP][CR]

12AB[CR]

很明显，数字字符前面的空白字符应该跳过不读。

很多人容易忽视下面两种可能：

[SP][SP][TAB]+12AB[TAB][SP][CR]

－12AB[CR]

换句话说，跳过空白字符之后，可能遇到的并不是数字字符而是正负号。这是在编程之前必须考虑到的，否则，程序必然失败。

其他的一些意外也应该在考虑范围之内，比如在遇到非法的字符时应该如何处理：

12ATB[CR]

T12AB[CR]

这两个"T"就不是十六进制数字。甚至也可能出现：

　＋T12AB[CR]

　－T12AB[CR]

的情形。如果编程之前没有想到这些,显然代码写出来也是错的并且很难修改。从这个意义上讲,编程的水平取决于测试的水平。对于本题来说,全面的测试方案是编程的前提,而且准备这个方案本身比编程要难得多。表9-1列出了本题的测试用例。

表9-1　测试用例

编号	输入	输出
0	""	空字符串无法转换
1	"　"	空字符串无法转换
2	"\t12af"	["\t12af"]的值为 4783
3	"　\t1A2F"	["　\t1A2F"]的值为 6703
4	"　＋f12b"	["　＋f12b"]的值为 61739
5	"　－F21A"	["　－F21A"]的值为－61978
6	"　＋Waf"	["　＋Waf"]输入不合法无法转换
7	"　－Waf"	["　－Waf"]输入不合法无法转换
8	"　Waf"	["　Waf"]输入不合法无法转换
9	"　＋a1gf"	["　＋a1gf"]的值为 161
10	"　－1AZf"	["　－1AZf"]的值为－26
11	"90af"	["90af"]的值为 37039
12	"0A2F"	["0A2F"]的值为 2607
13	"＋f90b"	["＋f90b"]的值为 63755
14	"－F09A"	["－F09A"]的值为－61594
15	"＋waf"	["＋waf"]输入不合法无法转换
16	"－w09"	["－w09"]输入不合法无法转换
17	"w90"	["w90"]输入不合法无法转换
18	"＋A1gF"	["＋A1gF"]的值为 161
19	"－01AZ1f"	["－01AZ1f"]的值为－26

　　这些测试用例涵盖了前面所提到的各种可能(其中[]表示按照原来格式输出),这是最基本的测试用例集,更严格的测试则需要更多的测试用例,但这不是本书所主要关注的内容。

　　3. 代码

程序代码 9-5

```
/*
输入一个字符串,判断其是否为一个十六进制整形数形式的字符串,
如是,则将其转变成一个 int 类型的量存储。
*/

# include <stdio.h>
# include <stdlib.h>
```

```
#define SHI 1

void shuru(char []);
char * qiu_ktwz(char *);
int  buhefa(char);
int qiu_zhi(char *);
void tuichu (char *);

int main(void)
{
  char sljzc[80];          //十六进制字符串
  char * p_tou = NULL;     //开头
  int zfh = 1;             //值的正负号
  int zhi;                 //存储求得的值

  //输入
  shuru(sljzc);

  //求最前面的非空白字符的位置
  p_tou = qiu_ktwz(sljzc);
  //空字符串无法转换,退出
  if( * p_tou = = '\0')
    tuichu("空字符串无法转换");

  //跳过正负号
  switch ( * p_tou)
  {
    case '+':p_tou + + ;break;
    case '-':p_tou + + ;zfh = - 1;break;
  }

  //判断输入是否绝对不合法
  if(SHI = = buhefa( * p_tou))
    tuichu("输入不合法无法转换");

  //转换
  zhi = zfh * qiu_zhi(p_tou);
  //输出
  printf(" % s 的值为 % d\n",sljzc,zhi);
```

```
    system("PAUSE");
    return 0;
}


//退出
void tuichu (char *xinxi)
{
    puts(xinxi);
    exit(1);
}


//输入
void shuru(char zfsz[])
{
puts("输入一个十六进制整型数形式的字符串");
gets(zfsz);//这里没有考虑输入超过 80-1 个字符的情况
         //也没有考虑超过 int 范围的可能

return;
}


//求开头的位置
char * qiu_ktwz(char *p)
{
    while( *p= =' ' || *p= ='\n' || *p= ='\t')
        p++;
    return p;
}


//判断是否不合法
int   buhefa(char xc)
{
    if('0' <= xc && xc <= '9')
        return ! SHI;
    if('A' <= xc && xc <= 'F')
        return ! SHI;
    if('a' <= xc && xc <= 'f')
        return ! SHI;
    return SHI;
}
```

```
//转换
int qiu_zhi(char * t)
{
    int zhi = 0;
    do
    {
        char c = * t++;
        zhi * = 16;
        zhi += ('0' <= c && c <= '9') ? (c-'0'):\
              ('A' <= c && c <= 'F') ? (c-'A') + 10 :(c-'a') + 10;
    }
    while(buhefa( * t) ! = SHI);//直到出现不符合十六进制的字符
    return zhi;
}
```

请自己根据前面的测试用例进行测试。

代码中用 buhefa() 函数判断字符是否是合法的十六进制字符,用表达式('0' <= c &&
c <= '9')判断字符是否为数字字符。C 语言也提供了具有类似功能的库函数,这些库函数
的函数原型写在 ctype. h 文件中,在使用这些库函数时,应在调用前写上预处理命令:

♯include <ctype. h>

下一小节将介绍这些库函数的功能。

9.3.4 字符处理库函数

表 9-2 列出了 C 语言的字符处理库函数。

表 9-2 C 语言的字符处理库函数

函数原型	功能描述
int isalnum (int c);	c 是数字或字母返回非 0,否则返回 0
int isalpha (int c);	c 是字母返回非 0,否则返回 0
int iscntrl (int c);	c 是控制字符①返回非 0,否则返回 0
int isdigit (int c);	c 是数字返回非 0,否则返回 0
int isgraph (int c);	c 是可打印字符(但不含空白字符)返回非 0,否则返回 0
int islower (int c);	c 是小写字母字符返回非 0,否则返回 0
int isprint (int c);	c 是可打印字符(非控制字符)返回非 0,否则返回 0
int ispunct (int c);	c 是标点符号字符返回非 0,否则返回 0
int isspace (int c);	c 是空白字符('\t', '\n', ' ', '\v', '\f')返回非 0,否则返回 0
int isupper (int c);	c 是大写字母字符返回非 0,否则返回 0
int isxdigit (int c);	c 是十六进制数字符返回非 0,否则返回 0
int tolower (int c);	c 为小写字母字符时返回对应的大写字母字符,否则不变
int toupper (int c);	c 为大写字母字符时返回对应的小写字母字符,否则不变

---

① 对于标准 ASCII 码字符集(共 128 个字符)而言,控制符是指码值为 0~31 和 127 的字符。

使用这些标准库函数会使代码更加简洁,在一定程度上也提高了代码的正确性,更重要的是增强了代码的可移植性。要知道,并非所有的环境都使用 ASCII 码[1],用('A'<=c && c<='Z')这样的表达式来判断"c"是否是大写字母字符也不是总成立的,然而使用 isupper()这样的标准库函数却不存在这样的问题。

作为编程练习,不提倡使用标准库函数,但在写正规的程序时应尽量使用标准库函数,不但可以增强正确性和提高效率,代码的可移植性也更高。

9.4 常用的字符串函数

9.4.1 字符串处理库函数

C 语言库函数中用于字符串操作的函数的原型写在 string.h 文件中,常用的字符串处理库函数见表9-3。在使用时需要保证字符串中不缺少'\0',并且保证在操作过程中有足够的字符存储空间。

表9-3 C 语言的字符串处理库函数

函数原型	功能描述
char * strcat (char * dest, const char * src);	将 src 的内容添加到 dest 的结尾,返回 dest
char * strncat (char * dest, const char * src, size_t n);	最多将 src 中的前 n 个字符添加到 dest 的结尾,返回 dest
int strcmp (const char * s1, const char * s2);	比较字符串 s1 与 s2,s1>s2 时返回正的 int 类型数据,s1<s2[2] 时返回负的 int 类型数据,s1 与 s2 相等时返回 0
int strncmp (const char * s1, const char * s2, size_t n);	最多比较字符串 s1 与 s2 的前 n 个字符,s1>s2 时返回正的 int 类型数据,s1<s2 时返回负的 int 类型数据,s1 与 s2 相等时返回 0
char * strcpy (char * dest, const char * src);	将 src 的内容拷贝到 dest 中,返回 dest
char * strncpy (char * dest, const char * src, size_t n);	最多将 src 中的前 n 个字符拷贝到 dest 中,返回 dest[3]
size_t strlen(const char * s);	求 s 中第一个'\0'前面的字符数目
char * strchr(const char * s, int c)	在 s 中寻找 c 第一次出现的位置并返回,如不存在返回(char *)0
char * strrchr(const char * s, int c)	在 s 中寻找 c 最后一次出现的位置并返回,如不存在返回(char *)0
size_t strspn (const char * s, const char * set);	返回 s 中开头连续有几个字符在 set 字符集中
size_t strcspn (const char * s, const char * set);	返回 s 中第几个字符开始出现 set 字符集中
char * strpbrk (const char * s, const char * set);	和 strspn 类似,但返回找到的 set 字符集中第一个字符的指针
char * strstr (const char * src, const char * sub);	返回 sub 首次出现在 src 中的位置
char * strtok (char * str, const char * set);	第一次调用返回被 set 集分割的 str 中的第一个单词,但后面的调用要用 NULL 作为 str

---

① 也有不少计算机使用 EBCDIC 码(扩充的二—十进制交换码)。
② 字符串的比较规则见前面例题。
③ 注意'\0'可能需要自己添加。例如,dest 原来是"abcd",src 是"ef",n 为 2 时,得到的是"efcd"而不是"ef"。

其中,"size_t"就是 unsigned 类型。"const char"表示的是在操作过程中指针指向的字符不会发生改变,这是库函数给出的一个承诺,和自己写代码时使用"const"的意义是有所不同的。

这些库函数都不难实现,可以按照其功能自己写出自定义函数作为练习。但在编写程序时,最好还是尽量使用这些库函数,如果这些库函数刚好满足你的代码中的要求的话。

下面的代码演示了库函数 strtok() 的用法。

程序代码 9-6

```
/*
从"asc,de as."中找出被´,´、´´、´.´分隔的 asc、de、as 这三个单词
*/
#include <stdio.h>
#include <stdlib.h>
#include <string.h>
int main(void)
{
  char yuju[80] = "asc,de as.";
  char * p = NULL;
  //把 yuju 中第一个", ."处改为´\0´
  p = strtok(yuju, ", .");// ", ."中有´,´、´´、´.´三个字符
  if (p! = NULL)
    printf("%s\n", p);
  //再次调用应使用 NULL 作为实参
  p = strtok(NULL, ", .");
  if (p! = NULL)
    printf("%s\n", p);
  p = strtok(NULL, ", .");
  if (p! = NULL)
    printf("%s\n", p);
  p = strtok(NULL, ", .");
  if (p! = NULL)
    printf("%s\n", p);

  system("PAUSE");
  return 0;
}
```

运行结果为:

```
asc
de
as
请按任意键继续. . .
```

9.4.2　sscanf( )与 sprintf( )函数

有两个函数原型写在 stdio.h 文件中的库函数在使用字符串时可能会经常遇到,它们和前面经常使用的 scanf( )及 printf( )非常相像,一个是 sscanf( )函数,另一个是 sprintf( )函数。它们的函数原型分别是:

int sscanf(const char * restrict s,const char * restrict format, …);

int sprintf(char * restrict s,const char * restrict format, …);

这两个函数与 scanf( )及 printf( )是等价的,返回值的意义也相同,只不过它们面向的不是标准输入、输出设备,而是字符串"s"。sscanf( )读到'\0'时返回值是 EOF(stdio.h 中定义的一个符号常量,通常值为−1),遇到读写冲突时返回正确地给变量赋值的个数。

很明显 printf( )中的"s"应该是指向某个字符数组中字符的指针。那么为输出预备好存储空间是函数调用者的责任,下面明显属于对函数的误用:

char p * ; //并没有为输出预备空间

sprintf(p, "%d",123);

这个错误非常严重,因为有时会输出貌似正确的结果。

如果输出正常,sprintf( )函数会在字符串的末尾加上 null character('\0')。

sprintf( )函数的原型和 sscanf( )函数的原型中的"restrict"是 C99 新增加的一个关键字,对于函数的调用者来说,其意义在于要求实参中指针所指向的对象不容许发生重叠。举例来说:

char s[80]="%d%d\n";

sprintf(s, s, 12, 345);

就属于实参中指针所指向的对象发生重叠的情况。这时函数调用的行为是未定义的。

在 C89 中 sprintf( )函数的原型和 sscanf( )函数的原型中不写"restrict"这个变量性质修饰符,但是对"s"和"format"这两个指针的要求是一样的,同样不容许发生重叠。

9.4.3　restrict 关键字(C99)及 memcpy( )函数集

1. restrict 关键字的含义

"restrict"是专门用于修饰数据指针类型的限定符,其含义是对于指针所指向的对象必须只能通过这个限定的指针进行读写。这个关键字常用于函数形参,和 const 的用意相仿,有帮助编译器进行优化的含义。

restrict 关键字对编译器、函数作者、函数调用者有不同的含义。对于编译器来说,其含义是在这段代码中这个指针指向的对象除了通过这个指针没有任何其他读写,希望编译器在这个前提下尽管优化。对于函数作者来说,其含义是代码是在这个前提下写的,但函数作者有义务提醒函数调用者不许有重叠现象发生。最为小心的应该是函数调用者,在进行函数调用时必须保证实参满足这个条件。

2. memcpy( )函数集

在 C 语言的库函数中有不少与 restrict 关键字相关的函数,比如:

void * memcpy(void * s1,const void * s2, size_t size);

这个(C89)原型在 string.h 文件中被描述的函数的功能是从 s2 开始的内存区域复

制 size 个字节到 s1 开始的内存区域并返回 s1 的值。在 C99 之前的年代,函数的功能说明中要明确说明 s1 和 s2 所访问的内存不可以有重叠的区域,否则函数调用行为是未定义的。但是在 C99 中,这个函数的函数说明写作

  void * memcpy(restrict void * s1, restrict const void * s2, size_t size);

  此外,几个与此相似的函数分别是:

  (1) void * memmove(void * s1, const void * s2, size_t n);

  其功能是由 s2 所指内存区域移动 n 个字节到 s1 所指内存区域。这个函数的特点是并不要求 s1 和 s2 不重叠,因为其操作过程是先把 s2 内的前 n 个字节复制到另一处之后再重新把这 n 个字节复制到 s1 之后的 n 个字节的。

  (2) int memcmp(const void * s1, const void * s2, size_t n);

  其功能是比较 s1 和 s2 的前 n 个字节。

  (3) void * memchr(const void * s, int c, size_t n);

  其功能是从 s 所指内存区域的前 n 个字节查找字符"c",返回所发现的第一个"c"的指针。

  (4) void * memset(void * s, int c, size_t n);

  其功能是把 s 的前 n 个字节填入"(unsigned char)c"。

9.4.4　字符串转换函数

  在 C 语言标准库中提供了许多解释数字字符串并返回转换数值的函数,表 9-4 中列举了部分这样的库函数并大致地说明了其功能。这些函数的函数原型均写在 stdlib.h 文件中,因而在调用前需要在代码中添加 ♯include ＜stdlib.h＞预处理命令。

表 9-4　C 语言的字符串转换库函数

函数原型	功能描述
double atof(const char * nptr);	求字符串 nptr 对应的 double 类型的值
int atoi(const char * nptr);	求字符串 nptr 对应的 int 类型的值
long int atol(const char * nptr);	求字符串 nptr 对应的 long 类型的值
double strtod (const char * restrict nptr, char * * restrict endptr);	求字符串 nptr 对应的 double 类型的值,endptr 为指向结尾指针的指针
long double strtold (const char * restrict nptr, char * * restrict endptr);	求字符串对应的 long double 类型的值,endptr 为指向结尾指针的指针
long int strtol (const char * restrict nptr, char * * restrict endptr, int base);	求字符串对应的 long 类型的值,endptr 为指向结尾指针的指针,base 为进制
unsigned long int strtoul(const char * restrict nptr, char * * restrict endptr, int base);	求字符串对应的 unsigned long 类型的值,endptr 为指向结尾指针的指针,base 为进制

9.5 main( )函数的参数

9.5.1 指向指针的指针

指针是一种用"＊"和其他数据类型或函数类型构造出来的数据类型,因而也可以用
"＊"与某种指针(比如 char ＊)构造出指向指针的指针(比如 char ＊＊)。可以用下面方
式定义这种变量:

char ＊＊p;

这时称"p"是一个指向指向字符类型的指针的指针变量(听起来有些拗口)。显然两
个"＊"中右边一个说明"p"是指针(根据结合性),其余的部分说明的是"p"指向的数据的
类型。

下面的定义也与指向指针的指针有关:

char ＊a_p[3];

这里定义的"a_p"由于首先与"[ ]"结合,因此是一个数组名;"[ ]"内的"3"表明数组
有 3 个元素,每个元素的类型皆为"char ＊"。由于数组名的值是指向数组起始元素的指
针,因此 a_p 的值就是一个指向 char ＊类型的指针(常量)。

如果有定义:

char ＊p_c;

那么"p_c"也是指向 char ＊类型的指针(常量)。

9.5.2 main( )函数的第二种写法

C 代码中的 main( )函数除了可以写成

int main(void) { /＊ ... ＊/ }

的形式,也可以写成

int main(int argc, char ＊argv[ ]) { /＊ ... ＊/ }

这样的形式。这里 main( )函数的两个形参的名字是任意的,但类型必须是 int 和
char ＊[ ](等价于 char ＊＊)。除此之外,对于其余各种形式的 main( )函数,C89、GB/T
15272—1994 是不承认的,而 C99 则认为那些是各种编译器自己的方言土语。

main( )函数的两个形参来自何处? 答案是来自操作系统或程序的调用者。控制台
程序通常是在命令提示符后面用文字的方式启动的,如:

> C:\>c:*可执行文件的名字*.exe[*参数 1*][*参数 2*][*参数 3*][CR]

其中 **c:*可执行文件的名字*.exe** 部分是必需的,而后面跟几个参数则视程序启动要
求而定。键入[CR]之后操作系统将把命令行的各个被空白字符分开的字符序列存储为
字符串,然后把指向这些字符串首个字符的各个指针(俗称指向字符串的指针)组织成一
个 char ＊[ ]类型的数组,再把这个数组的数组名及数组元素的个数传入 main( ),这样
main( )在运行的时候就可以获得命令行中的信息了。

存储指向字符串的指针的数组的值显然是 char ＊＊类型的,因而需要 main( )对应
的形参为 char ＊[ ]或 char ＊＊类型。在 main( )中若希望得到指向*参数 1* 的指针(实际
是指向开头那个字符的指针)显然可以通过 argv[1]运算得到。

　　此外 C 语言不保证一定能从 argv[0]得到可执行文件的名字,在有些环境下 argv[0]是一个指向""(空字符串)起始字节的指针。

　　下面的代码演示了如何从命令行读取参数并输出。

程序代码 9 - 7

```
/ *
main()的参数
* /

# include <stdio. h>
# include <stdlib. h>

int main( int argc,char * * agrv)
{
  int i;

  printf("共有 % d 个参数\n",argc);
  for (i = 0;i<argc;i+ +)
  {
     printf("第 % d 个参数是 % s\n",i+1,agrv[i]);
  }

  system("PAUSE");
  return 0;
}
```

　　这段代码的执行效果一般需要以命令行方式运行程序或在编译器中添加运行参数才能看出。下面是以命令行方式运行的结果:

```
E:\Dev-Cpp>程序代码 9 - 7. exe　 sada　 sdsdddd　 sd
共有 4 个参数
第 1 个参数是程序代码 9 - 7. exe
第 2 个参数是 sada
第 3 个参数是 sdsdddd
第 4 个参数是 sd
请按任意键继续. . .
```

　　在 Dev-C++中添加运行参数的方法如图 9 - 2 所示。

图 9－2　添加运行参数

运行结果为：

> 共有 4 个参数
> 第 1 个参数是程序代码 9－7.exe
> 第 2 个参数是 111
> 第 3 个参数是 222
> 第 4 个参数是 333
> 请按任意键继续...

9.6　枚举类型

枚举类型是一种需要编程者自己构造的数据类型,其本质上属于整数类型的一种。这种数据类型的特点是数据的值是 int 类型的一个"小"子集。

因为是 int 类型的一个"小"子集,所以其值可以被容易地一个一个罗列出来,同时可以用具有明显含义的符号常量来表示这些值。显然这样将使代码的可读性得到大大加强。

构造一个数据类型首先需要对类型进行声明,目的是帮助编译器理解这种构造数据类型。C 语言声明枚举类型需要用到关键字 **enum**。声明枚举类型的方法通常是：

enum *枚举类型的附加标识*｛*枚举常量列表*｝;

枚举类型的附加标识(Tag)的作用是区别各个不同的枚举类型。换句话说,如果代码中只有一种枚举类型时,可以不写这个*枚举类型的附加标识*,但这种偷懒的做法虽然可以被编译器所容忍,却不是一种良好的编程风格。*枚举类型的附加标识*按照标识符法则命名。关键字 **enum** 与*枚举类型的附加标识*共同组成了这种构造类型的名字。

"｛｝"里面的*枚举常量列表*是若干被","分隔开的一个个的符号常量,有时这些符号常量也被称为这种枚举类型的成员(Member)。例如：

enum shifou {FOU,SHI}；①

这个类型声明定义了一种名为"enum shifou"的枚举类型,这种类型的数据可以取值为 FOU 或 SHI,这里 FOU 或 SHI 都是 int 类型的符号常量。

枚举常量列表中各个枚举常量的值,除非特别指定,否则首个枚举常量的值总是 0,后一个枚举常量的值总是比前一个大 1。前面例子中的 FOU 的值是 0,而 SHI 的值为 1。下面是指定枚举常量值的例子:

enum shu { YI=1, ER, LIU=6, QI }；

这种枚举类型的成员 YI、ER、LIU、QI 的值分别为 1、2、6、7。

由于 **enum** 与**枚举类型的附加标识**共同组成了枚举类型的名字,因而可以用这种类型的名字来定义这种类型的变量。如:

enum shifou e1；

enum shu e2；

当然,也可以把枚举类型的定义与枚举变量的定义写在一起。如:

enum shifou {fou,shi} e1；

这种枚举类型在 C 语言诞生之初是没有的,是后来为了增加程序的可读性而在 C 语言标准中加入的。由于枚举类型只是一种可读性更好的 int 类型,因此不难发现,没有这种类型,代码同样可以完成同样的功能,但是在一定的条件下及适当的场合中,应用这种枚举类型可以使得代码显得更顺畅、自然、优美。然而单独使用这种类型却往往很难达到这种效果,下面是一个例子。

问题:口袋中有红、黄、蓝、白、黑 5 种颜色的球各若干个,每次从口袋中取出 3 个,问得到 3 种不同色的球的可能取法? 要求打印出每种组合的 3 种颜色。

下面是解决此问题的程序代码:

程序代码 9-8

```
/*
问题:口袋中有红、黄、蓝、白、黑 5 种颜色的球各若干个,每次从口袋中取出 3 个,
问得到 3 种不同色的球的可能取法? 要求打印出每种组合的 3 种颜色。
*/

#include <stdio.h>
#include <stdlib.h>

enum shifou {FOU,SHI}; //这个相当于 false 和 true
enum yanse {HONG,HUANG,LAN,BAI,HEI};//红、黄、蓝、白、黑

#define YANSE enum yanse
#define SHIFOU enum shifou
```

---

① 在 C99 中也可以写成"enum shifou { FOU,SHI, }；"。

```
SHIFOU xiangtong (YANSE,YANSE,YANSE);

int main(void)
{
    YANSE d1,d2,d3; //取出第1、2、3个球的颜色
    char *ysmc[5]={"红","黄","蓝","白","黑"};//颜色名称

    for(d1=HONG; d1<=HEI; d1++)//颜色从红到黑
        for(d2=HONG; d2<=HEI; d2++)
            for(d3=HONG; d3<=HEI; d3++)
            {
                static int qf=0; //用于记录取法的数目
                if(xiangtong(d1,d2,d3)==SHI)
                    continue;
                qf++;
                printf("第%d种取法为%s%s%s\n", qf,
                        ysmc[d1], ysmc[d2], ysmc[d3]);
            }

    system("PAUSE");
    return 0;
}


//函数功能:
//判断三个球是否有颜色相同的情况
SHIFOU xiangtong (YANSE d1,YANSE d2,YANSE d3)
{
    if (d1==d2)
        return SHI;
    if (d2==d3)
        return SHI;
    if (d3==d1)
        return SHI;
    return FOU;
}
```

除了可以增强代码的可读性和美感,枚举类型对于程序的调试也很有意义。这是它与预处理定义的符号常量最大的不同。符号常量在编译前已经被替换掉了,因而在运行程序时没有相关的信息。

对C++语言有所了解的人需要特别注意,C语言中的枚举类型与C++中的是不同的。简单地说,C++不容许这种类型的变量越雷池一步——即不容许取枚举常量之外的值,这极大地限制了枚举类型的灵活使用。在C++中使用枚举类型通常会有一种束手束脚的感觉,但在C语言中枚举类型与int类型是相容的。

第 10 章 结构体与共用体

一个函数如果有 10 个参数,那它很可能遗漏了一些参数。

10.1 结构体

10.1.1 从一个简单例题说起

1. 问题

21 时 36 分 23 秒后再过 3 小时 28 分 47 秒是几时几分几秒?

2. 分析

题目本身很简单,最初的时间加上经过的时间后,再进行简单的处理就可以得到答案,下面直接给出源代码。

3. 旧写法

程序代码 10 - 1

```c
/*
   问题:21 时 36 分 23 秒后再过 3 小时 28 分 47 秒是几时几分几秒?
*/

#include <stdio.h>
#include <stdlib.h>

#define MSX 60 //秒数的上限
#define FSX 60 //分数的上限
#define SSX 24 //时数的上限

int main(void)
{
   int s = 21, f = 36, m = 23;       //时、分、秒
   int jgs = 3, jgf = 28, jgm = 47; //经过的时、分、秒的数量

   printf("%d时%d分%d秒后再过", s, f, m);
   printf("%d小时%d分%d秒是", jgs, jgf, jgm);
```

```
        s + = jgs;
        f + = jgf;
        m + = jgm;
        f + = m / MSX;
        m % = MSX;
        s + = f / FSX;
        f % = FSX;
        s % = SSX;

        printf("%d时%d分%d秒\n", s, f, m);

        system("PAUSE");
        return 0;
    }
```

程序运行结果为：

21 时 36 分 23 秒后再过 3 小时 28 分 47 秒是 1 时 5 分 10 秒
请按任意键继续. . .

题目本身没有什么难度，代码也很容易读懂。这个问题的特点在于，时间本身只有一个，但却是分别用时、分、秒 3 个 int 类型的变量共同描述的。在较小的问题中，这样比较粗糙的数据结构不会引起什么问题。但是可以想见的是，当问题较大、数据更多的时候这种处理数据的方法势必使代码更加复杂、正确性更难以保证、逻辑上缺乏条理且很不自然。而且，用多个单独的变量描述问题时，数据在函数之间传递起来非常麻烦、容易出错，况且函数也不可能返回多个数据。

为了使代码对数据和算法的描述更加自然、更有条理，C 语言针对这类数据提供了一种描述数据的手段，即所谓"结构体"（Structure）数据类型。这种数据类型用于描述某种具有几个分量（这些分量的类型可能相同也可能不同）的数据，并且建立了这些分量都从属于一个共同的整体这样一种数据逻辑关系。

C 语言建立这种数据结构的方法是把具有这样关系的各个单一的数据聚合成为一个量，这个量具有若干个从属于这个量的分量，在逻辑上这若干个分量是相互关联的。这就是结构体数据类型的概念。

这种结构体数据类型和数组或函数类型一样，也是一种由程序设计者自己负责构造的所谓的"衍生型"数据类型。因此在使用这种类型的变量之前必须先构造或定义出这种数据类型的结构，这需要借助关键字 struct 完成。

10.1.2 声明结构体的类型

声明结构体的类型有三个方面的含义：为这种新的自定义的类型取名，描述这种类型有几个什么类型的分量以及为各个分量取名。称呼这种分量的标准术语是成员[①]

---

① 后面会讲到还有一种特殊成员叫做字段（Field）。

（Member）。声明结构体类型的一般语法格式是：

struct *结构体标记*{

　　　　　　　　　成员 1 的类型　成员 1 的名称；

　　　　　　　　　成员 2 的类型　成员 2 的名称；

　　　　　　　　　……

　　　　　　　　　成员 n 的类型　成员 n 的名称；

　　　　　　　　　}；

比如前面的例题中具有三个分量的时间,因此可以这样定义其类型：

```
struct shijian    {
                int shi；
                int fen；
                int miao；
                }；
```

这里"shijian"是代码书写者根据标识符法则为所要定义的结构体类型所取的特定标识,术语叫做标记（Tag）,然而结构体类型完整的名称是 struct shijian 而不是 shijian（这点和 C＋＋不同）,这个类型的名称和纯粹由关键字描述的类型的名称（比如 int）具有同样的语法地位,可以用这个类型的名称定义变量、进行类型转换运算或进一步构造新的数据类型等。

"{}"里面是对这种类型的数据所具有的各个成员的类型及各个成员的名称的描述。本例中所声明的是 struct shijian 这种类型,这种类型的数据有三个成员,皆为 int 类型,成员的名称分别为 shi、fen、miao。

声明结构体类型时,"{}"的后面需要有一个";",此外"}"的前面也有";",这两个分号常被初学者所遗漏。实际上,前一个分号的意义是对某个成员的描述的结束标志,后一个分号是结构体类型声明的结束标志。

10.1.3　定义结构体变量

自己声明了结构体的类型之后,就可以使用这种类型的名称定义结构体变量。对于例题来说,需要定义两个这样的变量,一个用来表示初始的时间,另一个用来表示时间的增量。

需要再次重申的是完整的结构体类型的名称是 struct shijian。这样,变量的定义就可以写作：

struct shijian cs,zl；

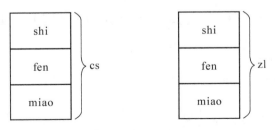

图 10-1　结构体变量

如图 10-1 所示，cs 和 zl 都具有三个分量，在所占据的内存空间一般大于或等于 shi、fen、miao 部分所占据的内存空间之和。原因在于，C 语言只规定了这些分量在内存中存放空间上的先后，但并没有要求它们必须紧邻。出于运行速度方面的考虑，在有些环境下各个分量之间确实可能有不被用到的内存空隙，所以不要凭空揣测结构体变量所占用内存空间的大小。如果代码中确实需要这个数据，请使用"sizeof"运算符计算。

这样，原来代码中需要定义 6 个独立的变量，现在只需要定义 2 个，而且各个分量被符合逻辑地聚合在一起了。下面的问题是如何使用这样的变量及其各个分量。

10.1.4 结构体数据的基本运算

结构体类型数据的一个基本运算是成员访问（"."）运算，这个运算是用来访问（Access，读或写）结构体类型数据的成员的。结构体变量与成员名称做成员访问（"."）运算得到的就是该结构体变量对应的分量，比如：

cs. shi

这个表达式是 int 类型的，与 int 类型的运算规则一致，而且这个表达式可以作为左值参与运算。

这样，如果希望前面定义的 cs 这个结构体变量的三个成员分别为 21、36 和 23，在代码中可以用下面的语句表达：

cs. shi＝21；

cs. fen＝36；

cs. miao＝23；

"."运算符是 C 语言中优先级别最高的运算符之一，和"（）"、"[]"运算符一样，结合性为从左到右。

结构体变量另一个最常见的运算是赋值，和数组类型不同的是这种类型的数据可以整体赋值。由于这个缘故，实参可以是结构体类型，只要对应的形参也是同样的结构体类型。

此外，由于结构体类型的量在逻辑上可被视为一个整体，因此也可以作为函数的返回值，如此就可以达到函数在事实上返回多个值的效果，尽管在名义上函数依然返回的只是一个结构体的值。

这样，前面例题也可以用结构体这样的数据类型实现如下：

程序代码 10-2

```
/*
    问题：21 时 36 分 23 秒后再过 3 小时 28 分 47 秒后是几时几分几秒？
*/
#include <stdio.h>
#include <stdlib.h>

#define MSX 60 //秒数的上限
#define FSX 60 //分数的上限
#define SSX 24 //时数的上限
```

```
struct shijian
   {
      int shi;
      int fen;
      int miao;
   };

struct shijian jg(struct shijian, struct shijian);

int main(void)
{

   struct shijian cs, zl, zzsj; //初始时间、时间增量、最终时间

   cs.shi  = 21;
   cs.fen  = 36;
   cs.miao = 23;

   zl.shi  =  3;
   zl.fen  = 28;
   zl.miao = 47;

   printf("%d时%d分%d秒后再过", cs.shi, cs.fen, cs.miao);
   printf("%d小时%d分%d秒是", zl.shi, zl.fen, zl.miao);
   zzsj = jg(cs, zl);
   printf("%d时%d分%d秒\n", zzsj.shi, zzsj.fen, zzsj.miao);

   system("PAUSE");
   return 0;
}


/* jg()函数的功能:
   根据初始时间和时间的增量
   求得最终的时间
*/
struct shijian jg(struct shijian sj, struct shijian zl)
{
   struct shijian zz;
   zz.shi  =  sj.shi + zl.shi;
   zz.fen  =  sj.fen + zl.fen;
   zz.miao =  sj.miao + zl.miao;
   zz.fen  += zz.miao / MSX;
```

```
    zz.miao % = MSX;
    zz.shi + = zz.fen / FSX;
    zz.fen  % = FSX;
    zz.shi  % = SSX;
    return zz;
}
```

程序输出结果为：

> 21 时 36 分 23 秒后再过 3 小时 28 分 47 秒是 1 时 5 分 10 秒
> 请按任意键继续...

在这段代码中有这样一些新的语法内容：结构体类型的声明，用结构体类型的名称定义结构体变量、声明函数原型、声明形参的数据类型，函数返回结构体类型的值，结构体类型变量整体赋值及对结构体成员的访问。请在阅读时注意体会。

从代码中可以看到，由于使用了结构体类型的变量，在 main() 函数中，变量的个数减少了；jg() 函数的参数减少了且返回了一个包含多个成员值的结构体类型的值；此外 jg() 函数的意义更加明显，代码可读性得到了增强。这都是使用结构体这种数据类型带来的好处。

当然这段代码还有许多不足的地方，比如给结构体变量各个成员赋值的部分比前一个代码要稍微啰嗦些。这些将在后面逐步加以改进。

需要补充说明的一点是，本例中结构体数据类型的位置表明的意义是，在代码中声明了这个类型之后直到该源文件的最后，代码中的任何一处都可以使用这个数据类型。

10.1.5　结构体变量赋初值及成员值的输入问题

程序代码 10-2 中给结构体变量各个成员赋值的部分比程序代码 10-1 要稍微啰嗦些的原因是，在程序代码 10-1 中定义变量时直接给变量赋了初值。对结构体类型的变量也可以在定义变量的时候直接赋初值，其方法与为数组赋初值非常类似。这样，在不改动代码其他部分的前提下，main() 函数可以改写为下面的形式：

程序代码 10-3（代码片段）

```
int main(void)
{
    struct shijian cs = {21,36,23},
          zl = {3,28,47}, zzsj; //初始时间、时间增量、最终时间

    printf("%d 时 %d 分 %d 秒后再过", cs.shi, cs.fen, cs.miao);
    printf("%d 小时 %d 分 %d 秒是", zl.shi, zl.fen, zl.miao);
    zzsj = jg(cs, zl);
    printf("%d 时 %d 分 %d 秒\n", zzsj.shi, zzsj.fen, zzsj.miao);
    system("PAUSE");
    return 0;
}
```

和数组类似,也可以不给出结构体变量的全部成员的初始值而只给出部分成员的初始值。例如:

struct shijian cs={ 21, 36 };

此外,由于对结构体变量成员的引用可以是一个和成员类型相同的左值,因此在需要的时候也可以用 scanf() 等函数从标准输入设备输入值。举例来说,如果需要从键盘输入 cs. shi 的值,可以通过下面的函数调用完成:

scanf("%d",&cs. shi)

这与输入普通的 int 类型变量的值没有什么不同。

10.1.6　结构体类型的常量(C99)

所谓字面量,是指直接写出的那些常量,比如 123、23.4、'A' 等等。在 C99 中同样容许直接写出结构体类型的常量。由于这种量是由几个常数分量聚合而成的,所以叫做复合字面量(Compound Literal)。

然而仅仅根据几个常数分量,编译器尚不足以判断该量的类型,所以代码中书写这种常量时还必须写明该量的类型。比如:

(struct shijian){3,28,47}

就是一个分量分别为 3、28、47,类型为 struct shijian 的结构体复合字面量,或者也可以将其理解为结构体类型的常量。这个常量可以出现在代码中任何容许 struct shijian 类型的量出现的地方,当然,它不能够被赋值,因为它完全是一个结构体类型的常量。

不仅如此,C99 还容许对结构体类型的常量依据分量的名称(而不是依照次序)指定各个分量的值,比如:

(struct shijian){. fen=28,. miao=47,. shi=3}

下面的代码演示了这种复合字面量的应用。

程序代码 10－4

```
/*
    问题:21 时 36 分 23 秒后再过 3 小时 28 分 47 秒后是几时几分几秒?
*/
#include <stdio.h>
#include <stdlib.h>

#define MSX 60 //秒数的上限
#define FSX 60 //分数的上限
#define SSX 24 //时数的上限

struct shijian
    {
        int shi;
        int fen;
        int miao;
    };
```

```
struct shijian jg(struct shijian, struct shijian);

int main(void)
{

    struct shijian cs, zzsj; //初始时间、时间增量、最终时间
    cs = (struct shijian){21,36,23};
    printf("%d时%d分%d秒后再过", cs.shi, cs.fen, cs.miao);
    printf("%d小时%d分%d秒是", \
        (struct shijian){3,28,47}.shi,
        (struct shijian){3,28,47}.fen,
        (struct shijian){3,28,47}.miao
        );
    zzsj = jg(cs, (struct shijian){.fen = 28, .miao = 47, .shi = 3});
    printf("%d时%d分%d秒\n", zzsj.shi, zzsj.fen, zzsj.miao);

    system("PAUSE");
    return 0;
}


/* jg()函数的功能：
    根据初始时间和时间的增量
    求得最终的时间
*/
struct shijian jg(struct shijian sj, struct shijian zl)
{
    struct shijian zz;
    zz.shi  = sj.shi + zl.shi;
    zz.fen = sj.fen + zl.fen;
    zz.miao = sj.miao + zl.miao;
    zz.fen  + = zz.miao / MSX;
    zz.miao % = MSX;
    zz.shi  + = zz.fen / FSX;
    zz.fen   % = FSX;
    zz.shi   % = SSX;
    return zz;
}
```

代码中有三处使用到了这种复合字面量，一处用来赋值，一处作为函数实参，还有一处是对结构体成员的访问。可以看出这种量完全可被视为一种结构体类型的常量。

在本例中这种复合字面量的使用只是一种语法层面上的演示,不表明从写代码的角度一定应该这样使用。实际上这段代码有许多地方尚有可推敲之处,在后面将逐步加以完善。

此外,需要说明的是,对于支持 C99 的编译器,在给结构体变量赋初值的时候,也容许按照分量名称(而不是依照顺序)对全部成员或部分成员赋初值。

10.1.7　一个不太专业的技巧

对于初学者来说,结构体的一个令人感觉有些别扭的地方是数据类型的名字较长,而且是由两个部分组成的,一部分是 C 语言提供的关键字 struct,另一部分是自己给出的标识符。一个显得不那么专业的技巧是利用编译预处理命令进行一些视觉上的改善。如前面的例题中,可以在程序开头写上:

♯define SHIJIAN struct shijian

这样就可以把 SHIJIAN 作为一个类型的名字来使用了,可以用它来定义变量、进行类型转换或描写函数原型等。如:

struct shijian jg(struct shijian, struct shijian);

可以写作:

SHIJIAN jg(SHIJIAN, SHIJIAN);

总之,所有出现类型名 struct shijian 的地方都可以简单地写为 SHIJIAN。

这种做法并不很正规,后面将会看到还有另外一种更通用的方法可对复杂的类型名称进行简化。

下面是利用编译预处理命令后的程序代码:

程序代码 10-5

```
/*
    问题:21 时 36 分 23 秒后再过 3 小时 28 分 47 秒后是几时几分几秒?
*/
#include <stdio.h>
#include <stdlib.h>


#define MSX 60 //秒数的上限
#define FSX 60 //分数的上限
#define SSX 24 //时数的上限


#define SHIJIAN struct shijian
SHIJIAN {
        int shi;
        int fen;
        int miao;
        };


SHIJIAN jg(SHIJIAN, SHIJIAN);
```

```
    int main(void)
    {
        SHIJIAN zzsj; //最终时间
        SHIJIAN sj = { 21, 36, 23 }, zl = { 3, 28, 47 }; //时间和时间的增量
        printf("%d时%d分%d秒后再过", sj.shi, sj.fen, sj.miao);
        printf("%d小时%d分%d秒后是", zl.shi, zl.fen, zl.miao);
        zzsj = jg(sj,zl);
        printf("%d时%d分%d秒\n", zzsj.shi, zzsj.fen, zzsj.miao);

        system("PAUSE");
        return 0;
    }


    /* jg()函数的功能：
       根据初始时间和时间的增量
       求得最终的时间
    */

    SHIJIAN jg(SHIJIAN sj, SHIJIAN zl)
    {
        sj.shi += zl.shi;
        sj.fen += zl.fen;
        sj.miao += zl.miao;
        sj.fen += sj.miao / MSX;
        sj.miao %= MSX;
        sj.shi += sj.fen / FSX;
        sj.fen %= FSX;
        sj.shi %= SSX;
        return sj;
    }
```

程序运行结果为：

> 21时36分23秒后再过3小时28分47秒后是1时5分10秒
> 请按任意键继续...

10.1.8 结构体的其他定义方式及无名的结构体

根据前面的内容可以看到，使用自定义的结构体时，必须经过两个步骤：

（1）声明结构体的类型。

（2）根据所声明的结构体类型定义结构体变量。

这两个步骤不一定需要分别进行，有时也可以同时进行，如：

```
struct shijian {
            int shi;
            int fen;
            int miao;
        } cs;
```

只有结构体变量和结构体类型的作用范围相同的时候才能这样做。而把声明类型与定义变量分别进行的写法显然具有更好的灵活性,因为这样可以做到结构体类型在代码中全局有效,而结构体变量的有效区间则是局部的。

有时也可以不为结构体的类型取名,然后直接在描述完结构体的结构之后定义变量,如:

```
struct {
            int shi;
            int fen;
            int miao;
        } cs;
```

可以看到这同样是以牺牲代码的灵活性为代价的(即结构体类型的作用范围与结构体变量的作用范围必须一致),因此通常情况下对这种写法并不提倡。

10.2　结构体与指针

10.2.1　类型问题

结构体类型是一种数据类型,结构体数据也是一种数据对象。因此也可以构造出对应的指针类型,这种指针的运算规则遵守指向数据类型的指针的运算规则。仍以前面的结构体类型为例:

```
struct shijian {
            int shi;
            int fen;
            int miao;
        };
```

这种结构体类型的名称是 struct shijian,对应的指针的类型是 struct shijian * 。可以用这个类型名定义相应的指针变量,如:

```
struct shijian * p_cs;
```

同样,如果定义了这种类型的结构体变量:

```
struct shijian cs;
```

也可以通过求指针("&")运算求得指向这个结构体变量的指针"&cs",它的类型也是 struct shijian * ,显然这是一个指针常量。这样,如图 10 - 2 所示,如果希望指针变量 p_cs 指向结构体变量 cs,可以通过赋值运算实现:

```
p_cs = &cs;
```

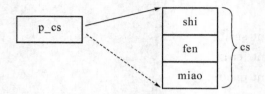

图 10-2　指向结构体数据的指针

10.2.2　通过指针读写结构体的成员

通过指向结构体类型的指针同样可以对结构体类型量的成员进行访问。由于 * p_cs 就是 cs,因而可以通过下面的形式访问 cs 的成员:

(*p_cs). shi

注意,这里"()"是必需的,因为"*"运算符的优先级低于"."运算符的优先级。和 cs. shi 一样,这个表达式也可以作为左值。

此外,C 语言还提供了另一种通过指针访问结构体成员的方法,即通过"->"运算符,具体的方法是:

p_cs-> shi

这和(*p_cs). shi 是一样的。

下面的代码是指向结构体的指针的用法演示。

程序代码 10-6

```
/*
    问题:21 时 36 分 23 秒后再过 3 小时 28 分 47 秒后是几时几分几秒?
*/

#include <stdio.h>
#include <stdlib.h>

#define MSX 60    // 秒数的上限
#define FSX 60    // 分数的上限
#define SSX 24    // 时数的上限

#define SHIJIAN struct shijian

SHIJIAN {
        int shi;
        int fen;
        int miao;
        };

void jg(SHIJIAN * , SHIJIAN);
```

```
int main(void)
{
    SHIJIAN sj = { 21, 36, 23 }, zl = { 3, 28, 47 }; //时间和时间的增量
    printf("%d时%d分%d秒后再过", sj.shi, sj.fen, sj.miao);
    printf("%d小时%d分%d秒后是", zl.shi, zl.fen, zl.miao);
    jg(&sj, zl);
    printf("%d时%d分%d秒\n", sj.shi, sj.fen, sj.miao);

    system("PAUSE");
    return 0;
}

/* jg()函数的功能:
   根据指向时间的指针和时间的增量
   改变时间的值
*/

void jg(SHIJIAN * p_sj, SHIJIAN zl)
{
    p_sj-> shi  += zl.shi;
    p_sj-> fen  += zl.fen;
    p_sj-> miao += zl.miao;
    p_sj-> fen  += p_sj-> miao / MSX;
    p_sj-> miao %= MSX;
    p_sj-> shi  += p_sj-> fen  / FSX;
    p_sj-> fen % = FSX;
    p_sj-> shi % = SSX;

}
```

程序运行结果为:

21 时 36 分 23 秒后再过 3 小时 28 分 47 秒后是 1 时 5 分 10 秒
请按任意键继续...

10.3　共用体

10.3.1　概述

和 struct 极其类似,union(共用体)也是用来构造或说明一种新的数据类型的关键字。在语法形式上两者极其相似,但在语法含义上两者却南辕北辙。

struct 数据类型是将几个数据聚合成了一个整体,而 union 这种数据类型是为几个

数据提供了共用的存储空间。所以,很显然,union 数据类型也有若干成员。

声明 union 类型的一般语法格式是:

union 共用体标记

> {
>   *成员 1 的类型   成员 1 的名称*;
>   *成员 2 的类型   成员 2 的名称*;
>   ......
>   *成员 n 的类型   成员 n 的名称*;
> };

struct 类型的各个成员在内存中各自有自己独立的存储空间,而 union 类型的各个成员占据的内存空间的起点位置是一样的,union 类型的各个成员可以重叠地轮流放置在一处。因此 union 类型占据的内存空间大于或等于其最大成员所需要的内存空间。对于 union 类型的量来说,在任一时刻只保存着一个成员的值。union 类型提供的是在同一个空间操作不同类型数据的能力。下面的例子给出了一个声明共用体数据类型的示范:

```
union u_t
    {
      int i;
      char c;
      long long ll;
    };
```

这个数据类型声明所声明的是一个 union 数据类型,这种数据类型的量具有三个数据成员(i、c、ll),这三个数据成员的存储空间的起点是相同的,如图 10-3 所示。

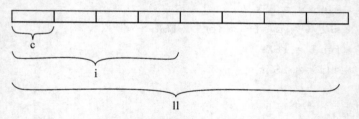

图 10-3　共用体变量存储示意

union 类型也以 **union 共用体标记** 作为数据类型的名称来定义变量。如:

union u_t u1,u2;

在定义 union 类型变量时可以给其赋初值,但是只能对第一个成员进行这种初始化。如:

union u_t u1={100},u2={123};

与 struct 类型一样,union 类型量也能够进行成员访问(".")等运算。union 类型变量也能够被赋值。

union 类型量的含义完全取决于上一次向其中写入了什么,而每次写入总会"擦去"些原来的内容。这样在各个不同的时刻,union 类型量的含义可能并不同,所以编程者需要特别注意把握每个时刻 union 类型量的具体意义。这可以通过额外增加状态变量等手段实现。

通常的编程问题中用到 union 类型量的机会并不多，但是利用这种数据类型可以帮助我们深入地考察数据的存储结构。

10.3.2　对 double 类型的解析

C 语言仅仅描述了 double 类型的存储模型，但是并没有对这种类型的存储方式作出硬性规定。在常见的计算机中，double 类型基本是依据 ISO/IEEE Std 754－1985 标准的规范存储的。这个标准中，浮点数存储的主要规定是：把浮点数化成小数点前只有一位 1 的小数与 2 的指数的乘积的形式，存储小数点后的 52 位、2 的指数及数的符号。下面就借助 union 类型对 double 类型的数据做一番考察。

1. 另眼看浮点

为了了解 double 类型在内存中的存储方式，必须考察它的每一个字节。C 语言的 double 类型本身并没有提供这种可能性，但好在 union 类型提供了这种可能性。如果设计一个下面那样的数据类型，实际上就相当于获得了另一种观察 double 类型的窗口：

```
union double_char
    {
    double          d;
    unsigned char   byte[8];
    };
```

代码一点也不难写，如下所示：

程序代码 10－7

```
/*
double 类型的存储结构
*/
#include <stdio.h>
#include <stdlib.h>

#define D_CHAR union double_char      \
                {                      \
                double          d;  \
                unsigned char byte[8]; \
                }

void shuchu (unsigned char [], int);

int main(void)
{
  D_CHAR   u;
```

```
        u.d = 1.2345;
        shuchu(u.byte, sizeof (u.byte) / sizeof (u.byte[0]));

        system("PAUSE");
        return 0;
    }


/ * 输出字符数组 * /
void shuchu (unsigned char byte[], int n)
{
    int i;
    for(i = 0; i < n; i + +)
        {
        printf(" % 02x ", byte[i]);
        }
    putchar('\n');
}
```

输出结果为：

```
8d 97 6e 12 83 c0 f3 3f
请按任意键继续. . .
```

2. 对输出结果的解读

在解读 8d 97 6e 12 83 c0 f3 3f 这个输出结果之前,必须首先了解一些必要的硬件知识。在计算机中,数据的读写方向有的是从左到右(由高位到低位),有的是从右到左(由高位到低位),此外历史上还有过更奇怪的高低次序。输出上述结果的计算机恰好属于从右到左(由高位到低位)那种。因此为了和我们平时书写的顺序一致,8d 97 6e 12 83 c0 f3 3f 这个结果应该反转一下次序,改为 3f f3 c0 83 12 6e 97 8d,这样就和我们平时的习惯一致了。

3f f3 c0 83 12 6e 97 8d 的二进制为：

0011 1111 1111 0011 1100 0000 1000 0011 0001 0010 0110 1110 1001 0111 1000 1101

这个二进制数的后 52 位为 0011 1100 0000 1000 0011 0001 0010 0110 1110 1001 0111 1000 1101,实际表示的是 1.0011 1100 0000 1000 0011 0001 0010 0110 1110 1001 0111 1000 1101。稍加演算,不难计算出这是十进制的 1.23449999999999993072208326339902。这里再次演示了 double 类型的近似性。

再看这个二进制数的其余部分。这个二进制数前面的 0011 1111 1111 中最前面的那个 0 表示这是一个正的浮点数,余下的部分记录指数。011 1111 1111 的值恰好为 1023。之所以是"恰好"是因为 2 的指数都是加上 1023 后写入内存的,这就说明原来的指数是 0。因此：

3f f3 c0 83 12 6e 97 8d

∷ 0011 1111 1111 0011 1100 0000 1000 0011 0001 0010 0110 1110 1001 0111 1000 1101

∷ +1.0011 1100 0000 1000 0011 0001 0010 0110 1110 1001 0111 1000 1101×2^0

∷ 1.23449999999999993072208326333902

这个结果同所介绍的模型完全一致。

10.4　位运算

迄今为止,我们对数据的所有操作至少都是以字节(Byte)为单位的。如果希望对数据的某个位进行操作,只能通过"绕弯子"的方法迂回进行。本小节介绍的位运算可以实现以位为单位对数据进行操作,对位的操作更加直截了当。

由于计算机使用的是二进制,所以对于位运算来说,熟悉二进制是必然的要求和前提。在进行下面的阅读之前,请确信已经熟练掌握了二进制的知识。

此外需要事先了解的是,所有的位运算的运算对象只能是整数类型。当然,对于有些整数类型可能存在一元转换,比如 char 类型在运算之前被转换成了 int 类型。

10.4.1　位运算符

1. 按位取反运算符——"～"

"～"运算符的运算结果是运算对象的各个位相反数的值,即:如果运算对象的某位为 1,则运算结果中对应的位为 0;如果运算对象的某位为 0,则运算结果中对应的位为 1。例如,对于～4042322160U,由于 4042322160U 的二进制形式为 1111 0000 1111 0000 1111 0000 1111 0000,其进行按位取反运算得到的结果为 0000 1111 0000 1111 0000 1111 0000 1111,亦即 252645135U。

"～"是位运算符中唯一一个一元运算符,它的优先级和结合性与一元运算符"+"、"—"一样(参见附录 D)。

显然,可以利用"～"运算符很容易地求出一个负整数的反码。下面的程序代码演示了这种应用。

程序代码 10 - 8

```
/*求整数的反码*/
# include <stdio.h>
# include <stdlib.h>

void shuchu(int);

int main(void)
{
  int zs;
  //输入
  printf("请输入一个整数");
  scanf ("%d",&zs);
```

```
          //输出
          printf("其反码是:");
          shuchu(zs >= 0 ? zs : ~-zs);//正数直接输出

          system("PAUSE");
          return 0;
     }


     //输出一个 int 值的二进制形式
     void shuchu(int n)
     {
          //二进制的 1000 0000  0000 0000  0000 0000  0000 0000
          unsigned int e_n = 0X80000000;

          while(e_n != 0)
          {
              putchar(n/e_n + '0');//输出一位
              n %= e_n;
              e_n /= 2;
          }
          putchar('\n');

          return;
     }
```

对于绝大多数情况,这段代码是正确的。但请注意,对于最小的 int 类型的数,这段代码是存在问题的,因为在进行~-zs 运算时存在溢出。

2. 按位与运算符——"&"

"&"是一个二元运算符,其实现的运算被定义为对两个运算对象逐位检查,当两者相应的位皆为 1 时运算结果对应的位上的值也为 1,否则运算结果对应的位上的值为 0。例如,对于 2155914982U & 2095755980U,由于 2155914982 和 2095755980U 的二进制形式分别为 1000 0000 1000 0000 1010 0110 1110 0110 和 0111 1100 1110 1010 1011 0010 1100 1100,故

     1000 0000 1000 0000 1010 0110 1110 0110

& 0111 1100 1110 1010 1011 0010 1100 1100

的值为 0000 0000 1000 0000 1010 0010 1100 0100。如果用十进制输出的话,即 8430276。

"&"运算符的优先级为 8,低于"=="及"!="运算符但高于"&&"运算符,结合性为从左到右。

这个运算符常常用于检查某个位上的值。比如,如果"&"运算符的一个运算对象为二进制的 0000 0000 0000 0000 0000 0000 0000 1000 时,可以用来检查一个 4Byte 长的数据的右面第 4 位(b3[①])是否为 0。因为 0000 0000 0000 0000 0000 0000 0000

---

① 本书把二进制数的最低位称为 b0,由低位到高位依次称为 b0,b1,b2……

1000 与另一运算对象进行按位与运算时,结果相当于把另一运算对象的其他位都变为 0,仿佛 0000 0000　0000 0000　0000 0000　0000 1000 把另一运算对象全部用 0"遮盖"住,只留了一个"观察缝隙"。

　　这个运算符也可以用来"观察"另一运算对象的若干位,比如 0000 0000　0000 0000　0000 0000　0000 1100 可以用来只"暴露"另一运算对象的 b2、b3 位而把其余的各位变成 0。

　　从另一个角度看,这个运算符可以把某个运算对象的个别位设置为 0 而其余的各位不变。比如 1111 1111　1111 1111　1111 1111　1111 0011 可以用来得到把另一运算对象的 b2、b3 位设置为 0 而其余的各位不变的结果。

　　对于一个整数类型的值 x,如果不存在类型转换的话,那么 x&x 显然还是 x,而～x & x 显然为 0。

　　使用这个运算符,上一小节中输出一个 int 值的二进制形式的函数定义可以改写如下:

程序代码 10 - 9(片段)

```
//使用位运算符输出一个 int 值的二进制形式
void shuchu(const int n)
{
    //二进制的 1000 0000　0000 0000　0000 0000　0000 0000
    unsigned int e_n = 0X80000000;

    while(e_n != 0)

    {
        putchar ((n & e_n)! = 0 ? '1' : '0');//输出一位
        e_n / = 2;
    }
    putchar('\n');

    return;
}
```

显然这时不需要做 n ％＝e_n 这个除法运算了。

　　"&"运算符可以与赋值运算符构成复合赋值运算符"& =",其优先级和结合性与"="运算符一样。表达式 a &=b 的含义是 a=a & b。

　　事实上,除了按位取反运算符外,其余 5 个位运算符均可与赋值运算符一起构成复合赋值运算符:"& =""| =""^=""<<="">>="。后面对此将不再详述。

　　3. 按位异或运算符——"^"

　　和许多初学者的"想当然"不同,"^"运算符在 C 语言中并不表示乘方运算而表示按位异或运算,其运算规则和"&"运算符的运算规则的区别只在于,当两个操作数相应的位一个为 0 另一个为 1 时运算结果对应的位上的值为 1,否则运算结果对应的位上的值为 0。例如：

```
    1000 0000  1000 0000  1010 0110  1110 0110
^   0111 1100  1110 1010  1011 0010  1100 1100
```

的值为 1111 1100 0110 1010 0001 0100 0010 1010。

"^"运算符的优先级为 7,结合性为从左到右。这个运算符可以实现把某个运算对象的个别位"反转"而其余的各位不变的效果。比如 0000 0000　0000 0000　0000 0000　0000 1000 可以用来得到只把另一运算对象的 b3 位的设置改变的结果。

再比如,对于：

char c=′A′;

执行"c=c^0X20;"可以把 c 改成小写字母 a 的 ASCII 码,如果再次执行"c=c^0X20;"则又把 c 改成了大写字母 A 的 ASCII 码。

对于一个整数类型的值 x,显然 x^x 为 0,x^0 依然得到 x,而~x^x 是一个各位皆为 1 的机器数的值。

"^"运算可以用来实现交换两个整数类型变量值的算法,且不需要借助另一个中间变量。假设运算过程中不存在类型转换,那么对于两个整数类型的变量 x、y,经过下面的运算：

x=x^y;

y=y^x;

x=x^y;

之后就可以实现 x 与 y 的值交换。

这个算法的原理就是按位异或运算也符合类似加法或乘法那样的交换律和结合律(按位与、按位或运算也具有这样的性质),而且正如前面提到的,x^x 为 0,x^0 依然得到 x。

尽管这种算法具有不需要另一个中间变量的优点,但由于难于被人理解,所以并不常用。毕竟,多数情况下代码的可读性是仅次于正确性的代码质量标准。

4. 按位或运算符——"|"

"|"运算符的运算规则和"&"运算符的运算规则的区别只在于,相应的位皆为 0 时运算结果对应的位上的值为 0,否则运算结果对应的位上的值为 1。例如：

```
    1000 0000  1000 0000  1010 0110  1110 0110
|   0111 1100  1110 1010  1011 0010  1100 1100
```

的值为 1111 1100 1110 1010 1011 0110 1110 1110。

这个运算符可以把某个运算对象的个别位设置为 1 而其余的各位不变。比如 0000 0000　0000 0000　0000 0000　0000 1100 可以用来得到把另一运算对象的 b2、b3 位设置为 1 而其余的各位不变的结果。

5. 左移运算符——"<<"

"<<"是一种二元运算符,其运算规则是将"<<"运算符的左操作数的机器数的值向左移动若干位,右操作数给出的是移动的位数,移出数据边界的各位被舍弃,缺少的各位补 0。例如,对于 3<<2 这个表达式,由于 3 的机器数是 0000 0000　0000 0000　0000 0000　0000 0011,则向左移动 2 位的结果是 0000 0000　0000 0000　0000 0000

0000 1100。

　　显然,这个运算可以用来很方便地产生一个特定位为 1 的值。比如,如果需要一个 b3 位为 1 而其余各位为 0 的值,显然可以用 0x1<<3 得到。

　　"<<"运算符的优先级和结合性参见附录 D。"<<"运算符的操作数必须是整数类型的,对两个操作数分别进行普通的一元类型转换,结果为左操作数被转换后的类型。若右操作数的值不小于左操作数在类型转换后的位数或为负值时,运算是未定义行为。

　　下面用位运算的方法重新思考一下前面的一道例题。

　　问题:某地发生一起凶杀案,凶手是 a、b、c、d、e、f 中某一人。L 说不是 a 就是 b,M 说绝不是 c,N 说案发时 a、b 都不在场。已知 L、M、N 中只有一人正确,请问谁是凶手?

　　如果用一个数据中的各个位为 0 或 1 表示 a、b、c、d、e、f 是否是凶手,显然只需要 6 位就表示出答案。这样只需要一个 int 类型的变量就足够了。由于题目条件是只有一个凶手,所以可以很容易地通过移位运算列举出只有一个凶手的各种可能。

程序代码 10-10

```
/*
问题:某地发生一起凶杀案,凶手是 a,b,c,d,e,f 中某一人。
L 说不是 a 就是 b,M 说绝不是 c,N 说案发时 a、b 都不在场。
已知 L、M、N 中只有一人正确,请问谁是凶手?
*/

#include <stdio.h>
#include <stdlib.h>


#define   a_shi 0x1    //00000000 00000000 00000000 00000001
#define   b_shi 0x2    //00000000 00000000 00000000 00000010
#define   c_shi 0x4    //00000000 00000000 00000000 00000100
#define   d_shi 0x8    //00000000 00000000 00000000 00001000
#define   e_shi 0x10   //00000000 00000000 00000000 00010000
#define   f_shi 0x20   //00000000 00000000 00000000 00100000


int main(void)
{
    int daan;//答案
    int L, M, N;         //其值表示其判断是否正确
    //穷举。显然,这种穷举给出的都是一人是凶手的各种可能
    for(daan = a_shi; daan <= f_shi;   daan <<= 1)
    {
        L = (daan == a_shi) || (daan == b_shi);
        M = (daan != c_shi)                    ;
        N = (daan != a_shi) || (daan != b_shi);
```

```
        if(L + M + N = = 1)
        {
            printf("凶手是%c\n",daan = = a_shi?´a´:
                                daan = = b_shi?´b´:
                                daan = = c_shi?´c´:
                                daan = = d_shi?´d´:
                                daan = = e_shi?´e´:
                                                ´f´);
        }
    }

    system("PAUSE");
    return 0;
}
```

程序运行结果和前面一样,如下所示:

> 凶手是 c
> 请按任意键继续. . .

显然,这种解法比前面那种多重循环嵌套要简洁得多。

左移运算在一定条件下和乘以 2 的运算等价,由于移位运算的速度一般比乘法运算快,所以在特别要求速度的情况下左移运算有时可以代替乘以 2 的运算。

6. 右移运算符——">>"

右移运算符的方向与左移运算符相反,优先级和结合性、对操作数的要求及类型转换的规则和左移运算符都一致,两者不同之处在于在被移出的空位上是否补 0。

C 语言规定,如果被移位的数据的最高位不表示负号,那么在左面移出的空位上补 0;如果最高位表示负号,那么补 0 或补 1 由编译器决定。这就是说对于一个无符号整数类型或正的有符号整数类型的数据,高位一定是补 0 的,而对于一个负的有符号整数类型的数据,其右移运算结果取决于具体的编译器。显而易见右移运算不一定是可移植的。

下面的代码中 shuchu_erjinzhi()函数的功能是按照二进制格式输出一个 int 类型的值。

程序代码 10 - 11

```
/ *
按照二进制格式输出一个 int 类型的值
* /


# include <stdio. h>
# include <stdlib. h>
```

```
void shuchu_erjinzhi( int);

int main(void)
{
  shuchu_erjinzhi (-1);   //测试
  putchar('\n');

  shuchu_erjinzhi (-2147483647-1);   //测试
  putchar('\n');

  shuchu_erjinzhi (0);
  putchar('\n');

  shuchu_erjinzhi (2147483647);   //测试
  putchar('\n');

  shuchu_erjinzhi (1);   //测试
  putchar('\n');

  system("PAUSE");
  return 0;
}

//功能:输出 int 的二进制形式
void shuchu_erjinzhi(int n)
{
  int m;

  m = (unsigned)n >> 1;

  if(m ! = 0)
   shuchu_erjinzhi(m);        //输出高位

  putchar((n & 1) + '0');        //输出最低位

}
```

程序运行结果为：

```
11111111111111111111111111111111
10000000000000000000000000000000
0
11111111111111111111111111111111
1
请按任意键继续...
```

其中，表达式 m＝(unsigned)n ＞＞ 1 中的"(unsigned)n"就是考虑到了右移运算的不可移植性而作出的完善和修正。

10.5　位段

编程时，有些数据值的范围可能很小，即使使用基本数据类型存储也显得非常奢侈浪费。这时可以把若干个数据紧凑地"压缩""打包"在一个存储空间之内。前面的位运算提供了一种操作这种数据的可能性。另一种实现这种"压缩""打包"的技术手段就是位段(Bit Field)。

10.5.1　位段概述

所谓位段是指在结构体或共用体中被指定了拥有特定位数的成员，这些成员必须是整数类型的。例如，考虑一个存储年、月、日的数据类型，由于年只需要 4 位十进制数，折算成二进制需要 14 位；月的数值范围在 1～12 之间，所以只需要 4 位二进制数；日的取值范围在 1～31 之间，所以需要 5 位二进制数。这时可以考虑采用下面的数据结构：

```
struct riqi {
        int   nian  :14;
        int   yue   : 4;
        int   ri    : 5;
    };
```

成员名称后面":"后的数字表示的是该成员所占的位数。这样的存储方案可以极大地节约内存。

10.5.2　如何定义位段

在结构体或共用体类型中定义位段成员的一般方法是：

数据类型 ［***成员名称***］: ***数据宽度***；

这里 ***数据类型*** 可以是 signed int、unsigned int、int，这三种类型是标准规定的，C99 还容许 _Bool 类型。有些编译器在此基础上还允许其他类型，比如 char 类型；***数据宽度*** 必须是一个非负的整数类型常量表达式。这个 ***数据宽度*** 不允许过大，一般来说，通常以计算机的字长为限；***成员名称*** 是可以省略的，但这样的成员在代码中是无法引用的，其作用是在数据之间起到间隔或填充的作用，通常被叫做无名位段。

如果一个无名位段的数据宽度为 0，表示的含义是下一位段需要存放到下一个存储单元,但这种存储单元究竟以什么为单位很难一概而论,通常是由编译器自行定义的,大多数情况下是指一个计算机字。位段成员同样不能跨越存储单元的边界,如果遇到一个存储单元中剩余的位数不够存储下一个位段的情况,编译器会将这个位段安排在下一个存储单元之中。

10.5.3　位段的性质

位段的值(右值)可以参与运算,运算时一律转换为 signed 类型或 unsigned 类型,但是 int 类型的位段很难说是 signed 类型还是 unsigned 类型的,正如 char 类型由实现定义为 signed char 类型或 unsigned char 类型一样。

如果编译器规定 char 类型为 signed char 类型,那么 int 类型的位段也是 signed 类型的;反之,如果编译器规定 char 类型为 unsigned char 类型,那么 int 类型的位段也是 unsigned 类型的。

位段成员可以被赋值,但基本上无法把位段成员当作左值,因为无法给出位段的位置的 C 语言表达。位段无法作为左值参与求长度("sizeof")、求指针("&")等左值才能参与的运算,但可以进行自增、自减这种运算。

由于 C 语言无法表达位段的内存位置,所以也不可以构造位段数组。

可以用%d、%x、%u 和%o 等格式转换说明以整数形式输出位段的值。但是由于位段成员无法进行一元求指针("&")运算,所以无法直接通过调用 scanf()函数输入位段的数据。

10.5.4　对齐等问题

无论是位段还是位运算,都已经深入到了计算机内部最基本的细节问题,这些基本细节在不同的计算机上是不同的。由于这点,位段和位运算的代码一般不具备可移植性。

在写位段和位运算的代码时需要特别注意两点:数据的存储方向和数据对齐问题。在有的计算机上存储数据时可能是先写高位再写低位,而另一些计算机上则可能相反。比如对于 0XAABBCCDDU 这个数据,在有的计算机中可能被存储成地址从高到低的"AA BB CC DD"这样 4 个字节,而在另一些计算机中则可能被存储成地址从低到高的"DD CC BB AA"这样 4 个字节。

此外,在有的计算机中数据对象可以放在内存中从任何地址开始的区域中,但在另一些计算机中数据可能被要求一律放在从地址为 4 的倍数开始的区域。而且即使是数据可以放在从任何地址开始的区域中的计算机,有时也会为了运行速度等原因,通过编译器的编译选项要求数据都从某些特定地址开始存放,这就是所谓的对齐(Alignment)。

这样就不难理解,结构体数据类型实际在内存中所占据的空间可能并不等于其各个成员所占据的空间之和,有时是大于各个成员的尺寸之和。类似地,共用体所占据的内存空间也不一定等于其最大成员所占据的内存空间,而可能是大于其最大成员所占据的内存空间。

在数据类型层面上的编程通常不需要了解这些细节,但是一旦深入到了数据的底层,就必须对这些知识有所了解。

第 11 章　数据类型的深入讨论

一个编程语言如果不能影响你的思考方式,那么它就不值得你学。

11.1　其他类型的指针

在第 7 章讲到指针时,特意强调了是指向数据对象的指针。实际上 C 语言中还有两类指针,这两类指针的性质与指向数据的指针完全不同。为了进一步深入讨论 C 语言中的复杂数据类型,需要对数据类型有全面的了解。为此,下面介绍 C 语言中的另外两类指针。

11.1.1　指向函数的指针

1. 从排序谈起

8.4.6 节的程序代码 8-9 是一个用于排序的函数,这个函数可以用于对由 int 类型元素构成的数组进行由小到大的排序。然而如果程序要求从大到小排序怎么办? 也很简单,只要对代码稍微修改一下就可以了:

程序代码 11-1

```
void jiaohuan(int * , int * );

void paixu(int sz[], const int ysgs)//数组,元素个数
{
    int djt; //第几趟

    for(djt = 1; djt < ysgs; djt + + ) //一共 ysgs - 1 趟
    {
        int qian;
        for(qian = 0; qian < ysgs - djt; qian + + )
        {
            int hou = qian + 1;
            if (sz[qian] < sz[hou])        //交换变量值
            {
                jiaohuan(&sz[qian], &sz[hou]);
            }
```

```
        }
    }
}
void jiaohuan(int * p, int * q)
{
    int tmp = * p;
    * p = * q;
    * q = tmp;
}
```

即把原来代码中的 if (sz[qian] > sz[hou])改成 if (sz[qian] < sz[hou])就可以达到目的。

但是这样做带来了一个问题：如果程序中不但要求从大到小排序，同时也要求从小到大排序怎么办？难道在代码中写两个几乎完全一样的函数，一个用来从小到大排序，另一个用来从大到小排序？这简直是无法容忍的事情。下面就来讨论解决办法。

从本质上来说，程序代码 11-1 和程序代码 8-9 是一样的，唯一的区别就是相邻元素的比较方法不同，也就是说两者只有一个动作不同。如果能够把这个比较动作以参数的方式传给函数，问题也就解决了。

这当然可以用很初级的办法解决，比如传入一个整数，当这个整数为 0 时按第一种方式比较，为 1 时按第二种方法比较。那么能否直接把"动作"传入函数呢？办法也是有的。

前面讲过，运算符是一个动词，而函数调用运算符"()"是一个"万能"的运算符，因此一个函数也就意味着一个动作。为此需要对函数作更深入的了解。

2. 函数类型

很多人并不清楚，C 语言中的函数也是一种数据类型。以下面的函数为例：

程序代码 11-2

```
int compare(int a,int b)
{
    return a>b;
}
```

compare 也是一种数据，这种数据类型用 C 语言描述就是：

int (int,int)

其中，"()"表示这是一种函数类型；"()"内的两个"int"的意思是表明该函数有两个参数，都是 int 类型的；"()"外的"int"表明它的返回值是 int 类型的。

3. 函数类型的运算

函数类型最常见的运算就是函数调用运算，但还有其他运算。

可以对函数类型做求指针运算（"&"）——&compare，得到的是一个指向函数的指针。用 C 语言表达这个指针的类型就是：

int (*)(int,int)

注意"＊"外面的"（）"是必需的,因为后面那个"（）"的优先级高于"＊",如果写成 int ＊(int,int),就变成有两个 int 类型参数的返回值类型为 int ＊ 的函数类型了。

可以定义指向函数类型的指针变量,如:

```
int (＊p)(int,int);
```

定义的 p 就是一个指向函数的指针变量。接下来可对它赋值:

p＝&compare;

这时称 p 指向函数 compare。可以用这个 p 来调用函数:

```
(＊p)(2,3)
```

这和 compare(2,3)是等价的,因为既然 p＝&compare,那么＊p 就是 compare。

有了这些铺垫,下面就可以重新改写排序的函数了。

4. 统一排序的代码

程序代码 11－3

```
/＊
指向函数的指针
＊/
#include <stdio.h>
#include <stdlib.h>

void jiaohuan(int ＊, int ＊);
void paixu(int [], const int, int (＊)(int,int));
int comp1(int,int);
int comp2(int,int);
void shuchu(int [],int);

int main(void)
{
    int a[]＝{7,9,8,6,1,3,10,2};

    paixu(a,sizeof a/sizeof ＊a,&comp1);
    shuchu(a,sizeof a/sizeof ＊a);

    paixu(a,sizeof a/sizeof ＊a,&comp2);
    shuchu(a,sizeof a/sizeof ＊a);

    system("PAUSE");
    return 0;
}
```

```
void shuchu(int a[],int n)
{
    while(n - - > 0)
    {
        printf("%d ", * a + +);
    }
    putchar('\n');
}

int comp1(int a,int b)
{
    return a > b;
}
int comp2(int a,int b)
{
    return b > a;
}

void paixu(int sz[], const int ysgs, int ( * p)(int,int))//数组,元素个数
{
    int djt;　//第几趟

    for(djt = 1; djt < ysgs; djt + +)　//一共 ysgs - 1 趟
    {
        int qian;
        for(qian = 0; qian < ysgs - djt; qian + +)
        {
            int hou = qian + 1;
            if (( * p)(sz[qian], sz[hou]))        //交换变量值
            {
                jiaohuan(&sz[qian], &sz[hou]);
            }
        }
    }
}
void jiaohuan(int * p, int * q)
{
    int tmp = * p;
    * p = * q;
    * q = tmp;
}
```

为了便于测试,这段代码中添加了驱动代码。程序的运行结果是:

```
1 2 3 6 7 8 9 10
10 9 8 7 6 3 2 1
请按任意键继续. . .
```

代码中添加了两个用于比较的函数,第一个在前面参数大于后面参数时返回值为1,否则返回值为0;第二个则是在前面参数小于后面参数时返回值为1,否则返回值为0。这相当于两个不同的动作。

排序函数中增加了一个指向函数的指针,用于分别传递两个不同的函数,这样通过传递指向不同函数的指针参数实现了要求函数执行不同动作的目的。

5. 函数名的性质

函数名和数组名有些类似,本身都有一个值(右值),这个值表示的依然是指向这个函数的指针。也就是说,当作为"&"运算符的运算对象时,函数名的类型是函数类型,其他情况下都是指向函数的指针。

因此,以前面的代码为例,只要不是作为"&"运算符的运算对象,comp1 和 &comp1 就是等价的,类似地 * comp1 和 &comp1 也是等价的。所以前面的代码还可以更简洁地写为:

程序代码 11-4

```c
/*
指向函数的指针
*/
#include <stdio.h>
#include <stdlib.h>

void jiaohuan(int * , int * );
void paixu(int [], const int, int ( * )(int,int));
int comp1(int,int);
int comp2(int,int);
void shuchu(int [],int);

int main(void)
{
    int a[] = {7,9,8,6,1,3,10,2};

    paixu(a,sizeof a/sizeof * a,comp1);
    shuchu(a,sizeof a/sizeof * a);

    paixu(a,sizeof a/sizeof * a,comp2);
    shuchu(a,sizeof a/sizeof * a);
```

```
    system("PAUSE");
    return 0;
}

void shuchu(int a[],int n)
{
    while(n - - > 0)
    {
        printf("%d", *a + +);
    }
    putchar('\n');
}

int comp1(int a, int b)
{
    return a > b;
}
int comp2(int a, int b)
{
    return b > a;
}

void paixu(int sz[], const int ysgs, int (*p)(int,int))//数组,元素个数
{
    int djt; //第几趟

    for(djt = 1; djt < ysgs; djt + +) //一共 ysgs - 1 趟
    {
        int qian;
        for(qian = 0; qian < ysgs - djt; qian + +)
        {
            int hou = qian + 1;
            if(p (sz[qian], sz[hou]))        //交换变量值
            {
                jiaohuan(&sz[qian], &sz[hou]);
            }
        }
    }
}
```

```
void jiaohuan(int * p, int * q)
{
    int tmp = * p;
    * p = * q;
    * q = tmp;
}
```

即用 comp1 替代 &comp1,用 comp2 替代 &comp2,用 p（sz[qian], sz[hou]）替代
（* p）（sz[qian], sz[hou]）。

除此之外补充一点：指向函数的指针没有加减法运算,也没有关系运算,但可以进行
判等运算,用于判断两个指针指向的是否是同一函数。

11.1.2　指向虚无的指针

1. 问题

设计一个通用的能用于数组拷贝的函数。比如,它能把

```
int a[2] = {1,2},b[2];
```

中 a 的内容拷贝到 b 数组。

这样的函数的原型可以是：

```
void copy(int * p_b,int * p_a,int n);
```

其中,"p_b"、"p_a"分别是指向两个数组的起始元素的指针,"n"为元素的个数。调
用时可以执行：

```
copy(b, a,2);
```

这个函数当然也可以用于拷贝

```
int c[3] = {1,2,3},d[3];
```

中 c 数组的内容到 d 数组,调用时可以执行：

```
copy(d, c,3);
```

然而对于下面两个数组：

```
double e[3] = {1,2,3},f[3];
```

copy 函数就不灵了,因为 e 是指向 double 类型的指针,copy 函数的原型就不对,因而不
具有通用性。

2. 分析

由于数组元素都是连续存放的,所以问题的本质其实是拷贝一段连续内存中的内容
到另一段连续内存。要完成这样一个任务,函数需要的仅仅是两段内存的起始位置和内
存长度。而指向数据的指针所提供的除了起始位置还包括了所指向数据的大小信息,数
据类型不同,指针类型也不同,因而不具有通用性。

为了把指针所指向数据的信息去除而单单留下起始位置的信息,C 语言还提供了一
种指向 void 的指针,类型被描述为 void * 。这种指针纯粹是一个地址,由于不指向任何
数据对象,所以不包含数据对象大小的信息。这样 copy 函数的原型就可以设计为：

```
copy(void * p_b, void * p_a,int n);
```

调用时,由于任何类型的指针都可以通过类型转换运算转换为 void * 类型的指针,因而可以执行:

```
copy((void * )b, (void * )a,2 * sizeof(int));
copy((void * )c, (void * )d,3 * sizeof(int));
copy((void * )e, (void * )f,3 * sizeof(double));
```

这样就实现了 copy 函数的通用性。

在函数调用时,如果实参与形参的类型不同,编译器实际上会对实参做隐式类型转换,将实参转换得到形参类型的值,因此前面的代码也可以简单写为:

```
copy(b, a,2 * sizeof(int));
copy(c, d,3 * sizeof(int));
copy(e, f,3 * sizeof(double));
```

void * 类型的指针的主要用途就是传递这种无类型差别的纯粹的地址,因此它只有赋值运算、类型转换运算以及判等运算等少数几种运算,运算种类比指向函数的指针还少,甚至没有一元求指针("*")运算。

11.2　复杂数据类型的构造方法和解读

11.2.1　复杂数据类型的构造方法

1. 数组的定义方法

定义一个数组,应该从数组的名称这个标识符开始。假设数组的名称为"array",首先写出这个名称:

array

既然是数组,那么这个标识符后面一定跟有"[]"这个特定的类型说明符:

array[]

接着需要说明这个数组有几个元素[①],假定有 6 个,那么就需要在"[]"内添上"6":

array[6]

最后还需要向编译器说明这个数组的各个元素的类型。如果是简单的类型(那种在前面写上类型名称就可以定义变量的类型),把类型名称写在前面,比如各个元素都是 double 类型的,那么在前面写"double",再添上变量定义的结束标志";",这个数组名的标识符的含义就说明完了:

double array[6];

从形式看,这种定义仿佛是在说,"array"与"6"进行下标("[]")运算就会得到一个"double"类型的值。C 语言的所有变量定义都可以如此地去理解。

如果这个数组的元素是指针,比如说 int * 类型(这也是一个简单类型),那么按照定义 int * 类型变量的方法说明 array[6]就可以了。亦即:

① 在 C99 中,"[]"内也可能写一个整数类型的变量;此外,个别情况下"[]"内可以不写任何内容,这种数据类型是不完整类型,将在后面专门论述。

int * array[6];

如果这个数组的各个元素的类型不是简单的类型，比如说是数组，那么按照说明数组的方法继续说明 array[6] 是数组。

由于是数组，所以后面必然跟"[]"：

array[6][ ]

多数情况下，对于数组必须说明其有几个元素，这里假定是 7 个，那么需要在"[]"内写上"7"：

array[6][7]

对于这个数组同样需要说明其元素是什么类型的，这里假定是 float * ，那么只要像定义 float * 类型的普通变量一样，把"array[6][7]"放在"float * "后面，再加上变量定义的结束标志";"就可以了。最后得到：

float * array[6][7];

也就是说，只要把 array[6][7] 按照定义普通变量的方法来描述就可以了。

再来看一个更复杂的例子，定义由指向函数类型的指针所构成的数组。首先为数组取名：

ys

由于是数组，所以后面必然有"[]"：

ys[]

该数组有两个元素，于是：

ys[2]

由于数组元素的类型是指向函数的指针，回想一下定义这种类型的指针变量的方式是"int (* p)(int, int);"，所以只要按照这个方式说明 ys[2] 就可以了。最后得到：

int (* ys[2])(int, int);

好像没什么太难的吧？核心在于按照定义数组的方式进行，首先书写数组名这个标识符，再在后面加"[]"，然后说明有几个元素，最后说明**数组名[元素个数]**是什么类型就可以了。秘诀和窍门在于不要按照从前到后的方式写，而是按照数组类型的构造次序写，最后说明数组元素的类型。顺便说一句，那种从前到后写代码的方式从来都是很蠢的写代码方式，包括按顺序写字符串文字量，先写"{"再写"{}"之内的内容最后写"}"……定义变量时也是如此。

此外要注意，函数类型不属于数据对象的范畴，数组的元素不可能是函数（但指向函数的指针是可以的）。

2. 函数的原型或声明

函数原型只不过是对函数名这个标识符的数据类型的描述。听起来这可能让人有些惊讶，然而这是事实，只不过是鲜有所闻的一个事实罢了。

那么函数定义是什么？函数定义的本质是对"()"这个运算符的运算规则所做的定义而已。每一个"()"运算符的运算规则都不一样，具体的函数名进行函数调用运算时都有自己的运算规则，这个具体的运算规则的说明就是函数定义完成的任务。这就是函数定义的本质。

由于函数定义的头部比函数原型仅仅多了函数形参的名称而已，所以这里只讨论函数原型。

写函数原型的要点在于正确地写出该函数各个形参的数据类型以及函数返回值的数据类型，难点在于函数返回值的数据类型的写法。所以，在下面讨论中不涉及函数形参的数据类型，函数形参的数据类型部分用"～"记号表示。

写函数原型同样应该首先写出函数名，例如：

fun

因为是"fun"是函数名，所以在后面要加"（）"来说明：

fun（）

又假设函数形参的数据类型已经正确写出：

fun（～）

这样剩下的问题就只有函数返回值的数据类型的描述了。假设函数返回的是一个简单数据类型，那么在函数前面写上函数返回值的数据类型就可以了。例如，如果这个函数返回的是 char ＊ 类型的数据，那么函数的原型便是：

char ＊ fun（～）；

就仿佛用 char ＊ 定义这种类型的变量那样去说明 fun（～）。如果返回值的类型是复杂的数据类型，也按此办理，亦即按照定义变量那样去说明 fun（～）。比如返回值为一个 int（＊）[32]类型的数据，由于定义这种变量的方法是"int（＊p）[32]"，所以简单地用"fun（～）"替换其中的"p"就可以了。函数原型为：

int（＊ fun（～）)[32]；

这个函数原型说明的意义就是"fun"是一个函数，函数形参的数据类型为"～"，函数返回值的数据类型是指针，这个指针指向一个数组，数组有 32 个元素，每个元素都是 int 类型的。

此外需要注意的是，函数不可以返回数组（但可以返回指针），函数也不可以返回函数（但可以返回指向函数的指针）。这虽然是前面讲述过的常识，但在此值得再次重申。

3. 指针的定义

首先，让我们从最简单的指针类型开始。假如要定义一个 int ＊ 类型的指针变量 p，众所周知，应该这样定义：

int ＊ p；

但实际上这只是一种简写的方式。比较学究气却很一本正经的定义方式应该是：

int（＊p）；

可能你没有见过这种定义方式，然而它是合法的。

由于在变量定义"int（＊p）；"中"（）"没有什么特别显著的意义（除了告诉你"p"是一个指针），所以早期的程序员喜欢把它写作"int ＊ p；"，这非常符合 C 语言追求简洁——甚至是追求至简的风格。然而省略的这个"（）"却让后来的成百万的人感到 C 语言的指针非常难懂，至今思之，仍令人不胜唏嘘。

"int（＊p）；"的隐秘意义在于，它表明的是"p"这个标识符进行"＊"（求指针）运算得到的是一个"int"类型的值。事实上 C 语言所有的变量定义都是建立在这样的世界观的基础上的，例如："int（i）；"说的是"i"就是一个"int"类型的值；"long（al[5]）；"说的是"al"与"5"做"[]"（下标）运算的结果是"long"类型的值；"float（(f[2])[3]）"说的是"f"做两次"[]"(下标)运算得到的是一个"float"类型的值;而"void　(f(int));"说的是"f"做"()"(函数调用)运算(当然还要带上那个"int"类型的参数)得到的是"void"类型的值。

这就是 C 语言朴素而隐秘的哲学:在定义一个数据标识符的含义时,直接披露了这个标识符可以进行何种运算以及进行运算之后得到的是什么,而加上"()"能让我们更清楚地看出这种含义。大概因为这种哲学太朴素,"土得直掉渣",所以 C 语言从来没公开地宣布过他的哲学。

现在,披着"()"这件"马甲",定义指针就没那么难了。比如,定义一个指向一个由 4 个 int 类型元素组成的数组的指针,可以首先写出变量名:

p

由于它是一个指针,所以可以进行求指针("*")运算,此外再给它披上"马甲":

(*p)

又由于它指向的是数组,也就是说(*p)是数组,所以后面的过程就和数组的定义方式一致了。由于数组总是跟着"[]"的,于是:

(*p)[]

下面需要回答的是数组有几个元素:

(*p)[4]

最后回答数组元素是什么类型:

int(*p)[4];

定义完毕。

此法百发百中,屡试不爽,然不见于诸经典,可谓独家秘籍。为了证实其有效性,请容再举一极其复杂之例试之。

试定义一指针,该指针指向一个有两个类型分别为 float(*)[2][3]和 int(*)[4]的参数、返回值为 double(*)[32]类型指针的函数。对此,可按如下步骤进行定义:

首先,"(*p)"是常规动作,不再细述。

其次,"(*p)"显然是函数(因为该指针指向函数),故:

(*p)()

由于函数有两个参数,分别为 float(*)[2][3]和 int(*)[4]类型,因而:

(*p)(　float(*)[2][3],int(*)[4])

此时,尚差函数返回值类型有待描述。由于返回值是指针(别忘记"马甲"),于是:

(*(*p)(　float(*)[2][3],int(*)[4]))

这个指针指向数组,故而(*(*p)(　float(*)[2][3],int(*)[4]))是数组,下面按照数组的定义方式如法炮制:

double(*(*p)(float(*)[2][3],int(*)[4]))[32];

估计对于如此复杂的变量定义,即使是 K&R,也能给唬得一愣一愣的。

结论:在说一个东西是指针的时候,在它前面加上"*",此外还要给它穿上"()"这个"马甲",不要让它"赤裸裸"地面对它经过求指针("*")运算得到的那个东西的类型。

那么,为什么在定义数组和写函数原型时"数组名"和"函数名"这两种标识符不必穿"马甲"? 其实穿也可以,只是不必要,因为"[]"和"()"运算符的优先级最高("*"运算符的要低一级),所以不需要穿"马甲"。

4. 层次

洋葱的形态很有趣。它有一个核心,从里到外一层一层地长得很有条理,长得很从容不迫、昆乱不挡。复杂的构造数据类型的定义也是如此。它的核心是被定义的变量标识符。在说明其类型的时候,也是从里到外一层一层地说明。向洋葱同志学习,就是要学习它从里到外,一层一层地很有条理、很从容不迫的生长方式。

为了将这个过程进行得有条理、从容不迫,建议初学者每说明一层就加上一对像洋葱皮那样的"()"。尽管有时这不是必要的,但为了有条理,多加几对"()"是值得的,稍微啰嗦麻烦一点与构造错了相比,自是天壤之别。等以后熟练了,有些不必要的"洋葱皮"就可以不加了。

此外要熟练掌握数组、指针类型和函数原型的构造方法。注意,次序问题很重要。

(1) 对于指针,次序如下:

指针变量名→(＊指针变量名)→(指向的数据的类型 (＊指针变量名))

然后把这样得到的东西视为"所指向的数据的类型"性质的东西继续说明。

(2) 对于函数原型,次序如下:

函数名→(函数名())→(函数名(各个形参的类型描述)) →(返回值的类型 函数名(各个形参的类型描述))

然后把这样得到的东西视为"函数返回值类型"性质的东西继续说明。

(3) 对于数组,次序如下:

数组名→(数组名[])→(数组名[元素个数])→(元素类型 数组名[元素个数])

然后把这样得到的东西可以视为"元素类型"性质的东西继续说明。

每次的结果都可能转为对另一种类型的说明,直到最终成为一种对简单数据类型的说明。C 语言就是这样一环接一环地、一层包一层地构造数据类型的。

此外,有些道理很浅显,本不足再提,但初学者难免犯糊涂,所以再强调一下:函数不可以返回函数,但可以返回指向函数的指针;函数不可以返回数组,但可以返回指向数组的指针或指向数组元素的指针(请注意体会两者含义的差别);数组元素的类型不可能是函数类型,但可以是指向函数的指针类型(但你必须保证这些元素类型的一致性)。

最后,强烈建议初学者把从本章开头直到这里的内容再读一遍,否则本书不保证你能彻底地领会、掌握 C 语言数据类型的构造的知识和技能,这是 C 语言的精华中的精华。

11.2.2　复杂数据类型的解读

1. 对变量定义或函数原型的解读

比构造复杂数据类型更难的似乎是对复杂数据类型的解读,至少作者这样认为。难点有二:

(1) 一开始很难弄清到底在定义或说明什么。

(2) 有时候很难弄清到底在定义谁,因为有些程序员在写函数原型的时候加上形参的标识符,这样在一个变量定义中就会有多个标识符。

先从简单的例子开始,以下几个例子出自 K&R 的《The C Programming Language》(第二版)。

（1）int ＊f()；

这个定义中只有一个非关键字的标识符"f"，这就排除了第二个难点。由于紧邻 f 的类型说明符只有前面的"＊"和后面的"()"，所以很显然 f 是函数（没穿"马甲"）。不知道大师因为什么省略了对这个函数参数的说明，所以可以直接剖析函数的返回值是什么。由于 int ＊(f())中 f()前面有一个"＊"类型说明符，所以返回值是指针。最后需要回答的是这个指针指向什么类型的数据，显然从 int(＊(f()))中可以看出这个作为返回值的指针所指向的是 int 类型的数据。

需要说明的是，大师的这个例子中没有写函数参数的类型，可能是因为觉得这并非是这里的主要问题吧。尽管如此，初学者必须明白，不写函数参数的数据类型并非一种严谨的代码风格，其后果是使编译器忽视某些类型检查，一旦代码有错误，那么这个错误可能会被编译器放过，直到代码运行时才可能暴露出来。所以本书对后面的几个来自 K&R 的例子都做了些小小的改动。下面再来看另一个例子。

（2）int(＊pf)(void)；

显然，如果注意到了 ＊pf 外面的"()"就能判断出 pf 是一个指针，这个指针指向函数（因为(＊pf)右面的"()"），这种函数没有参数（"()"内的 void），返回值是 int 类型。

（3）char ＊＊argv；

尽管 argv 没有与"＊"用"()"括起来（括起来也可以，这个变量定义其实等价于"char(＊(＊argv))；"），但是 argv 后面没有"[]"或"()"，所以 argv 只能是一指针，这个指针指向的数据也是指针，而且是 char ＊类型的指针。

（4）int(＊daytab)[13]；

这个 daytab 显然是指针，问题是它所指向的数据的类型，由于去掉(＊daytab)后定义中剩余的部分是 int [13]，这显然是一个数组类型，所以 daytab 是一个指向由 13 个 int 类型的数据构成的一维数组的指针。

（5）int ＊daytab[13]；

显然这个 daytab 不是指针（没有"马甲"），因为后面跟有"[]"，所以它是个数组。"[]"内的数字表示这个数组有 13 个元素，daytab[13]前面的"＊"表示该数组的每个元素都是指针，＊daytab[13]前面的 int 表示这些指针都指向 int 类型的数据。

（6）void ＊comp(void)；

这个 comp 显然是函数（因为 comp 右面的"()"的优先级高于 comp 左面的"＊"）。这个函数没有参数（"()"内的 void），返回值是指针，且是指向 void 的指针，亦即 void ＊类型的指针。

（7）void(＊comp)(void)；

由于 ＊comp 外有"()"，所以这个 comp 是一指针。(＊comp)后面为"()"，所以是指向函数的指针。"()"内的 void 表明所指向的函数没有参数，而且这个函数也没有返回值。

（8）char(＊(＊x(void))[5])(void)；

x 后面为(void)，显然 x 是函数且没有参数，返回值为指针，该指针指向数组，数组有 5 个元素，这 5 个元素也是指针，指向的是一个没有参数且返回值为 char 类型的数据的函数。

(9) char(* (* x[3])(void)) [5];

这个 x 是数组,该数组有 3 个元素,每个元素都是指针类型,指向没有参数的函数,而函数返回值为指针,指向有 5 个 char 类型元素的数组。

有些程序员喜欢在描述函数原型的时候写上形参的名字(尽管这基本上没必要),这很讨厌。因为这会导致在复杂数据类型的变量定义中出现多个变量标识符,让人眼花缭乱。比如

char * (* c[10])(int * * p);

首先要弄清楚的是这个变量定义是在定义 c 还是 p。在一个变量定义中,由于多个变量标识符一般只在有函数或指向函数的指针数据类型的情况下出现,所以通常变量定义中最左边的未被定义的变量标识符就是被定义、描述的对象。因此前面的变量定义显然是针对 c 的。换一个角度,假设是定义 p 的,会发现这个变量定义是解释不通的。

此外还有一个方法可以帮助我们确定哪些标识符是形参,哪些是被定义的变量(或函数、数组),那就是如果在某个"()"内某个标识符被完全地说明了其类型,这个标识符必然不是被定义的变量。

这样,一旦找到了被定义的变量事情就容易了,可以从这个变量出发,逐层地对它解读。由于 c 后面紧跟"[]",所以显然它是一个数组,数组有 10 个元素,元素的类型是指针,指针指向函数(后面紧跟"()"),函数的参数是 char * * 类型,函数返回值是指针,指向 char 类型的指针。

下面是另外一个例子。

void(* signal(int   sig, void(* func)(int)))(int);

这其实是一个函数原型,是描述说明函数名标识符的类型的,其中出现了三个非关键字的标识符,让人看得头晕目眩几至崩溃。不过,按照前面说的从左到右找被说明标识符的原则,很容易发现被说明的是"signal"这个标识符,再从这个标识符出发看下去,一切就迎刃而解了。

首先可以断定"signal"是函数的名称(后面紧跟"()"),函数有两个参数,第一个是 int 类型,第二个显然是个指针,该指针指向参数为 int 类型且返回值为 void 类型的函数。说到哪儿了?哦,说完了 signal 指向的函数的参数,继续。signal 指向的函数的返回值是一个指针,这个指针也指向函数,这个函数有一个 int 类型的参数,而返回值为 void 类型。真累!

然而,让人感到惊奇的是,前面几乎用了一两段 300 多字才用自然语言说清楚的事情,C 语言只用了一行 44 个字符(不算空格)就很精确、很清楚地说明白了! 这难道不是 C 语言的一种魅力吗?

最后,分析一个最复杂的例子。

union u (* (* f[7][8][9]) (struct abc * , unsigned (* (*)[5][6]) [7][8]))[5];

不难看出,这是关于 f 的定义或说明。由于 f 后面紧跟"[]",所以 f 是数组,有 7 个元素,每个元素也都是数组,各有 8 个元素,这 8 个元素也是数组,各有 9 个元素,每个元素都是指针;这指针指向的是函数,该函数有两个参数,第一个是指向 struct abc 数据类型

的指针,第二个也是一个指针,指向的是由 5×6 个元素所构成的数组,数组的每一个元素都是指向由 7×8 个 unsigned 类型的数据构成的二维数组的指针;该函数的返回值是一个指针,指向一个由 5 个 union u 类型的数据所构成的一维数组。

2. 复杂数据类型的名称及解读

代码中,除了定义复杂数据类型的变量或写出复杂的函数声明,可能还涉及对复杂数据类型名称本身的描述。这在进行类型转换运算、描述函数形参的数据类型和对某些变量(外部变量,即函数外部定义的变量,将在后面章节介绍)进行多次说明时是避免不了的。

对于指针,只要把指针变量定义中的指针变量标识符去掉所剩下来的就是这个指针的数据类型的名称。比如:

　　int (* func)(int * p, int (* f)(int *));

其中,"func"的类型的名称是 int (*)(int * p, int (* f)(int *))或 int (*)(int * , int (*)(int *))。

对于数组,情况有些复杂。比如:

　　int (* func[5])(int * p);

这里"func"显然是一个数组的名称,全面地描述它的类型的名称应该是 int (* [5])(int * p)。然而那个"[]"里面的"5"经常可以省略,所以它的类型有时写作 int (* [])(int * p),这是最通用的写法。由于数组名的值(右值)是一个指针,所以在使用数组名右值的场合,数组名的类型也可以写成 int (* (*))(int * p),即把"[]"写成"(*)",但这种写法的使用场合一定是在使用数组名右值时才可以,比如在说明函数参数类型的时候,因为这时如果实参是数组名的话,使用的是数组名的右值。对于另外一些场合(比如作为"sizeof"运算符的运算对象),数组名的类型是 int (* [5])(int * p)。

对于函数名来说,参与的运算为赋值运算、类型转换运算和函数调用时,这些情况下使用的都是函数名的右值,因而函数名的类型是指针类型。在描述其类型时,应该把函数名换成"(*)"。比如:

　　int (* (* (* func)(int *))[5])(int *);

其中,"func"类型的名称是 int (* (* (* (*))(int *))[5])(int *)。

11.2.3　添乱的 const 等类型限定符

对于许多数据类型,由于说明其含义时还可以加上 const、volatile 等关键字进行进一步的修饰,所以可能变得更加复杂。比如:

const int a;

实际上也可以写作:

　　int const a;

它们表达的含义是相同的。const 关键字的位置有时比较灵活,似乎可以当状语也可以当宾语补足语。然而在有些情况下却不是这样。如果要进一步修饰指针,那么这个关键字只能出现在" * "的右面。下面三个数据类型中:const int * 、int const * 、int * const,前两个是等价的,表示的都是一个指向 const int 类型的数据的指针的类型,而后一个表示的则是一个 const 类型的指针,这个指针指向的是 int 数据类型。

所以一般来说 const 或 volatile 这样的类型限定符所限定的是其左面的类型说明符，如果其左面没有任何类型，那么限定的是右面的类型。

很多人认为类型限定符（Qualifier）是限定变量定义或说明中被说明的标识符的，其实不然，类型限定符是对数据类型本身的进一步限制。它表明这样的数据类型在使用时有额外的限制或特点，比如 const 表明的是这种类型不可以被显式地改变（例如通过赋值、自增、自减等运算改变）。

11.3　更自由地使用内存

11.3.1　100!＝?

用纸笔计算 100! 并不需要复杂的计算步骤，只要从 1 开始不断地乘下去就能得到正确的结果。然而，这样做有一个前提，那就是必须有足够的纸张，因为 100! 是一个很大的整数。

用程序计算这样的问题时也必须为存储这个结果提供足够的内存空间，此外还存在着另外一个问题，那就是 C 语言所提供的基本数据类型中没有一个能够精确地表示这样大的一个整数。

后一个问题比较容易解决。可以仿造平时的记数方法，用多个位表示一个比较大的数。比如，如果 int 类型的存储空间为 4B，那么可以表示的最大的正整数可以达到 2147483647，这是一个 10 位数，那么如果用两个 int 类型就完全可以表示出一个 20 位数。事实上，我们平时书写数字时就是这样做的。

这样看来，表示 100! 的计算结果只要为它提供足够的存储空间就可以了。比如说，如果需要记录一个 20 位的十进制整数 12345467890123456789，在代码中可以分别用两个 int 数据类型的数据记录其前 10 位和后 10 位，如下所示：

int qsw＝1234567890，hsw＝1234567890；

当然，对于这样的大的整数，其运算不能直接用"＋"、"－"等运算符来完成而必须通过代码重新定义实现。但是毕竟得承认，这个问题可以解决了。

11.3.2　初级的办法

在确定了用多个 int 类型的数据来表示一个较大的整数这个方案之后，首先要面临的一个问题是需要多少个 int 类型的数据？这个问题的答案一方面取决于 100! 大致有多少位数，另一方面取决于代码中用一个 int 类型的数据表示几位十进制数。

出于保守的考虑，由于 100! $<100^{99}$，而后者是一个 199 位的十进制数，所以要求采用的数据至少要能存储下 199 位的十进制数。

int 类型的数据所能表示的最大的正整数是 INT_MAX（4B 的情况下为 2147483647，这个数据在 limits.h 文件中给出）。由于用来表示 100! 的每个 int 类型的数据都需要做乘法运算，最大要乘以 100，代码必须保证此时不会产生溢出，所以每个 int 类型的数据最多只能表示 INT_MAX/100 这样大的 10 位数，这样才能保证在进行乘法运算时不会产生溢出。

对于 INT_MAX 为 2147483647 的编译器来说，INT_MAX/100 的值为 21474836，是一个 8 位数，因此如果输出的是十进制结果的话，那么每个 int 类型的数据存储 7 位十进制数比较合理。这样,存放 100! 就至少需要 199/7+(199%7!=0)=29 个 int 类型的数据,在代码中可以把它们定义为数组。下面是按照这种方案给出的代码:

程序代码 11-5

```
/*
10.2.0    100! = ?
*/
#include <stdio.h>
#include <stdlib.h>

#define N 100    //求 N!
#define GS 29    //需要 29 个 int 类型的数据
#define WS 7     //每个 int 类型的数据存放 7 位十进制数
#define ZX 10000000 //最小的 8 位数

void cheng(int [],unsigned, int);
void jinwei(int [],unsigned);
void shuchu(int [],unsigned);

int main(void)
{
    int dashu[GS];
    int i;

    cheng(dashu, GS, 0); //清零
    dashu[0] = 1;
    for(i = 1; i <= N; i++)
    {
        cheng(dashu, GS, i);
    }
    shuchu(dashu, GS);

    system("PAUSE");
    return 0;
}

//用 n 乘以 shu 中各项
void cheng(int shu[],unsigned gs, int n)
```

```
{
    int i;
    for(i = 0; i < gs; i + +)
        shu[i] * = n;
    jinwei(shu, gs); //进位

}
//进位
void jinwei(int shu[],unsigned gs)
{
    int i;
    for(i = 0; i < gs - 1; i + +)
    {
        shu[i + 1] + = shu[i] / ZX;
        shu[i] % = ZX;
    }
}
//
void shuchu(int shu[],unsigned gs)
{
    int i = gs - 1; //从高位开始输出
    while(shu[i] = = 0) //跳过前面的 0
        i - -;

    printf("%d",shu[i - -]);

    while(i > = 0)
        printf("%07d",shu[i - -]); //需要输出 7 位且 0 是必要的

    putchar('\n');

}
```

程序输出结果为：

```
9332621544394415268169923885626670049071596826438162146859296389
5217599993229915
608941463976156518286253697920827223758251185210916864000000000
0000000000000000
请按任意键继续. . .
```

这类问题很难测试,因为事先并不清楚 100! 究竟是多少。但是可以把代码中的 N 改小些进行测试,因为 N 比较小时 N! 的值较容易知道。

最后 100! 得到的是个 158 位的十进制数,也就是说,实际上只需要 23 个 int 类型的数据就够了。所以,这种取内存空间上限的办法无疑要浪费一些内存。

这种写法并不是很好。除了浪费内存空间以外,在不能事先估计出所需要内存的上限的情况下,这种办法根本无效。下面介绍另一种办法。

11.3.3 使用动态分配内存函数

C 语言通过调用库函数实现动态分配内存。所谓动态分配内存,是与前面通过变量定义的方法相对的。动态分配内存不是通过事先定义变量的方式来获得可以使用的内存,而是在程序运行过程中通过函数调用来申请对内存空间的使用权。

在 C 语言中,这种可以申请使用内存空间的函数一共有三个,其函数原型分别是:

①void * calloc(size_t nmemb, size_t size);

②void * malloc(size_t size);

③void * realloc(void * ptr, size_t size);

不难发现,这些函数的返回值的类型都是 void * ,这是因为事先这些函数在编写时无法预料应该返回什么样类型的指针,所以只能返回一个所获得的内存起始字节的地址。在 C 语言中由于 void * 类型的指针可直接赋值给其他类型的数据指针变量而不需要类型转换(反过来也是),所以这种类型的指针有时被叫做通用指针。

三个函数原型中的“size_t”是一种数据类型的名称,通常是某种 unsigned 整数类型的另一个名称而已,在 C 语言早期,也有过是某种 int 类型的别称的时代。这个类型名称正如其名称所提示的那样,用于描述内存空间的尺寸大小。事实上,求长度(“sizeof”)运算的返回值就是这种类型。定义这种数据类型是为了加强代码的可移植性。

三个函数的功能分别如下:

①void * malloc(size_t size):申请 size 个字节的连续内存空间,返回值为得到的内存空间起始字节的地址。返回 0 值(一般用 NULL 符号常量表示)时表示申请失败。

②void * calloc(size_t nmemb, size_t size):申请 nmemb×size 个字节的连续内存空间,返回值为得到的内存空间起始字节的地址。返回 0 值(一般用 NULL 符号常量表示)时表示申请失败。和 malloc()函数很不同的是,calloc()函数所申请到的内存空间被按位清零。

③void * realloc(void * ptr, size_t size):一般用于再次申请内存空间的情况,申请 size 个字节的连续内存空间,返回值为得到的内存空间起始字节的地址。返回 0 值(一般用 NULL 符号常量表示)时表示申请失败。“ptr”为此次申请前所申请空间的起始地址,那段内存空间中的数据将被 copy 到新申请的这段内存空间中。很显然,如果 ptr 的值为 NULL 的话,那么调用 realloc()函数等价于调用 malloc()函数。

申请内存空间并不是一定能够成功的,在失败的情况下,三个函数的返回值都是 NULL。在写代码时应该考虑到申请内存失败这种可能。

此外要注意的是,不要一直占用这些临时申请的内存,一旦不再需要就应该把它们释放掉,否则一味地“占着茅坑不拉屎”,会导致“厕所”资源紧张,程序崩溃。释放内存的函数的原型是：

void free(void ∗ ptr);

以上 4 个函数统称为内存管理函数，其函数原型都在 stdlib. h 这个文件中。

11.3.4　改进的方法

考虑使用多少内存就申请多少内存的写法时，无疑需要时刻记住每一时刻数组究竟有多少元素。为此，可以把存放结果的数据类型（或数据结构）表示为：

```
struct shu {
        int gs;
        int ∗ kt;
      }
```

其中，"gs"用来表示数组内当前有几个元素，"kt"指向存放数据的连续内存空间的开头的那个 int 类型的数据。按照这种方案可以得到下面的代码：

程序代码 11 - 6

```
/ *
100! = ?
* /
# include <stdio. h>
# include <stdlib. h>

#define N 100   //求 N!
#define ZX 10000000 //最小的 8 位数

#define DASHU struct shu
DASHU {
       size_t gs;
       int    ∗ kt;
     };

void tuichu(void);
void cheng(DASHU ∗ , int);
void jinwei(DASHU ∗ );
void shuchu(DASHU);

int main(void)
{
  DASHU dashu;
  int i;
```

```
    dashu.kt = (int *) malloc(sizeof (int));//申请第一个 int 类型的数据
    if(dashu.kt = = NULL)
       tuichu ();
    dashu.gs = (size_t) 1;

    * dashu.kt = 1; //初始值为 1
    for(i = 1; i < = N; i + +)
       cheng(&dashu, i);

    shuchu(dashu);
    free(dashu.kt); //不再使用一定要释放

    system("PAUSE");
    return 0;
}

void tuichu(void)
{
    printf("抱歉,空间不够");
    exit(1);   //程序退出执行
}

//乘以 n
void cheng(DASHU * ds, int n)
{
    int i;
    for(i = 0; i < ds - > gs; i + +)
    {
        ds - > kt[i] * = n;
    }
    jinwei(ds); //进位
}

//进位
void jinwei(DASHU * ds)
{
    int i;
    for(i = 0; i < ds - > gs - 1; i + +)
```

```
    {
        ds - > kt[i + 1]+ = ds - > kt[i] / ZX;
        ds - > kt[i]    % = ZX;
    }
    //增加空间
    if (ds - > kt[ds - > gs - 1] > = ZX) //最高位的值超过 ZX
    {
        ds - >kt = realloc (ds - >kt, sizeof (int) * (ds - >gs + 1));
        if(ds - >kt = = NULL)
            tuichu ();
        ds - > kt [ds - > gs]    = ds - > kt[ds - > gs - 1]/ ZX;
        ds - > kt [ds - > gs - 1] % = ZX;
        ds - > gs + +;
    }
}
//输出
void shuchu(DASHU ds)
{
    int i = ds.gs - 1; //从高位开始输出

    printf(" % d",ds.kt[i - -]);

    while(i > = 0)
        printf(" % 07d",ds.kt[i - -]); //需要输出 7 位且 0 是必要的

    putchar('\n');
}
```

这段程序的输出结果和程序代码 11 - 5 的输出结果是一样的。

11.3.5　用链表解决问题

前面的程序实现了使用多少内存就申请多少内存的目的,然而有一点需要注意。就是其中的

```
    ds - >kt = realloc (ds - >kt, sizeof (int) * ( ds - >gs + 1 ));
```

一句。realloc()函数的返回值可能与原先的"ds—>kt"相同也可能不同。也就是说所申请的内存可能是在原来申请的内存块基础上的一个自然延伸,也可能是另外寻找了一块内存然后把原来申请的内存块的内容拷贝到了新的内存块中,这种拷贝肯定要消耗时间。这是这段程序的一个短板。

如果不希望发生这种把数据在内存中无聊地搬来搬去的事情,做到用一块内存就申请一块内存,但又把申请过的内存都记住以便能够随时访问,又应该如何处理呢?

这个问题的另一种提法是,程序要求申请使用多块但块数事先无法确定的内存应该

如何实现。问题的难点在于,申请到的内存一般可以记录在某个指针变量中,但是由于需要申请内存的块数不定,也就无法通过事先定义变量的方法记录所有申请到的内存。

解决的办法只能是,在每次申请内存空间时,都同时多申请一块记录下次申请内存空间所需要的记录空间。

假设每次都需要申请"T"类型大小的空间记录"T"类型的数据,但是由于还需要留出记录下次申请的记录空间,所以每次都多申请一块数据指针大小的内存空间。这样就自然地得到一种新的数据类型

```
struct zxg{
        T sj;
        struct zxg * zz;
        };
```

这种包括一个指向自身数据类型指针成员的结构体类型叫做自相关结构,其特点是用指向自身类型的指针来描述自身,有点像描述一只在努力咬另一只小猫的尾巴的小猫。尽管看起来有点玄,因为多少有几分递归定义的意味,但其实它不是。C 语言不容许用"struct zxg"类型来说明"struct zxg"结构体类型本身,然而容许用"struct zxg *"类型来说明"struct zxg"结构体类型。

这样一种结构几乎把 C 语言描述和创造数据类型的能力发挥到了极致。举例来说,仍以求 100! 为例,如果把记录结果的各个段的统称为"duan"的话,用 C 语言可以这样描述它:

```
struct duan {
        int shuju;    //记录本段数据
        struct duan * xiayiduan; //指向下一段的指针
        };
```

在代码中只需要一个指向第一段的指针就可以了。

struct duan * 指向第一段的指针;

当需要存储第一段时,只要

指向第一段的指针=(struct duan *)malloct(sizeof (struct duan));

就可以得到存储第一段的内存。如果需要存储第二段,那么可以通过

指向第一段的指针 — > xiayiduan = (struct duan *)malloct(sizeof (struct duan));

来实现。按照这种方法,可以依次读写各段的数据,只要在最后一段加上一个结束的标记。这个结束的标记一般是通过把最后一段的"xiayiduan"成员赋值为 0(即 NULL)来表示。这样组织起来的数据结构就叫做链表(Link List),每一个数据段被叫做链表的节点。

由前面的分析可以发现,只要知道指向链表开头指针(通常称之为链表的头),就可以实现对链表中各个节点的访问。

下面是用链表解决计算 100! 的程序代码:

程序代码 11 - 7

```
/ *
100! = ?
*/
# include <stdio. h>
# include <stdlib. h>

# define N 100    //求 N!
# define ZX 10000000 //最小的 8 位数
# define DUAN struct duan
DUAN {
        int shuju;     //记录本段数据
        DUAN * xiayiduan; //指向下一段的指针
    };

void tuichu(void);
void cheng(DUAN * , int);
void jinwei(DUAN * * , int);
void shuchu(DUAN * );
void shifang(DUAN * );

int main(void)
{
   DUAN *  p_dyd = NULL; //指向第一段的指针
   int i;

   p_dyd = (DUAN * )malloc(sizeof (DUAN)); //申请第一段的内存
   if(p_dyd = = NULL) tuichu ();

   p_dyd - >shuju = 1; //初始值为 1
   p_dyd - >xiayiduan = NULL;    //标注结尾

   for(i = 1; i < = N; i+ +)
   {
       cheng(p_dyd, i);   //乘以 i
       jinwei(& p_dyd, 0);   //第一段进位总是 0
   }

   shuchu(p_dyd);   //输出
   putchar('\n');

   shifang(p_dyd);// 释放内存

   system("PAUSE");
   return 0;
}

//释放各个节点占用的内存
```

```
void shifang(DUAN * p)
{
    if(p->xiayiduan == NULL)
    {
        free(p);
        return;
    }
    shifang(p->xiayiduan);
    free(p);
    return;
}

void tuichu(void)
{
    printf("抱歉,空间不够\n");
    exit(1);    //程序退出执行
}

//乘以 n
void cheng(DUAN * p, int n)
{
    if(p == NULL)
        return;
    p->shuju *= n;
    cheng(p-> xiayiduan  , n);

}

//进位
void jinwei(DUAN * * p_p, int jws)
{
    if( * p_p == NULL)
    {
        if(jws != 0)
        {
            ( * p_p) = (DUAN * )malloc(sizeof (DUAN));
            if( * p_p == NULL) tuichu ();
            ( * p_p) ->shuju = jws;
            ( * p_p) ->xiayiduan = NULL;//最后一段不需要再进位
        }
```

```
        return;
    }


    (＊p_p)-＞shuju+=jws;
    jinwei(&(＊p_p)-＞xiayiduan,(＊p_p)-＞shuju/ZX);
    (＊p_p)-＞shuju％=ZX;


}


//输出
void shuchu(DUAN ＊p)
{
    if(p-＞xiayiduan==NULL)
    {
        printf("％d",p-＞shuju); //最高位的输出
        return;
    }
    shuchu(p-＞xiayiduan);
    printf("％07d",p-＞shuju); //需要输出7位且0是必要的
    return;
}
```

11.4　typedef

本章接触到了许多复杂的数据类型,这些类型的名称通常都比较冗长、复杂,写代码时很容易出错。C 语言提供了一种为数据类型名称取别名的方法,这就是 typedef 这个关键字的用途。例如下面的声明:

　　typedef int INT;

表示的含义就是:"INT"是一种数据类型的名称,这个数据类型就是"int"。之后就可以用"INT"这个标识符去做用"int"可以做的一切事情了。比如定义变量:

　　INT i;

这和

　　int i;

是完全等效的。

　　或问:这样做的意义何在?

　　答:其一,增加代码可读性,使代码更加干净、简洁,减少错误。比如:

　　int (＊u [5])(int ＊);

其中,"u"的数据类型是 int (＊[5])(int ＊),是一个数组类型,这种数组有 5 个元素,每个元素都是指针,这种指针指向的是参数为 int ＊类型且返回值为 int 类型的函数。如果在代码中多次使用这种复杂的类型名称无疑容易出错,其含义也晦涩难懂。这时就

可以为这种复杂的数组类型取一个有意义的名称，如下所示：

typedef int (* FZSZ[5])(int *)；

那么以后在代码中再写这种数据类型名称的时候，直接写"FZSZ"就可以了。比如，可以用这个名称定义变量：

FZSZ f；

使用 typedef 语句为数据类型取别名的要点是，把新的类型别名写在用原类型定义变量时写变量的位置。比如：

typedef char * STRING；

很多简单的数据类型也用 typedef 语句定义别名，常见的有 size_t，事实上这个类型是一种 unsigned 整数类型，但是它可能在甲环境中是 unsigned，在乙环境中是 unsigned long。在代码中使用"size_t"这种别名的好处是，一旦涉及代码的移植问题，只要简单地修改一下 typedef 语句就可以了，不需要在代码中每个出现 size_t 的位置修改。这和把常量写成宏有利于代码修改是一个道理。所以使用 typedef 语句的另一个原因是可以增强代码的可移植性。

使用 typedef 语句给出结构体等数据类型的一个新名称还有另外一个好处，就是可以省却为结构体名称的标签部分取名的烦恼（取名从来都是很难的事情）：

typedef struct { … } 新名称；

在前面，曾经用 ♯define 预处理命令完成过类似的任务，但是两者之间还是有区别的。例如：

♯define STRING char *

STRING a，b；

实际上表示的是：

char * a，b；

也就是说，b 是 char 类型。而：

typedef char * STRING；

STRING a，b；

表示的是 a 和 b 都是 char * 类型。此外对于有些复杂的数据类型，用 ♯define 预处理命令是无法胜任的，比如：

typedef int ARR[5]；

给出了一种数组类型的名称，可以用 ARR 定义数组，但是 ♯define 预处理命令做不到这点。所以在学习了 typedef 语句之后，原则上以后不应该再使用预处理命令的办法了。

在 C 语言中，所有的标识符都有其有效区间，typedef 语句定义的类型的新名称也不例外。在某个"{}"内的 typedef 语句定义的类型的新名称只在该语句块内有效，在函数外部用 typedef 语句定义的类型的新名称的有效范围是从定义处直到源文件结束。

typedef 语句有时候可能会让不熟悉其用法的人发蒙，比如：

typedef int abc(int, int)；

abc f1，f2；

你能看明白后一语句在说什么吗？实际上，这是在描述 f1 和 f2 这两个函数的函数原型。

第 12 章　程序组织与编译预处理

软件设计有两种方式：一种方式是，使软件很简单以至于明显没有缺陷；另一种方式是，使软件过于复杂以至于没有明显的缺陷。

12.1　编译预处理简介

严格地说，预处理命令（Preprocessing Directive）并非 C 语言语法的组成部分，它只是对代码书写的一种约定和简化的表示方式。由于绝大多数 C 语言编译器都支持预处理功能，所以 C 标准也对预处理功能作了明确的定义和统一的规定。

编译预处理，顾名思义，是在编译之前对源代码进行的处理工作。这些处理工作在源代码中按照约定被写成预处理命令。

含有预处理命令的文本文件，即所谓源文件（Source File），也叫做预处理文件（Preprocessing File），需要经过预处理程序的加工、处理之后才能形成编译器可以编译的不含预处理命令的翻译单元（Translation Unit）。

C 语言源程序可以由多个源文件组成。在一定条件下，部分源文件可以形成独立的预处理翻译单元（Preprocessing Translation Unit）来单独进行预处理，单独编译。

从概念上来说，预处理与编译是两个独立的、一先一后进行的翻译源程序的过程，但在许多开发环境中并不特别地区分它们，以至于很难察觉预处理过程的存在。

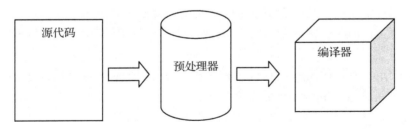

源代码　　预处理器　　编译器

图 12 - 1　预处理在编译前完成

预处理器对源代码所做的"加工"无非是一些替换、添加、拼接、删除之类的工作。在代码中使用预处理命令的目的是提高编程的效率，增强代码的可读性、可维护性、可移植性，改善代码的结构，便于调试及有条理地管理源代码。

12.1.1　预处理的一般特点

每条预处理命令逻辑上都占一行。预处理命令都以"♯"开头，老式的 C 语言预处理器要求"♯"在第一列，但现代的 C 语言预处理器容许"♯"所在行前面或后面有空白字符。

预处理不是一次性完成的,而是分为几个阶段逐步完成的。理解在预处理阶段预处理器工作的过程,可以对初始的源代码究竟被加工处理成了什么样子有清楚的认识。

12.1.2 预处理的几个阶段

预处理过程分为以下几个阶段:

(1) 首先进行的处理是把源文件中的不规范的字符替换为标准的 C 语言源字符。

比如,有的 IDE 可能使用特殊的字符表示文本中的换行符,这些将被替换为标准的源字符。

(2) 删除换行字符。

比如下面的代码:

int ab\

c;

将被改写为:

int abc;

再比如:

♯define ABC 1234\

567

将被改写为:

♯define ABC 1234567

之所以进行这样的处理,是因为预处理命令都是以行为单位的,只有先处理了这个问题,预处理器才能更容易地识别出各条预处理命令。

(3) 识别预处理单词[①](Preprocessing Token)并把注释部分替换为空格。

(4) 开始执行预处理命令,进行宏展开,执行_Pragma(C99)运算,如果遇到♯include 预处理命令,则把相应的源文件包含进来,并对源文件反复执行以上 4 个阶段的预处理,直到源文件中没有预处理命令。

(5) 把字符常量或字符串文字量中的转义序列替换为对应的字符。

(6) 连接相邻的字符串文字量。比如把代码中的““ＡＢＣ” ”ＤＥＦ””替换为“"ABCDEF""。

此后,把预处理命令删除,就可以进行语法、词法分析,转入编译阶段了。

下面详细讨论具体的编译预处理命令。

12.2 文件包含

文件包含通过编译预处理命令

♯include <*header*>

或

♯include "*文件名*"

来完成,其含义是把相应的标准头文件(*header*)或源文件的全部内容复制、粘贴、替代这

---

① 包括头文件名、标识符、预处理数字、字符常量、字符串文字量、标点符号、单个非空白字符等。

条预处理命令。其中尖括号和双引号表示的含义差别在于,前者表示在编译器指定的特定位置中搜寻[①],而后者一般表示首先在源文件(.c)所在的位置查找相应的文件。

所包含文件的格式必须和源文件的格式一样,亦即要求是文本文件。

由于代码编写者通常把自己编辑的被包含文件与源文件(.c)放在同一个文件夹中,所以使用自己编写的被包含文件时一般使用双引号,使用编译器提供的库文件的头文件时使用尖括号。

文件包含容许嵌套包含,比如文件 A 中包含文件 B,文件 B 中包含文件 C。

文件包含命令还有另外一种形式:

♯include　*预处理单词组*

这种情况下文件名是由*预处理单词组*得到的。这种形式多半结合条件编译预处理命令一同使用。

就目前来说,文件包含这条命令可以帮助我们把代码的规模减小一些。比如在第 9 章中,某些代码很长,可以考虑把那些代码分成两部分:main()函数前面的部分写成一个扩展名为.h 的文件放在.c 文件所在的文件夹中,这样.c 文件会显得简洁一些。恐怕.h 文件的“h”(头)的由来恰恰就是出于这个原因(代码开头部分,header)。

这条命令从本书的一开始就使用了。最初是被迫使用的,因为某些头文件中包含着当时要用到的数据类型的定义和标识符的说明(函数原型和某些符号常量的定义)。然而这条预处理命令的意义不仅限于此,它还涉及程序开发的组织问题,这个问题非常重要。

正如懂得语法不等于会写代码一样,懂得♯include 命令的含义也绝对不意味着知道如何应用。♯include 命令本身是简单的,极易被理解的。然而真正恰到好处地应用它有条理地去组织程序的开发过程却是很难的事情。

其他的预处理命令也多半与程序的组织管理有着密切关系。

需要说明的是,离开了代码的规模,讨论程序的组织问题就几乎没有什么意义。

在大型程序中头文件较多,而且头文件本身也可以包含其他头文件,可能导致重复♯include,如 A 包含 B 和 C,而 B 和 C 又同时包含 D,这就会导致重复包含,可能会引起难以查找的语法错误。对于这种情况需要努力避免,或者用其他预处理命令加以防止。

12.3　宏定义与宏替换

宏定义是指把某特定的标识符(叫做宏名)定义为某些单词(Token)的序列组合(叫做宏体)。

宏替换是指在编译预处理阶段把代码中出现的宏名替换为宏体。这基本上相当于文字编辑过程中的查找与替换,只不过宏替换是由预处理器在编译之前自动进行的。

宏定义有两种形式:类似对象的宏(Object-like Macro)和类似函数的宏(Function-like Macro)。对这两种宏在本书前面章节中都曾经浅尝辄止地有所涉猎过,下面将更全面深入地介绍预处理中的宏。

---

① 这种情况下<*header*>中的 *header* 不一定真的是个源文件。

12.3.1 类似对象的宏

类似对象的宏的定义命令用如下方式给出：

♯**define** *标识符* *替换表*

其中，*标识符*被称为宏名。这条命令的含义是把宏定义预处理命令后出现的*标识符*用*替换表*（也叫宏体）替换。效果类似于文字处理软件里的查找与替换。

很显然，代码中的字符串文字量、字符常量、注释、♯include 的文件名及其他常量中的内容由于并不是*标识符*，所以在这些量的内部不发生替换。

这条预处理命令可以用于定义符号常量，但其用法不仅限于此。*替换表*也可以是其他单词序列。比如：

♯ define AB　a＋b

如果*替换表*过长，由于合并物理行是在预处理之前进行的，所以可以把这样的预处理命令在形式上写成多行，但在逻辑含义上它依然是一行。例如：

♯define END　system("PAUSE");　　\
return 0;

习惯上，宏名一般使用大写字母，这样在阅读代码时可以清楚地区分开作为对象名的标识符和作为宏名的标识符。

此外要注意，应该避免与编译器事先已经定义的宏重名。编译器事先定义的宏的名称一般都是以下划线开头并结尾的，如__TIME__。此外，以两个下划线开头的宏名也应该避免使用，道理同前。

12.3.2 类似函数的宏

1. 一般的写法

定义类似函数的宏时，宏名后必须紧跟一个"("，之间不可以有空格。比如定义求某个数 m 的平方的宏：

♯define PINGFANG(m)　m＊m

"()"中的"m"被叫做宏的参数（为方便起见，后面也将把它叫做形参）。在代码中如果出现 PINGFANG(2)，它将被展开为 2＊2。

然而必须说明的是，从实践的角度看，这里定义的宏是一个很拙劣的宏。理由是如果在代码中出现 PINGFANG(1＋2)，那么它将被展开为 1＋2＊1＋2，而不是(1＋2)＊(1＋2)。由于这个原因，通常在被展开替换的单词序列中参数都被"()"括起来：

♯define PINGFANG(m)　(m)＊(m)

这样就不会产生前面说的那种可能的误用了。此外，如果这个宏是用来计算某个表达式的值的话，严谨的程序员会另外加上一对"()"以防止产生某些意外的后果，如下所示：

♯define PINGFANG(m)　((m)＊(m))

这可以预防像下面那样使用时产生的误会：

36/PINGFANG(3)

对于♯define PINGFANG(m)　((m)＊(m))来说，36/PINGFANG(3)得到的是

36/((3) ＊(3)),其值为 4;而对于 ♯ define PINGFANG(m)　(m)＊(m)来说,36/PINGFANG(3)得到的是 36/(3)＊(3),其值为 36。

在调用宏的时候,有些运算符会产生不知所云的后果,比如:

PINGFANG(n＋＋)

没人知道这表示什么含义。事实上这个宏展开之后得到的是 n＋＋＊n＋＋,然而这是一个没有定义的错误的表达式。

一般来说,调用宏时不应该或者至少应该极其谨慎地使用具有副效应的表达式。比如,对于:

♯ define IsDigit(c)　((c)＞＝′0′&&(c)＜＝′9′)

如果按照下面的方法调用就会出现严重的问题:

IsDigit(ch＝getchar())

原因就在于求参数值时的副效应会导致 getchar()被调用不止一次。

类似函数的宏可以有多个参数,如有多个参数则用“,”分隔。比如:

♯ define MAX(a, b)　((a)＞(b)?(a):(b))

写宏的目的只有一个,使代码更有效率、更简洁、更容易阅读、更不容易出错。从这个角度看,下面用来计算圆面积的宏虽然在语法上没什么问题,但与使用宏的目的却是南辕北辙的:

♯ define PI 3.1415926

♯ define S(r)　PI＊r＊r

至于定义下面的宏:

♯ define MAX(a, b)　a＞b? a：b

然后研究 MAX(＋＋a,＋＋b)的结果这样的行为,基本上属于自虐行为。写宏不是为了把问题搞复杂,而是为了使写代码更简单;不是为了冒险走钢丝,而是希望代码更可靠。没必要追究那些复杂的、没有实际意义的宏的意义。

2. 宏的利弊

类似函数的宏与函数很相像,尤其是在调用的时候。要弄清什么时候应该使用宏什么时候应该使用函数,必须首先清楚它们之间的区别。

使用函数时,如果写了函数原型,编译器会对实参进行类型检查。如果发现有类型或个数不符合的情况会提出警告或报告错误,这可以帮助我们避免许多失误。这是使用函数的一个优点。然而宏只是进行简单的替换,无法发现参数的数据类型方面的错误(参数的个数错误可以发现),这种错误通常要到运行时才能发现。

但是函数在程序运行时需要一些额外的资源(内存和时间),而宏不需要这些,因为宏是在原地展开编译的。所以宏的执行速度通常比函数要快,这是使用宏最有力的理由。如果代码中多次出现某个宏,可以想象的是,编译之后的可执行文件的代码要更长些。因为函数的多次调用使用的是同一段代码,而宏不是。

宏很容易被误用,以至于不少人把宏形容为“卑鄙的”“邪恶的”。从 Java 语言这个从 C 语言中衍化出的语言干脆取消了宏以及 C99 增加了 inline 关键字来看,也许能够感觉到许多编程者对宏的一种态度。

如果既希望保留函数可以检查数据类型的优点又希望代码可以在本地编译以便提

高程序运行速度,这时候可以定义 inline 函数。不过编译器不保证一定会在本地编译,"inline"只是对编译器的一个强烈呼吁,希望保留数据类型检查的同时提高程序运行速度,编译器会尽量地做速度优化编译,但能否办到是另一回事情。此外 inline 函数是 C99 才支持的新特性。

然而,宏无法检查参数类型有时候倒是个优点,比如求数组 a 的尺寸的时候,显然用

  ♯define SIZE(a) (sizeof (a)/sizeof(∗(a)))

更为方便,因为这个表达式的值显然与数组或数组元素的类型无关,所以 SIZE(a)对于各种数组都是一个正确的求数组尺寸的表达方法。如果使用函数呢? 不难设想,可能需要为 int 类型的数组写一个这样的函数,还需要为 double 类型的数组再写一个这样的函数,需要为一维数组写一个,还需要为二维数组再写一个……显然这是不现实的。在 C 语言中,这种情况最好还是用宏完成而不是通过函数。

12.3.3 拼接单词

1. "♯♯"运算符

在宏定义中,可以使用运算符"♯♯"构造特定的预处理单词(Preprocessing Token)。例如:

  ♯define XY x ♯♯y

代码中的标识符"XY"将被展开为"xy"。再如:

  ♯define HASH_HASH ♯ ♯♯ ♯

代码中的标识符"HASH_HASH"将被展开为"♯♯"。这个宏定义的替换列表中,中间的两个"♯♯"是运算符,两边的空格是必需的,否则"♯♯♯♯"可能被预处理器解释为"♯♯""♯♯"。无疑,这是不合法的。但在展开时,运算符"♯♯"两边的空格将和"♯♯"一同被删除。

"♯♯"是个二元运算符,在其前面和后面都需要有一个运算对象,因此 C 语言要求这个运算符不可以出现在替换列表的开头和结尾。这个运算符出现在类似函数的宏中更为多见。下面是一个简单示例:

  ♯define S(a,b) a♯♯b

那么在代码中的 S(1,2)在宏替换结束后将变成 12,S(x,y)将成为 xy。如果你高兴,也可以把 if 这个关键字写成 S(i,f)(估计你还不至于这么无聊吧)。

如果在调用宏的时候没有提供相应的参数,那么这个缺少的参数会被视为一"",比如 S(x,),展开之后得到的是 x。

如果展开后的预处理单词中还有宏名,预处理器还会继续进行替换。例如:

  ♯define AB 36
  ♯define S(a,b) a♯♯b

那么代码中的 S(AB)最终将被替换为 36。

2. ♯undef 命令

♯undef 预处理命令的作用是取消一个预处理宏定义,也可以理解为规定了一个宏的有效区间的结束位置,一个宏只在这个区间之内有效。例如:

  ……

♯ define AB　a＋b

......

♯ undef AB

......

那么,AB 这个宏在从 ♯ define AB 到 ♯ undef AB 的区间之外是无效的。

12.4　预处理命令的其他话题

12.4.1　再谈宏

1. 符号常量、枚举常量与 const 变量

通过 ♯define 预处理命令可以定义符号常量,这种常量由于在预处理过程中只进行简单的文字替换,所以显得十分直接和坦率。通常与问题有关的常数都可以用这种方法处理。比如,要编写一个计算 24 点的程序,那么这个 24 显然是描述问题的一个常数,就可以用符号常量的方式描述。尽量使用抽象的性质来描述这种常量比使用具体的名词来描述无疑显得更专业些:

♯define ERSHISI 24 //二十四

与

♯define DIANSHU 24 //点数

相比之下无疑后者更好些。因为后者具有更好的适应性,可以轻易地改为计算 5点、6 点的程序(对于有些问题可以通过这个办法把问题规模减小以进行测试)。而对前者做这样的修改则显得生硬牵强,让人感到别扭。

枚举常量适合描述一组相关的散列常量,在 for 语句或 switch 语句中使用枚举常量可能非常漂亮自然,比如把星期几描述为枚举常量就非常自然。

使用枚举常量的另一个好处是在程序调试时容易跟踪,符号常量由于在编译之前就已经被替换掉了,所以没办法跟踪。

但是枚举常量只是枚举变量的一个值域而已,归根到底还是要使用变量。在 C 语言中一个枚举类型的变量可以取这个值域之外的值。

还有一种有些像常量的变量——const 变量。必须要说的是,const 变量并非常量而是变量,把它翻译成"常变量"是一种望文生义的"硬译"。const 变量是一种不可以显式改变(比如通过赋值、自增、自减等运算)的变量,把它理解为"只读变量"是比较靠谱的。

由于是变量,所以可以求得其指针。通过这个指针去修改相应的变量在 C 标准中是一种未定义行为,也就是说修改这个变量还是有可能的。

const 变量不像枚举常量那样可以写出漂亮的 switch 语句,因为变量不可以作为 case 的标号。

通常在两种情况下使用 const 变量:第一,需要求指向这个变量的指针,指向符号常量的指针是没有办法求得的;第二,在确信某个参数在函数中不应该被改变的前提下,把形参定义为 const 变量,这样做有两个好处,一是编译器会发现你对这个形参的误修改,一是编译器可以对代码进行合理的优化。

所以,尽管三者有一些相似的地方,然而它们最恰当的使用场合并不一样。这需要在实践中努力体会。

2. 预定义的宏

C 标准规定编译器必须预先定义某些宏,这些宏包括:

__DATE__:替代为编译的日期。

__FILE__:替代为源文件的名称。

__LINE__:目前源代码的行数,从文件头开始算起。

__TIME__:编译的时间。

__STDC__:整数常量 1,表示编译器遵循 C 标准。

__STDC_VERSION__:如果支持 C99 则为 199901L。

这些宏的名称都以两个下划线开头也以两个下划线结束,而在自己定义宏时应注意避免使用这样的名称。这些预定义的宏不可以通过♯undef 命令取消。

C99 标准中还增加了另外一个宏——__STDC_HOSTED__:如果目前的实现版本是宿主环境,则为 1;否则,为 0。所谓宿主环境一般指程序是在某种操作系统下运行,这样的 C 程序都必须有且只有一个 main()函数,这是程序执行的起点。非宿主环境是指程序不依赖操作系统而独立运行,这种情况下程序不一定要有 main()函数,至于程序从那哪个函数开始执行也视具体的编译器而定。

3. 分层展开的问题

可以用宏来定义另一个宏,比如:

♯define M_PI   3.14159265358979323846

♯define M_PI_2   (M_PI/2)

也可以用宏调用作为另一个宏调用的参数,比如:

程序代码 12-1

```
#include <stdio.h>
#include <stdlib.h>
#include <math.h>

#define PF(x) ((x)*(x))
#define COS(x) (cos(x))

int main(void)

{
  printf(" %lf \n",COS(PF(3.)));

  system("PAUSE");
  return 0;
}
```

其中,COS(PF(3.))将被展开为—>(cos(PF(3.)))—>(cos(((3.)*(3.)))).但是若希望得到"(cos(((3.)*(3.)))))"这样的字符串文字量却需要费一点周折。如果只是定义:

#define S(x) #x

那么,S(COS(PF(3.)))宏展开后得到的只是"COS(PF(3.))"。这时应该定义另外一个宏先将 COS(PF(3.))展开,然后再把展开之后的内容转变成字符串文字量,如下所示:

程序代码 12 - 2

```
#include <stdio.h>
#include <stdlib.h>
#include <math.h>

#define PF(x) ((x)*(x))
#define COS(x) (cos(x))
#define S(x) S_(x)
#define S_(x) #x

int main(void)
{
    printf(S(COS(PF(3.)))" = %lf\n",COS(PF(3.)));

    system("PAUSE");
    return 0;
}
```

这时,S(COS(PF(3.)))被展开为—> S_((cos(PF(3.)))) —> S_((cos(((3.) * (3.)))))—>"(cos(((3.) * (3.)))) "。这样,程序的输出就如下所示:

```
(cos(((3.) * (3.)))) = -0.911130
请按任意键继续. . .
```

12.4.2　其他编译预处理命令

1. 内置的编译命令#pragma 和_Pragma 运算符

#pragma 预处理命令的作用是给编译器提供一些额外的信息,基本上相当于 IDE 中的"编译选项"菜单的功能,比如结构体成员的对齐方式等。例如:

#pragma pack(2)

表示的是结构体成员应该对齐到偶数地址。

#pragma 命令的一般语法格式是:

#pragma 　 [*单词*]

各个编译器可以规定自己的额外信息的提供方式,这些提供方式显然不具备很好的可移植性。如果编译器在代码中碰到不认识的 #pragma 指示则会忽略这条预处理命令。

C99 增加了三个新的 #pragma 的语法格式,其中之一是:

#pragma STDC FP_CONTRACT 　 *on* 或 *off* 或 *default*

其中，*on* 或 *off* 或 *default* 可以取值为"ON"、"OFF"或"DEFAULT"，分别表示浮点表达式的被处理方式。

另外两种分别是：

♯pragma STDC FENV_ACCESS *on* 或 *off* 或 *default*

♯pragma STDC CX_LIMITED_RANGE *on* 或 *off* 或 *default*

前者关于浮点环境，后者关于复数计算，这里不打算给出更详细的说明。在这里想说的一件事情是，GNU 的 GCC 编译器无视这个预处理命令，一旦遇到 ♯pragma 预处理命令，GCC 预处理器就会自动运行一个小游戏程序或者干脆停止编译。从这里不难看出，在 C 语言界许多人对 ♯pragma 这条预处理命令的态度和看法。

_Pragma 是一个预处理运算符，其作用和 ♯pragma 命令相似，不同之处在于 ♯pragma 是一条预处理命令，它必须单独占据一行，而_Pragma 则不受这个限制并且它还可以很容易地通过宏展开实现 ♯pragma 命令的参数化。例如：

♯define STR(s) ♯s

_Pragma(STR(pack(2)))

的作用和

♯pragma pack(2)

是一样的。

2. ♯error 命令

这条命令的作用是停止预处理并输出一个错误信息，其一般的语法格式是：

♯error [*需要输出的信息*]

这条命令通常结合条件编译预处理命令一起使用，用于检查代码中是否存在着不应该继续预处理然后编译下去的情况。例如：

♯ifndef _ _STDC_ _

    ♯error "编译器不符合 C 标准。"

♯endif

这样，当预处理器发现编译器不符合 C 标准时将停止继续预处理，并输出"编译器不符合 C 标准。"这条信息。

3. ♯line 命令

编译时产生的警告信息、错误信息以及程序调试时的信息通常会给出对应代码的位置(所在源文件、行号及所在函数的名字)。♯line 预处理命令的作用是重新指定代码的行号和文件的别名，其一般的语法格式是：

♯line *行号*[" *文件名* "]

在该条预处理命令之后，如果输出行号的信息，将不再是默认的自然行号而是以 ♯line 命令指定的行号开始计数。如果同时指定了文件名，那么在输出文件名的时候将使用新的别名而不是真正的文件名。下面的代码演示了这条命令的作用。

程序代码 12 - 3

```
#include <stdio.h>
#include <stdlib.h>

int main(void)
{
    printf("这是\"%s\"文件的第%d行\n", __FILE__, __LINE__);
    #line 2000 "文件的别名"
    printf("这是\"%s\"文件的第%d行\n", __FILE__, __LINE__);
    system("PAUSE");
    return 0;
}
```

其中,"__FILE__"、"__LINE__"为标准所规定的预定义的宏,分别代表代码的文件名及行号。这段程序的输出结果是:

> 这是"main. c"文件的第 6 行
> 这是"文件的别名"文件的第 2000 行
> 请按任意键继续. . .

12.5 使用外部变量

12.5.1 外部变量

1. 局部变量的生存期间和有效区间

迄今为止,本书代码中变量定义的位置都是在函数内部(包括形参)。从代码的空间角度来看,这些变量也仅仅在所在函数的内部或所在块的内部可以使用。这种变量本书称之为"局部变量"。如果是 auto 存储类别的局部变量,变量是从程序执行到变量定义处开始存在,程序执行到离开变量定义所在的最内层的块该变量就不复存在了。如果是 static 存储类别的局部变量,变量从程序开始执行时就存在,程序结束时消失,但是只能在其所在的块内才能使用这些变量。图 12 - 2 显示了局部变量的生存期间和有效区间的范围。

2. 外部变量的生存期间和有效区间

在 C 语言中,变量也可以定义在(所有)函数外部,这种变量叫做外部变量(External Variable)。外部变量的生存期间是从程序运行开始直到程序结束。如果外部变量在定义时没有被初始化,那么其初始值是这个变量按位被赋值为 0 的结果。

外部变量的有效区间分为两种情况:static 存储类别的外部变量的有效区间是从变量定义的位置到变量定义所在的文件结束处;extern 存储类别的外部变量的有效区间可以是整个源程序(包括构成源程序的其他源文件)。

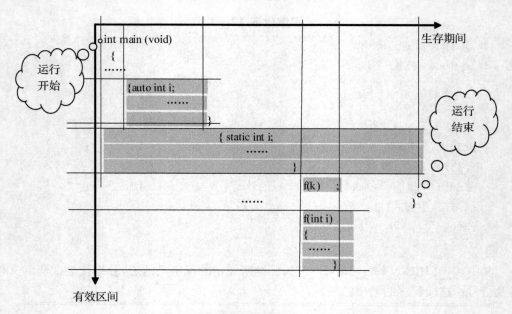

图 12-2　局部变量的生存期间和有效区间

3. static 存储类别的外部变量

　　由于 static 存储类别的外部变量的有效区间为从变量定义处开始到变量定义所在源文件的结尾,所以在其后面的各个函数定义中都可以对这个变量进行修改。毫无疑问,这破坏了结构化程序设计的原则:各个部分之间的联系越弱越好。这种变量实际上把后面定义的各个函数紧密地"连接"成了一个整体,后面几个函数可能以这个数据为公共的中心开展工作而不是"各自为战""各个击破"。

　　但是这种变量也有其优势,那就是不用再通过函数参数传递数据了。如果后面的各个函数都是关于这个 static 存储类别的外部变量的操作,也不是绝对不可以使用 static 存储类别的外部变量。至于其利弊,只有具体问题具体分析了。

　　定义 static 存储类别的外部变量的方法是在定义变量时在前面加上 static 关键字,另外注意需要把它定义在函数定义的外部。例如:

type f1(……)
{ ……
}

static int i;

type f2(……)
{ ……
}
type f3(……)
{ ……
}

这里定义的 int 类型的 i 就是一个 static 存储类别的外部变量,在 f2() 和 f3() 中都可以使用它。如果希望在 f1() 中使用这个外部变量,在使用之前需要有变量声明:

extern int i;

这个声明的含义是告诉编译器这个 i 是个 int 类型的外部变量,是在程序的其他位置定义的。

变量定义与变量声明的含义和形式都很相近却有一个巨大的差别,变量定义意味着要求编译器为变量安排内存空间,而变量声明不涉及为变量安排内存空间的问题。此外,变量定义时可以进行初始化,变量声明时不可以进行初始化。定义和声明的相同之处在于它们都是在描述某个标识符的数据类型。

顺便说一句,在声明数组名标识符时可以忽略"[]"中的数组尺寸数据。例如:

int a[3]={1,2,3};//定义

extern int a[];//声明。其实还是写成"extern int a[3];"好些

有些 C 语言的书津津乐道地讨论为什么不可以把"extern int a[];"写成"extern int *a;",本书看不出这种讨论有什么意义。因为如果一向很规矩地把声明写成"extern int a[3];",压根就不可能遇到这种问题。

总之,static 存储类别的外部变量的有效区间可以是所在的整个源文件。C 语言规定其他文件不可以使用不在本文件内定义的 static 存储类别的外部变量。

4. extern 存储类别的外部变量

extern 存储类别的外部变量在源程序范围内都可以使用。extern 是外部变量的缺省(默认)存储类别。换句话说,在定义 extern 类别的外部变量时,通常不需要在变量前面加 extern 这个关键字,正如在定义 auto 存储类别的局部变量时并不需要加 auto 这个关键字一样。

但如果是在其他文件中或者在本文件中 extern 存储类别的外部变量的定义位置之前使用这个外部变量,需要对这个外部变量进行声明。变量声明和变量定义在形式上很相像,但前者不涉及为变量开辟内存空间,只说明标识符的性质,而后者则不但说明标识符的性质,编译器还必须为这个标识符开辟内存空间。

由于变量声明和变量定义在形式上很相像而可能发生混淆,在定义 extern 存储类别的外部变量时,强烈建议进行初始化以明确地向编译器和代码阅读者表明是定义还是声明。

声明某个标识符是一个在别处定义的外部变量时需要使用 extern 关键字。例如:

extern int i;

其含义是声明 i 是一个在别处定义了的外部变量。在声明一个外部变量时不要进行初始化。

下面的代码说明了 extern 存储类别的外部变量的定义和使用方法:

type f1(······)

{ extern int i; // extern 存储类别的外部变量的声明

······//说明之后才可以使用 extern 存储类别的外部变量 i

}

int i=0; //extern 存储类别的外部变量的定义,强烈建议在定义时初始化

//因为这个定义也可以写成 extern int i;

type f2(……)

{……//可以直接使用 extern 存储类别的外部变量 i,也可以声明之后再使用

}

type f3(……)

{……//可以直接使用 extern 存储类别的外部变量 i,也可以声明之后再使用

}

如果使用源程序中非本文件中定义的 extern 存储类别的外部变量,那么在使用之前必须要进行变量声明。

不难看出,extern 存储类别的外部变量的作用范围更大,因此在本质上更加背离结构化程序设计的原则。一般来说,除了几种很特殊的情况之外,使用外部变量都是两害相权取其轻的选择。

5. 外部变量的使用场合

除非迫不得已,应该尽量不使用外部变量,尽管使用外部变量有可以减少函数调用的参数这样的"好处"。

有一些情况使用外部变量是无奈之举,比如因数据较大,使得局部变量无法存储的情况。在 C 语言中,各个函数内的 auto 存储类别的局部变量所占的总的内存空间大小是有限制的,一旦所要定义的变量超过限制范围,能进行的选择就只有全局变量或局部静态变量。尽管局部静态变量不违背结构化程序设计原则,但可能带来函数参数过多或尺寸过大、程序效率降低等问题。

此外,使用动态分配内存时也可能存在内存分配不成功的可能,这在内存资源比较少的情况下可能是一个很突出的问题。这时,选择外部变量可能是一个比较恰当的解决方案。

一旦选择外部变量作为数据存储方案,应该时刻警惕它所带来的种种弊端。并且,只要有可能,应该特别限制外部变量的作用范围,这个范围应该越小越好。也就是说,如果必须使用外部变量,应该尽量选择 static 存储类别的。但是很可惜,C 语言没有把 static 作为外部变量的默认存储类别。因为如此,很多人把 C 语言以 extern 作为外部变量的默认存储类别看成 C 语言的一个重大的缺点。

12.5.2 static 函数

外部变量分为 static 存储类别的和 extern 存储类别的,前者只容许在本文件内使用该变量,后者则容许在其他文件中使用。函数也是如此。

在定义和声明函数时,函数默认都是容许被其他文件调用的,只要有其他文件对函数进行适当的声明。如果文件中的函数不希望被其他文件调用,那么可以在函数定义时指定该函数为 static 存储类别的,例如:

static fun(void)

{

/ * …… * /

}

这将保证这个函数的名称不被导出到链接器,因而其他文件中也就无法调用该函数了。

第 13 章　程序的输入与输出

永远不要假设计算机为你假设了任何前提。

13.1　面向文件的输入与输出

从某种意义上来说,计算机是处理输入产生输出的电子设备。完成这些工作离不开软件,因此程序必然要面对输入与输出问题。

C 语言本身并没有输入、输出的功能,C 程序的输入、输出一般是通过调用库函数完成的。在多数应用程序中,最常用的输入输出函数有 printf()、scanf()等函数。

在前面各章的代码中,scanf()函数处理的输入数据来自键盘,printf()函数输出的数据流向显示器。用 C 语言的行话来说,这两个函数处理的数据从 stdin 流入和向 stdout 流出。stdin 的数据一般是从键盘流入的,stdout 的数据通常是流向显示器的。

很显然,键盘不适宜大量数据的输入,显示器也并不具备保存数据的能力。大量数据的输入以及数据的持久保存一般是借助文件完成的。

本节介绍实现面向文件的输入与输出的一些一般方法。

13.1.1　把程序输出写入文件

把程序输出写入文件可以通过 fprintf()函数实现。在 C99 中这个函数的原型是:

int fprintf(FILE * restrict stream,const char * restrict format, ...);

其中,"format"参数与 printf()函数的原型"int printf(const char * restrict format, ...);"中"format"参数的写法一致,即表示输出的内容和格式要求。因此在使用方法上两者也非常相似,只不过使用 fprintf()函数比使用 printf()函数要多两道手续。使用 fprintf()函数具体的步骤为:

(1) 打开文件。

(2)(向文件)输出。

(3) 关闭文件。

fprintf()函数与 printf()函数的使用在代码中的主要区别如图 13 - 1 所示。

下面介绍写入文件的细节。

1. 什么是打开文件

所谓打开(Open),在计算机的语境中一般指打开内存与外存或其他外部设备之间的联系通道,容许彼此之间进行数据交换。

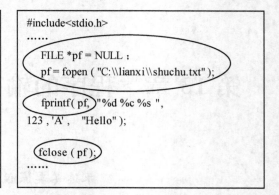

```
#include<stdio.h>
......



    printf( " %d %c %s " ,
    123 , 'A' ,  "Hello" );
......
```

```
#include<stdio.h>
......
    FILE *pf = NULL ;
    pf = fopen ( "C:\\lianxi\\shuchu.txt" );

    fprintf( pf, "%d %c %s ",
    123 ,'A' ,  "Hello" );

     fclose ( pf );
......
```

图 13 - 1   printf( )与 fprintf( )在使用时的异同

对于应用程序来说,打开文件意味着建立程序与文件之间的联系并获得使用文件的手段,这个过程是通过函数调用在操作系统的协助下完成的。

具体来说,打开文件之后应用程序将获得一个可以用来进行文件读写操作的指针,程序可以通过这个指针读写文件,其余的事情由标准库函数和操作系统共同完成。

2. 打开文件的准备

程序所使用的对文件进行读写操作的指针的类型是 FILE ∗ 。在使用这个指针之前首先需要为这个指针提供存储空间,因此正式打开文件前通常要定义一个 FILE ∗ 类型的变量,例如:

FILE ∗ pf=NULL;

这种指针的俗称是"指向文件的指针",尽管这个指针根本不指向文件①,而是指向一个 FILE 类型的数据。

FILE 是一个自定义的结构体类型,这个类型的定义写在 stdio.h 文件中,因此在操作文件之前还必须在代码开头的部分加上预处理命令 ♯include ＜stdio.h＞(好在我们一直是这样做的)。

在不同的环境下 FILE 类型的具体结构可能是不同的,下面是 Dev-C++中 FILE 类型的定义:

```
typedef struct _iobuf
    {
        char *      _ptr;
        int     _cnt;
        char *       _base;
        int     _flag;
        int     _file;
        int     _charbuf;
        int     _bufsiz;
        char *       _tmpfname;
    } FILE;
```

---

① 文件是磁盘上的东西,指针不可能指向磁盘,指针只能指向内存中的数据对象。

3. 打开文件

C 语言中打开文件可以通过调用 fopen() 函数完成。fopen() 函数的功能是建立为文件读写所必需的 FILE 类型的数据,为文件的读写做必要的准备,然后返回给程序指向建立好了的 FILE 类型的数据的指针。fopen() 函数的函数原型如下:

FILE * fopen (const char * filename, const char * mode);

fopen() 函数的第一个参数为将要读/写的文件的名称,类型为 char *。对于磁盘文件,写这个参数的实参时应该注意两点:

(1) 文件名应该写全名,亦即要写文件名及扩展名,还有文件所在的盘符、路径(文件夹)。①

(2) 如果“filename”写作字符串文字量,在 Windows 或 DOS 操作系统下,路径符号应写作 '\\'。

比如,如果要打开 C 盘根目录下“lianxi”文件夹下的文件“shuchu. txt”,对应的实参应写成"C:\\lianxi\\shuchu. txt"。

fopen() 函数的第二个参数为打开模式。有三种最基本的打开模式:"r"、"w"、"a",这是为了通知操作系统应用程序打算对磁盘文件做何种操作。操作系统将为对文件的操作做必要的准备。比如,打开模式为"w"表示将要把数据写入文件,这时如果文件不存在,操作系统将首先建立这个文件;如果这个文件存在,那么原来的内容将被删除。"a"和"w"的功能基本相同,除了一点不同:如果要打开的文件存在,模式为"a"时并不删除文件原来的内容,而是在文件原有内容的后面写入。

4. 写入文件

打开文件后就可以把输出写到文件中了。fprintf() 函数的用法和 printf() 函数基本一致,不同的地方在于多了一个“FILE *”参数,这个参数的实参就是通过调用 fopen() 函数所得到的与待输出文件对应的 FILE * 类型的返回值,其余部分和调用 printf() 函数相同。例如:

fprintf(pf, " %d %c %s ", 123, 'A', "Hello");

5. 关闭文件

与打开文件相反,关闭文件意味着关闭内存与外存之间的联系通道,切断文件与内存之间的关系。当确定一个文件不再使用之后,应当及时关闭文件②。关闭文件还意味着把内存缓冲区的内容及时写到文件中。

所谓内存缓冲区,是指当写入文件时,一般先把要写入的内容写在内存中一块特定的区域,在适当的时机再把内存缓冲区中的内容一起写入文件。这是因为内存与外存的数据交换速度很慢。从文件中读数据时与此类似,先把文件中的部分数据放到内存中读入,待需要新数据时再从文件中取一批数据。

关闭文件可以通过调用 fclose() 函数完成,fclose() 函数的函数原型为:

int fclose(FILE * stream);

如果成功地关闭了文件,fclose() 函数的返回值为 0,否则为 EOF。EOF 为 stdio. h 文件中定义的一个不等于 0 的 int 类型的符号常量。

---

① 当然不是只有这一种写法,但采用其他写法时需要懂得相对路径、当前盘、当前路径等概念。
② 某些情况下,当程序退出运行时,文件可以自动关闭,但这不是良好的编程习惯。

6. 无法打开文件情况下的处理措施

打开文件并不一定会成功,存在着许多情况会导致文件无法被打开,比如磁盘不存在或禁止写入,这时 fopen()函数返回的值是 NULL。程序必须对这种情况进行处理,否则,继续向文件中输出有导致程序崩溃的危险。因此,在真正读/写文件前还必须确认一下文件是否被正确地打开了。常见的方法是:

```
if((pf=fopen ("C:\\lianxi\\shuchu. txt","w")) == NULL)
{
    //文件没有被打开时应该执行的代码
}
```

对文件没被打开最简单的处理是直接退出程序,如果是在 main()函数中这可以使用 return 语句实现,通常返回一个 int 类型状态值(一般是非 0 的整数)表示程序是在存在异常的状态下退出的。如果是在其他函数中,因为无法通过 return 语句直接退出程序,可以调用标准库函数 exit()退出。exit()函数的原型在 stdlib. h 文件中说明,其函数原型为:

void exit(int status);

其中,"status"实参是返回给操作系统的程序结束状态标志,和在 main()中返回一个 int 类型的 status 值有类似的效果。但是在 main()之外的函数中调用 exit()函数并不意味着会返回 main()函数。

7. 输出函数应用示例

fprintf() 、fputs()、fputc()是与 printf()、puts()、putchar()对应的输出函数,功能相同,所不同的是前面三个函数的输出目标是经过 fopen()函数取得的指针所对应的文件,而后面三个函数的输出目标是 stdout。表 13 - 1 列举了它们的函数原型。

表 13 - 1　几个常用的输出函数的函数原型

向文件输出的函数	向标准输出设备输出的函数
int fprintf(FILE ＊ restrict stream, const char ＊ restrict format, …)	int printf(const char ＊ restrict format, …);
int fputs(const char ＊ restrict s, FILE ＊ restrict stream);	int puts(const char ＊ s);
int fputc(int c, FILE ＊ stream);①	int putchar(int c);

从函数原型中可以看到,fprintf() 、fputs()、fputc()函数比与之对应的 printf()、puts()、putchar()函数多一个参数——FILE ＊类型的 stream,这个参数就是通过 fopen()函数打开文件时获得的指针。

下面一段代码演示了 fprintf() 、fputs()、fputc()函数的使用,代码的功能是向文件 C:\lianxi\shuchu. txt 文件中依次写入数据 123、"Hello\n"、'C'。

---

① 另一个类似功能的函数的函数原型是"int putc(int c FILE ＊ stream);"。

程序代码 13 - 1

```c
#include <stdio.h>
#include <stdlib.h>

int main(void)
{
  FILE * pf;
  if((pf = fopen ("C:\\lianxi\\shuchu.txt","w")) == NULL)
  {
    printf("没有打开文件,程序退出\n");
    exit(1);
  }
  fprintf(pf, "%d\n", 123);
  fputs ("Hello\n", pf);
  fputc ('C',pf);
  fclose(pf);

  system("PAUSE");
  return 0;
}
```

当 C 盘根目录下的"lianxi"子目录(文件夹)不存在时[①],程序显示:

没有打开文件,程序退出

表明当文件夹不存在时,fopen()没有打开文件。

如果 C 盘根目录下的"lianxi"子目录(文件夹)存在,当正确打开文件后,可以发现在 C:\lianxi 文件夹中增加了一个文件"shuchu.txt"。用"记事本"程序打开这个文件,可以看到如图 13 - 2 所示的结果:

图 13 - 2　写入 C:\lianxi\shuchu.txt 文件中的内容

---

① 建立文件夹可以通过调用 system()函数解决,比如在 DOS 或 Windows 下,可以使用:"system("MD c:\\lianxi");"。

表明数据被正确地写入了文件。

此外应该注意到的是,fputs()函数并不像 puts()函数那样把'\0'转换成'\n'输出。

如果是在 DOS 或 Windows 系统下,这个文件的大小应该是 13Byte。这是因为这时'\n'这个字符被写成了 ASCII 码值为 0D 和 0A 的两个字符,这两个字符分别表示回车和换行这两个字符。

13.1.2　C 程序怎样读文件

从文件中读数据的步骤与向文件中写数据的步骤类似,在读文件之前同样需要打开文件,读完之后应及时关闭文件。

打开文件时,fopen()函数的第二个参数应为"r"。读文件可以通过与 scanf()、gets()、getchar()函数类似的几个函数进行,如表 13-2 所示。

表 13-2　几个常用的输入函数的函数原型

从文件输入的函数	从标准输出设备输入的函数
int fscanf(FILE * restrict stream, const char * restrict format, ...);	int scanf(const char * restrict format, ...);
char * fgets(char * restrict s, int n, FILE * restrict stream);	char * gets(char * s);
int fgetc(FILE * stream);①	int getchar(void);

注意,这里的 fgets()函数与 gets()函数相比多了一个 stream 参数,还多了另一个参数 n②,这个参数的意义是最多读多少个字符。但如果遇到'\n'、' '、'\t ',同样视为字符串结束。

下面的代码演示了从文件中的输入,其中用到的文件为程序代码 13-1 建立的文件。

程序代码 13-2

```
# include <stdio.h>
# include <stdlib.h>

int main(void)
{
    int i;
    char s[80];
    char c;
    FILE * pf;
    if((pf = fopen ("C:\\lianxi\\shuchu.txt","r")) = = NULL)
    {
        printf("没有打开文件,程序退出\n");
        exit(1);
    }
```

---

① 类似的还有一个函数,其原型为"int getc(FILE * stream);"。
② 通常认为 fgets()比 gets()安全,就是因为这个"n"。fgets()的 stream 参数为 stdin 时具有和 gets()一样的功能。

```
        fscanf(pf," % d\n",&i);
        printf(" % d\n",i);
        fgets(s,80,pf);
        puts(s);
        c = fgetc(pf);
        putchar(c);

        fclose(pf);

        system("PAUSE");
        return 0;
    }
```

代码中特别值得注意的是在 fscanf() 函数的语法格式中的 '\n'，这在 scanf() 函数中是罕见的。

程序的输出结果是：

123
Hello

C 请按任意键继续...

这表明 fgets() 函数虽然把文件中的 '\n' 作为字符串的结束标志，但并不把这个 '\n' 转化为 '\0'，而是把这个字符存储在字符串中，因此程序得到的是 "Hello\n"。

13.1.3　格式化输入、输出的格式

1. fprintf() 与 printf() 函数

fprintf() 与 printf() 函数名称末尾的"f"都是"formatted"的简写，表示这些函数都是所谓的格式化输出函数，意思是把内存中的二进制数据转化为指定格式的字符序列输出。

从这两个函数的函数原型

　　int fprintf(FILE ＊ restrict stream,const char ＊ restrict format,...);
　　int printf(const char ＊ restrict format,...);

中可以看到，它们都有一个 char ＊ 类型的 format 参数，函数输出内容的格式由这个参数控制。这个 char ＊ 类型的 format 参数所指向的字符串一般由两种成分组成：普通的多字节字符（除了"％"）和转换说明（Conversion Specification），前者被原样输出，后者一般是用来说明相应参数（0 或多个）的转换格式。

例如"printf("%d\n",0123)"中，"\n"这个字符会被原样输出，而"％d"表示的就是把后面的"0123"这个参数转化成十进制格式的字符序列 '8' 和 '3' 后插入到"％d"所指示的位置，形成 "83\n" 这样一个字符串输出。

2. 格式化输出的转换说明

转换说明总是以"％"开头，可以对其加上一些必要的修饰。其一般的语法格式为：

％［**特征标志**］［**域宽**］［**. 精度**］［**长度修饰符**］**转换说明符**

对转换说明中各个部分的顺序必须严格遵守。"[ ]"表示是可选项,也就是可有可无;**转换说明符**由一个字符组成,详见表 13-3。

表 13-3 格式化输出的转换说明符

转换说明符	含义简要说明
I 或 d	把对应的 int 类型的实参转换为"[—]ddd"格式的有符号十进制数形式的字符序列
u	把对应的 unsigned 类型的实参转换为"ddd"格式的十进制数形式的字符序列
o	把对应的 unsigned 类型的实参转换为"ooo"格式的八进制数形式的字符序列
x 或 X	把对应的 unsigned 类型的实参转换为"hhh"格式的十六进制数形式的字符序列。"x"表示用 a、b、c、d、e、f 转换,"X"表示用 A、B、C、D、E、F 转换
f 或 F(C99)	把对应的 double 类型的实参转换为"[—]d. ddd. ddd"格式的十进制小数形式的字符序列。默认的精度为保留小数点后 6 位数字
e 或 E	把对应的 double 类型的实参转换为"[—]d. ddde±dd"或"[—]d. dddE±dd"格式的十进制科学记数法形式的字符序列
g 或 G	把对应的 double 类型的实参按照 f 或 e(G 则或 E)格式转换,究竟按照哪种格式取决于要被转换的值
a 或 A(C99)	把对应的 double 类型的实参转换为"[—]0xh. hhhhp±d"格式的十六进制科学记数法形式的字符序列
c	把对应的 int 类型的实参转换为 unsigned char 类型的数据再输出其对应的字符
s	输出对应的 char * 类型的实参所指向的字符及其后的各个字符直到遇到'\0'
p	输出对应的指针类型实参的值
n	这个说明符不意味着转换输出,相反意味着写入。对应的实参应该是 int * 类型,调用时会把已经输出的字符数目写入对应实参所指向的 int 类型的对象
%	输出"%"

表 13-3 中大部分转换说明符都在前面出现过,下面的例子说明了%n 的用法。

程序代码 13-3

```
#include <stdio.h>
#include <stdlib.h>

int main(void)
{
  double d = 7. 87;
  int n;

  printf("%f%n\n",d,&n);
  printf("%d\n",n);

  system("PAUSE");
  return 0;
}
```

程序的输出为：

```
7.870000
8
请按任意键继续...
```

由于输出的"7.870000"恰好是 8 个字符，所以写入"n"的值为 8。

格式化输出的**特征标志**有如下几种："+"、"−"、" "、"0"和"♯"，其具体的含义见表 13-4。

表 13-4　格式化输出的特征标志

特征标志	含义简要说明
−	输出结果在输出区域内左对齐(无此标志符则右对齐)
+	输出带正负号的结果(无此标志则正号"+"不输出)
(空格)	如果有符号数转换后开头不是符号，在前面添加空格。如果与"+"同时出现，则该标志符的含义被忽略
♯	对于"o"转换说明符：强制在输出前面写前导 0；对于"x"("X")：在输出前面写前导 0x(0X)；对于"a"、"A"、"e"、"E"、"f"、"F"、"g"、"G"：总是显示小数点；对于"g"、"G"：保留结尾的 0
0	对于"d"、"i"、"o"、"u"、"x"、"X"、"a"、"A"、"e"、"E"、"f"、"F"、"g"和"G"转换说明符表示用 0(而不是空格)填充输出区域中的空白部分(除非输出 NaN 或无穷大)。此参数在规定了精度的情况下无效

域宽规定的是输出的最少字符数目。如果输出结果多于这个数目则按照实际输出，如果少于这个数目则填充空格(或 0，当特征标志为 0 时)。

.精度对于"d"、"i"、"o"、"u"、"x"和"X"转换说明符来说表示的是输出数字的最少位数；对于"a,"、"A"、"e"、"E"、"f"、和"F"来说表示的是小数点后面的位数；对于"g"和"G"来说表示的是显示的最大的位数；对于"s"来说是允许输出的最多字符数。

域宽和**精度**都可以写成"∗"，这时表示的含义是这两个参数由实参提供。例如，"printf("%8.5f\n",d)"的另一种实现方法是"printf("%∗.∗f\n",8,5,d)"。这样无疑为更灵活的输出格式控制提供了一种手段。

长度修饰符的用法有三种：①转换说明符没有说明到的情形，比如对应实参为 long 类型时，转换说明需要写成%ld；②输出把对应实参的数据类型做类型转换后的值，比如 char 类型由于自动转化为 int 类型，如果需要输出 char 类型的值，需要再次做类型转换，这时转换说明需要写成%hhd；③用于修饰"n"转换说明符，说明对应实参是何种指针。表 13-5 说明了其用法。

表 13-5　格式化输出的长度修饰符

长度修饰符	含义简要说明
hh	对于"d"、"i"、"o"、"u"、"x"、"X"表示将对应的实参转化为 signed char 或 unsigned char 类型的值输出；对于"n"表示对应的实参为 signed char ∗类型
h	对于"d"、"i"、"o"、"u"、"x"、"X"表示将对应的实参转化为 short int 或 unsigned short int 类型的值输出；对于"n"表示对应的实参为 short int ∗类型

长度修饰符	含义简要说明
l	对于"d"、"i"、"o"、"u"、"x"、"X"表示对应的实参为 long int 或 unsigned long int 类型;对于"n"表示对应的实参为 long int * 类型
ll(c99)	对于"d"、"i"、"o"、"u"、"x"、"X"表示对应的实参为 long long int 或 unsigned long long int 类型;对于"n"表示对应的实参为 long long int * 类型
L	对于"a"、"A"、"e"、"E"、"f"、"F"、"g"、"G"表示对应的实参为 long double 类型

C 的标准库中还有多个与 fprintf() 类似的函数,如 printf()、vfprintf()、vprintf()、sprintf()、snprintf() 函数等,其输出格式均遵守前面的说明。

3. 格式化输入的转换说明

对于 fscanf() 函数和 scanf() 函数,两者的函数原型同样相当一致,所差只一个参数而已。在 C99 中,两者的函数原型分别如下:

int fscanf(FILE * restrict stream,const char * restrict format,...);

int scanf(const char * restrict format,...);

其中,"format"的意义都是为了对输入进行控制,它规定了可以接受的输入序列和如何进行转化以赋值给后续指针所指向的对象。

对于格式化输入,其 format 参数所指向的字符串由三种可能的成分组成:空白字符[1]、普通字符(非空白字符、非'%')和转换说明。

空白字符(white-space character):这类字符在格式化输入中表达的意思是读若干个空白字符直到第一个非空白字符或再无字符可读。注意,这和输出转换说明中的空白字符的意义大不相同。

普通字符:要求读入的数据与之匹配,一旦遇到不匹配的字符,则函数调用结束,但不匹配的字符并没有被读入。这意味着下面的语句一旦遇到输入的不是字符"c"将构成死循环:

while(scanf("c") !=1)

　　;

这个问题在稍微复杂一点的输入设计中很容易遇到。

格式化输入的转换说明的一般语法格式为:

%[*][*域宽*][*长度修饰符*]**转换说明符**

其中,**转换说明符** 及其含义见表 13 - 6。

表 13 - 6 格式化输入的转换说明符

转换说明符	含义简要说明
d	匹配输入中的一个"[+|-]dd…d"格式的字符序列。对应的实参应为一 int * 类型的指针,十进制数形式的字符序列被转换成一 int 类型的数据赋值给实参指针指向的对象

---

[1]　' '、'\f'、'\n'、'\r'、'\t'或'\v'。

转换说明符	含义简要说明
i	匹配输入中的一个"[+|−]dd…d"、"[+|−]0oo…o"、"[+|−]0xhh…h"或"[+|−]0Xhh…h"格式的字符序列。对应的实参应为一 int * 类型的指针，整数形式的字符序列被转换成一 int 类型的数据赋值给实参指针指向的对象
u	匹配输入中的"[+|−]dd…d"格式的十进制数形式的字符序列。对应的实参应为一 unsigned * 类型的指针，十进制整数形式的字符序列被转换成一 unsigned 类型的数据赋值给实参指针指向的对象
o	匹配输入中的一个"[+|−][0]oo…o"格式的字符序列。对应的实参应为一 unsigned * 类型的指针，八进制整数形式的字符序列被转换成一 unsigned 类型的数据赋值给实参指针指向的对象
x	匹配输入中的一个"[+|−][0x]hh…h"或"[+|−][0X]hh…h"格式的字符序列。对应的实参应为一 unsigned * 类型的指针，十六进制整数形式的字符序列被转换成一 unsigned 类型的数据赋值给实参指针指向的对象
a(C99),e,f,g	匹配输入中的一个(可带正负号的)浮点常量形式的字符序列、无穷大(Infinity)或非数值(NaN)。对应的实参应为一指向浮点数据的指针
c	匹配输入中的一个字符序列。字符数目由域宽指定(默认值为1)，对应的实参应为 char * 类型的指针。输入多个字符时需要预先为输入数据预备足够的存储空间
s	匹配输入中的一个非空白字符序列。对应的实参应为 char * 类型的指针，需要预先为输入数据及表示字符串结尾的'\0'预备足够的存储空间
n	不匹配输入中的任何数据也不读入数据。对应实参为一指向整数类型的指针，将已经读入处理的字符数目写入实参指向的内存之中
p	匹配输入中的一个可表示指针的值的字符序列。其匹配的字符序列的具体形式与具体编译器有关
[	匹配输入中的一个由"[]"之内字符组成的连续的字符序列。如果在"["后的第一字符为"~"表示匹配输入中的一个不由"[^……]"内字符组成的连续的字符序列
%	匹配一个"%"

与调用 scanf()函数不同的是，调用 fscanf()函数时，由于是从文件输入数据，所以其 format 参数中必须要有一些除了格式转换声明以外的非空白字符或空白字符。在调用 scanf()函数时编程者主要需要考虑的是让程序使用者如何能简便、快捷且不易出错地输入数据，而在调用 fscanf()函数时需要考虑的则是如何与文件中既有的数据相匹配。

在**转换说明符**前依次可以出现的"＊"的意义表示读入匹配的输入项但并不将之存储到内存中。**域宽**应为一非零的十进制整数，表示该项数据的宽度。**长度修饰符**的用法见表 13-7。

表 13 - 7　格式化输入的长度修饰符

长度修饰符	含义简要说明
hh	对于"d"、"i"、"o"、"u"、"x"、"X"、"n"等转换说明符表示对应的实参为 signed char * 或 unsigned char * 类型,将输入存储到实参指向的 signed char 或 unsigned char 类型的内存块中
h	对于"d"、"i"、"o"、"u"、"x"、"X"、"n"等转换说明符表示对应的实参为 short * 或 unsigned short * 类型,将输入存储到实参指向的 short 或 unsigned short 类型的内存块中
l	对于"d"、"i"、"o"、"u"、"x"、"X"、"n"等转换说明符表示对应的实参为 long int * 或 unsigned long * 类型,将输入存储到实参指向的 long int 或 unsigned long 类型的内存块中;对于"a"、"A"、"e"、"E"、"f"、"F"、"g"、"G"表示对应的实参为 double * 类型,将输入存储到实参指向的 double 类型的内存块中
ll(C99)	对于"d"、"i"、"o"、"u"、"x"、"X"、"n"等转换说明符表示对应的实参为 long long * 或 unsigned long long * 类型,将输入存储到实参指向的 long long int 或 unsigned long long 类型的内存块中
L	对于"a"、"A"、"e"、"E"、"f"、"F"、"g"、"G"表示对应的实参为 long double * 类型,将输入存储到实参指向的 long double 类型的内存块中
j(C99)	修饰"d"、"i"、"o"、"u"、"x"、"X"、"n"等转换说明符,用于输入 intmax_t 或 uintmax_t 类型的数据
z(C99)	修饰"d"、"i"、"o"、"u"、"x"、"X"、"n"等转换说明符,用于输入 size_t 类型的数据
t(C99)	修饰"d"、"i"、"o"、"u"、"x"、"X"、"n"等转换说明符,用于输入 ptrdiff_t 类型的数据

13.1.4　fprintf()与 printf()函数的等效性

fprintf()函数与 printf()函数、fcanf()函数与 scanf()函数从某种意义上来说其实是等效的,甚至是可以互相替换的。下面以 fprintf()函数与 printf()函数为例来说明这一点。

printf()函数的输出目标通常是标准输出设备,标准输出设备一般是指显示器。通过 freopen()函数可以把标准输出设备重新定义为磁盘上的某个文件。这个过程如图 13 - 3所示。该图表明,printf()函数是流向 stdout 的,而 stdout 通常流向显示器,但是调用 fopen()函数可以把 stdout 的流出方向改为磁盘文件。这就是在代码中实现输出重定向的基本原理。

fprintf()函数的输出目标通常是某个抽象的 FILE * 类型的目标,但实际上这个 FILE * 类型与 stdout 的数据类型是完全一样的,因此也可以把 printf()的输出目标直接写为 stdout,如果这个 stdout 处于流向显示器的状态,那么也就可以用 fprintf()函数完全实现 printf()函数的功能了。这个过程如图 13 - 4 所示。

在图 13 - 4 中可以看到,由于 fprintf()函数的一个参数是 FILE * 类型的,而 stdout 恰恰是这种类型,在默认情况下这个 stdout 数据与标准输出设备相关,因此当 fprintf()函数使用 stdout 作为实参时,就可以实现与 printf()函数同样的功能。

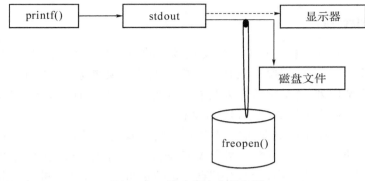

图 13 - 3　输出重定向示意图

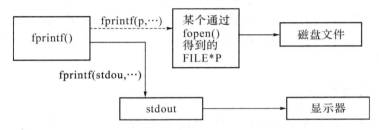

图 13 - 4　用 **fprintf( )** 函数实现 **printf( )** 函数的功能

　　从前面的分析可以看到,无论是 fprintf( ) 函数还是 printf( ) 函数在本质上都是通过一个 FILE ∗ 类型的参数完成输出的,它们等价的基础也就在于此。

　　C 语言中输入输出都是通过 FILE ∗ 类型的指针完成的。对于 C 代码来说,这种 FILE ∗ 类型的指针是进行输入输出的唯一手段。这种处理方法的优点是在代码中统一了外部的磁盘文件和各种设备(显示器、键盘、打印机等),提供了统一的输入输出接口。

13.2　文件、流、FILE 及 FILE ∗

　　C 代码中处理输入输出离不开标题中提到的四个基本概念,下面一一介绍。

13.2.1　文件

　　程序的输入与输出面临的物理设备可以有许多种,输入与输出的对象也各不相同:可以是磁盘文件,也可以是一些具体的物理设备比如显示器、键盘或打印机等。在 C 语言中将这些输入输出的对象统一地称为文件(File),而不用考虑其具体的特性。事实上它们都有一个共同的特点,就是拥有一个名称,这个名称是在操作系统中对它们的称呼,也是 C 代码中指称它们的唯一方法。区别在于在 C 代码中这些名称一般以字符串的形式出现。

　　比如,在 Windows 操作系统中,键盘通常被叫做"CON"(大小写一样),在 C 代码中这个名称写作"CON"。再比如,在操作系统中某个磁盘文件被叫做"C:\LX. C",在 C 代码中这个名称写作"C:\\LX. C"。

　　在 C 代码中文件并不是直接被操作的对象,使用这个名称时通常是把该文件与某个数据流建立起联系。

13.2.2　流(stream)

流(Stream)是程序与程序外部文件交换数据的纽带和桥梁。然而流往往并不是一个真实的物理概念,更多的情况下只是一个逻辑上的抽象概念。具体地,可以把流想象为一个连续的字节序列,这个字节序列具有方向性,对于程序而言,有的流是流入的,有的是流出的。流的两端分别是程序和外部文件。

尽管流是一个逻辑上的概念,然而在许多时候可以把流理解为内存中的缓冲区。所谓缓冲区也是一块内存,由于程序与外部文件交换数据可能是很慢的,所以在策略上有时可以把数据"积攒"在内存中,待"积攒"到一定数量再与外部文件进行数据交换。这块特殊的用于"积攒"数据的内存就是所谓的缓冲区。然而不是所有的数据交换都通过缓冲区,所以流也可分为缓存的与非缓存的两种。对于非缓存的流,无法把它理解为缓冲区。非缓存的流表示的是一种低级的输入/输出(I/O),通常不具备可移植性,本书中基本上并不涉及。

13.2.3　FILE 结构体

FILE 是一种结构体数据类型的名称,其定义在 stdio. h 文件中描述。

这个结构体中通常包括这样一些数据成员:被操作文件的当前处理位置,指向缓冲区的指针(如果确有缓冲区的话),记录是否出现错误的数据成员,记录是否操作到文件结尾的数据成员。

这个结构体并不需要代码来提供存储空间。须知,其存储位置可能有特殊要求,作为代码作者,主要要关心的是问题的解决而不是计算机内部的细节。所以建立这个结构体数据是由相关函数与操作系统完成的,然后只返给代码作者一个指针以便代码作者可以使用这个结构体。同理,试图通过得到这个数据的备份并通过这个备份来实现输入输出也没有必然成功的道理。

总之,这个 FILE 类型的结构体实际上是记录和操纵数据流的关键,但对于程序员来说,往往并没有机会能一睹其庐山真面目,而只能通过一个与其相关的指针来间接使用它而已。

13.2.4　FILE ∗

这个与存储和操作数据流全部信息的 FILE 类型结构体相关的指针是代码中描述输入输入的关键。代码需要为这个数据提供存储空间。

从前面可以看到,代码不可能真正直接操作文件,不可能真正建立管理数据流,不可能建立存储、管理数据流的 FILE 类型的结构体,代码中真正用到的只有这个 FILE ∗类型的指针。因此,这个指针的功能有点像汤勺的把手一样,是操作文件的基本手段。

这个指针指向的是一个 FILE 类型的结构体数据,但经常被俗称为"指向文件"的指针。事实上指针只能指向内存里的数据对象,不可能指向其他任何东西。

这个指针一般是通过调用 fopen()函数得到的,是调用函数 fopen()的返回值。函数调用的功能与效应如图 13-5 所示。

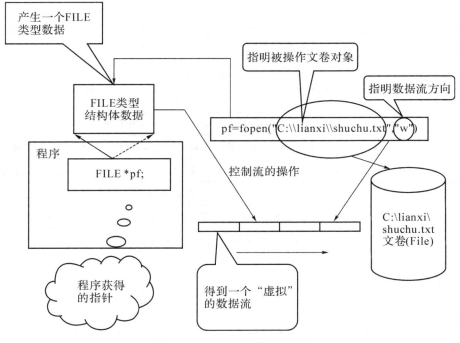

图 13 - 5　fopen( )函数的功能

图 13 - 5 是对 C 语言输入输出模型的一个详细描述,其中为程序和文件交换数据的"流"有时只具有一种模型意义。因为,对于非缓冲 I/O,无法说清这个流确实的物理对应。由于这个缘故,也由于代码中只直接涉及 FILE ＊类型的指针,所以也可以把这个FILE ＊类型的指针称为程序语境中的"流"。

13. 2. 5　文本流和二进制流

C 语言支持两种数据流:文本流(Text Stream)和二进制流(Binary Stream)。由于前者可以被看成后!＝者的一种特例,所以有的编译器并不作这种区分,而把所有的数据流都视为二进制流。

文本流是由若干行组成的字符序列。在 Windows 或 DOS 操作系统中,输出文本流中的'\n'流入文件时被转化为'\015'和'012'这两个字符(回车和换行);反之,来自文件的连续的'\015'和'012'这两个字符也会被转换成输入流中的一个'\n'字符。此外,在文本流中可以(也可以不)用'\032'来表示数据的结束。总之,对于文本流来说,其中的字符序列并不一定与其在外部环境中(比如磁盘文件、显示器等)的表示完全一致。本章前面代码中使用的都是文本流。

二进制流尽管也可以看成由连续字节构成的一个字节序列,然而其内容却并非是按照逐字节的方式进行解释的。二进制流是对内存中数据项的原封不动的映射或拷贝(文本流是把内存中的数据按照某种格式转换成字符序列)。

与文本流相关的文件通常被称为文本文件,与二进制流相关的文件则一般叫做二进制文件。调用 fopen()函数的意义之一是使文件与数据流相关。当文件为文本文件时,应建立一文本流与之相关;若文件为二进制文件,则应建立二进制流与之相关。在

fopen()函数的原型中：

FILE * fopen(const char * restrict filename,const char * restrict mode);

第二个参数"mode"用于指定文件的打开模式，其可能的参数及含义见表 13-8。

表 13-8　文件的打开模式

参数值	含义简要说明
"r"	打开文本文件用于读数据，若文件不存在则函数调用返回 NULL
"w"	打开文本文件并删除原内容或创建文本文件用于从开头写数据
"a"	打开文本文件或创建文本文件（文件不存在时）并在末尾开始写数据
"r+"	打开文本文件用于更新（读和写）数据，若文件不存在则函数调用返回 NULL
"w+"	打开文本文件并删除原内容或创建文本文件用于更新数据
"a+"	打开文本文件或创建文本文件用于更新并在末尾开始写数据
"rb"、"wb"、"ab"、"r+b"（或"rb+"）、"w+b"（或"wb+"）、"a+b"（或"ab+"）	意义同上，针对二进制文件

一般来说，对于不同的打开方式，实现输入、输出的函数也不同。前面介绍的 fprintf()函数和 fscanf()函数一般用于文本文件。

13.2.6　自动打开的流

C语言规定程序至少能同时打开 8 个文件，这其中包括三个并不需要通过调用 fopen()函数显式打开的文本流：stdin、stdout 和 stderr。这三个表达式都是 FILE * 类型的表达式，对应的文件为标准输入设备、标准输出设备和标准错误输出设备，默认情况下一般就是终端键盘和显示器。通常 stdin 和 stdout 是缓冲流，而 stderr 则是非缓冲流，也就是立即输出的流。

13.2.7　EOF

EOF 是在 stdio.h 文件中定义的一个特殊的 int 类型的符号常量，通常被定义为 -1。这个值常常被用来作为 I/O 函数在某些特定情况下的返回值。

13.2.8　其他几个用于文本文件的 I/O 函数

1. fgetc()

在 stdio.h 文件中该函数的函数原型是：

int fgetc(FILE * stream);

该函数的功能是从"stream"所指向的输入流中获得一个字符（如果还没到结尾且字符存在的话），并将其作为 unsigned char 类型的字符转换成 int 类型的值返回。

如果已经读到该流的结尾或读入时发生错误，返回 EOF[1]。

---

[1]　可用 ferror()和 feof()函数判断究竟是出错还是已经读到文件结尾。

2. fputc()

在 stdio. h 文件中该函数的函数原型是：

int fputc(int c, FILE * stream);

该函数的功能是将"c"转换成 unsigned char 类型数据写入"stream"流中的当前位置。返回值为(int)(unsigned)c,出错则返回 EOF。

3. ungetc()

在 stdio. h 文件中该函数的函数原型是：

int ungetc(int c, FILE * stream);

该函数的功能是将"(unsigned char)c"所表示的字符退回"stream"中,返回值为"c",操作失败则返回值为 EOF。

4. fgets()

在 stdio. h 文件中该函数的函数原型是：

char * fgets(char * restrict s, int n,FILE * restrict stream);

该函数的功能从"stream"中最多读 n—1 个字符存入"s"数组,一旦读到'\n'或读至流的结束位置则函数调用结束并在"s"中添加'\0'。返回值为"s",若读入过程发生错误返回"NULL"。

尽管这个函数与 gets()函数的功能很相近,然而却规定了一个字符最多读入的个数,这样可以有效地保证不至于产生越界。因此 fgets()函数普遍地被认为比 gets()函数更为安全。

5. fputs()

在 stdio. h 文件中该函数的函数原型是：

int fputs(const char * restrict s,FILE * restrict stream);

这个是与 puts()函数对应的向"stream"流输出"s"字符串的函数。

13.3　二进制文件的读写

13.3.1　二进制流

二进制流中的内容是内存数据的映像,两者完全一致。

由于二进制流不涉及内存数据与格式化字符序列之间的转换,因而读写无疑更为快捷,效率更高且没有精度损失。然而二进制数据并不适合以人类理解的方式显示,因此二进制数据文件并非是供人类阅读的文件,而是提供给程序或计算机设备阅读的。

图 13-6 描绘了二进制流与内存中的数据之间的关系。

13.3.2　用 fwrite()函数写二进制文件

fwrite()函数被称为直接输出函数,它在 C99 中的函数原型如下所示：

size_t fwrite (void * restrict ptr,size_t size, size_t nmemb,FILE * restrict stream);

该函数的功能是从"ptr"这个地址开始从内存中读取"nmemb"个长度为"size"的数据对象拷贝(写入)到"stream"流中。返回值为写入了的对象的数目,如果发生错误,返回值小于"nmemb"的值。

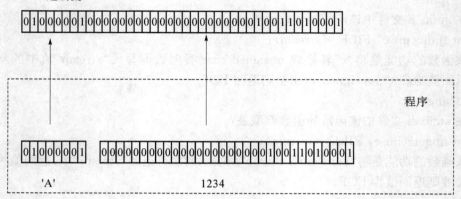

二进制流

'A'   1234

图 13-6 二进制流是内存中数据的直接拷贝

"ptr"是一个 void * 类型指针,这是因为事先无法知道究竟要写入的数据对象是何种类型。同时可以看到,一旦使用这种类型的指针,往往还需要描述数据对象的尺寸。

下面的代码是使用 fwrite()函数的示例。

程序代码 13-4

```
#include <stdio.h>
#include <stdlib.h>

int main(void)
{
    float fa[5] = { 1.1F, 2.2F, 3.3F, 4.4F, 5.5F };
    FILE * pf = NULL;

    pf = fopen("C:\\shuju", "wb"); //打开文件
    if(pf == NULL)
    {
        printf("文件无法打开\n");
        system("PAUSE");
        exit(1);
    }

    //写入文件
    fwrite((void *)fa, sizeof(float),
            sizeof(fa) / sizeof(* fa),
            pf
        );

    fclose(pf); //关闭文件

    system("PAUSE");
    return 0;
}
```

其中,对 fwrite()函数的调用显然不只有这一种写法,也可以写成其他形式,比如:

fwrite((void *) fa, sizeof(float) * sizeof(fa) / sizeof(* fa), pf);

程序运行后,如没有发生错误,会发现在 C 盘的根目录下出现了一个名为"shuju"的文件,大小为 20Byte。由于这个文件是二进制文件,所以无法用"记事本"那样的程序来查看其中的内容。

13.3.3　用 fread( )函数读二进制文件

fread()函数被称为直接输入函数,它在 C99 中的函数原型如下所示:

size_t fread(void * restrict ptr, size_t size, size_t nmemb, FILE * restrict stream);

与 fwrite()函数相反,这个函数的功能是从"stream"流中读取"nmemb"个长度为"size"的数据对象,依次保存在从"ptr"这个地址开始的内存之中。返回值为成功读入的元素的数目,如果出现错误或读到文件结尾,则返回值可能小于"nmemb"的值。

用 fread()函数读二进制文件的前提是知道文件中数据的类型与格式,否则是无法读出其中数据的。下面的演示代码以程序代码 13-4 中的输出文件作为输入。

程序代码 13-5

```c
# include <stdio.h>
# include <stdlib.h>

int main(void)
{
    float fa[5];
    FILE * pf = NULL;

    pf = fopen("C:\\shuju", "rb "); //打开文件
    if(pf == NULL)
    {
        printf("文件无法打开\n");
        system("PAUSE");
        exit(1);
    }

    fread((void * )fa, sizeof(float),
            sizeof(fa) / sizeof( * fa),
          pf
        );

    fclose(pf); //关闭文件
```

```
//输出读入的内容进行测试,这只是一段临时测试用的代码,写得很不正规
{
    int i;
    for(i = 0; i < 5; i + +)
    {
        printf("% f\n",fa[i]);
    }
}

system("PAUSE");
return 0;
}
```

程序运行结果为:

```
1.100000
2.200000
3.300000
4.400000
5.500000
请按任意键继续. . .
```

可以看到,程序正确地读入了前面程序写入的数据。

13.3.4 feof( )函数和 ferror( )函数

feof()函数的函数原型为:

int feof(FILE * stream);

这个函数的功能是判断是否读入输入流时遇到了文件结尾,如是返回非 0 值,否则返回 0。

不少人对这个函数容易产生误解,以为读完流的最后一个数据之后就到了文件的结尾。但实际上这个函数只有在流结尾之后读数据,才能判断出是否到了文件的结尾。也就是说,除非是在流的最后字节以外继续读数据并返回 EOF 之后,这个函数才可能用来判断前面返回 EOF 的原因是否是因为读到了流以外而返回。

ferror()函数的函数原型为:

int ferror(FILE * stream);

这个函数的功能是判断读写失败的原因是否是因为发生了错误,如果发生了错误,返回值为非 0,否则返回值为 0。

下面的代码是程序代码 13 - 5 的另一种写法,这段代码中假定事先不知道需要读多少数据,在无法再读入之后,判断是因为流已经结束了还是因为发生了错误。

程序代码 13 - 6

```c
#include <stdio.h>
#include <stdlib.h>

int main(void)
{
    float f;
    FILE  *pf = NULL;
    int n;
    pf = fopen("C:\\shuju", "rb"); //打开文件
    if(pf == NULL)
    {
        printf("文件无法打开\n");
        system("PAUSE");
        exit(1);
    }

    while(fread((void *)&f, sizeof(float), 1,  pf  ) != 0)
    {
        printf("%f\n", f);
    }

    if(feof(pf) != 0)
    {
        printf("文件结束\n");
        fclose(pf); //关闭文件
        system("PAUSE");
        return 0;
    }

    if(ferror(pf) != 0)
    {
        printf("读数据发生错误\n");
        fclose(pf); //关闭文件
        system("PAUSE");
        return 1;
    }
}
```

程序运行结果为：

> 1. 100000
> 2. 200000
> 3. 300000
> 4. 400000
> 5. 500000
> 文件结束
> 请按任意键继续...

由这段代码可以看到，feof()函数必须在 fread()函数的返回值为 0 之后才可以用来判断是否已经达到了流的结尾。

13.3.5　讨论

feof()函数和 ferror()函数可以用于二进制流也可以用于文本流，但是 fread()函数和 fwrite()函数的应用对象显然只能是二进制流。

从概念上讲，字符这种数据由于是字符的编号，不存在转换的问题，所以纯粹的字符可以看成文本流也可以看成二进制流。也就是说，对于二进制流也可以使用 fgetc()、fputc()、fgets()、fputs()这些函数。但是如果是在 Windows 或 DOS 操作系统下，有一点需要注意，文本流中的'\n'与文本文件中的'\0xd'、'\0xa'相对应，且流中的'\0x1a'被视为流的结束标志。

13.4　定位问题

打开一个文件之后，一般情况下只能从前到后地读写。然而，有时候程序的要求可能是重新读写前面的数据，这时就需要对文件重新定位。

13.4.1　ftell()函数

ftell()函数的函数原型为：
long ftell(FILE * stream);
ftell()函数返回的是一个已经打开的流"stream"相对于文件开头的当前操作位置，出错时该函数返回−1L。

可以用一个 long 类型的变量记录下返回的这个当前读写位置，以便再次返回这个位置。

13.4.2　fseek()函数

fseek()函数的函数原型为：
int fseek(FILE * stream, long int offset, int whence);
fseek()函数的功能是设置已经打开的"stream"流的操作位置，后续的读写操作将从这个设置的位置开始。对于二进制文件，此位置被设置为从"whence"开始的第"offset"个字节处。

在 stdio.h 文件中定义了三个符号常量可以直接作为"whence"的实参：
（1）SEEK_SET：值为 0L，表示文件开始处。

（2）SEEK_CUR：值为 1L，表示文件当前位置。

（3）SEEK_END：值为 2L，表示文件结尾位置，此时"offset"可以为正或负，为正时会对文件进行扩展。

对于文本文件，"offset"必须取值为 0L 或前一次调用 ftell()函数所得到的值。

fseek()函数在出错时返回一个非 0 值，否则返回 0 值。

13.4.3　rewind( )函数

rewind()函数的函数原型为：

void rewind(FILE ∗ stream)；

这个函数实际上等价于 fseek(stream,0L, SEEK_SET)，也就是说，将操作位置重新置为文件的开头。

13.4.4　fgetpos( )函数和 fsetpos( )函数

这个两个函数的函数原型分别是：

int fgetpos(FILE ∗ restrict stream, fpos_t ∗ restrict pos)；

int fsetpos(FILE ∗ stream, const fpos_t ∗ pos)；

从前面 fseek()函数的函数原型中可以发现，fseek()函数显然无法对很大（尺寸超过 long 数据类型的表示范围）的文件进行操作。这里的两个函数是针对大文件的 ftell()函数和 fseek()函数。

这里出现了一种新的数据类型 fpos_t，这个类型在 stdio. h 文件中由编译器自己定义。

成功时这两个函数返回 0 值，否则返回一个非 0 值并在 errno 中存入一个编译器自己确定的正值，errno 是一个编译器定义的外部变量。

第 14 章　标准库简介

不要重新发明轮子。

所谓库,是指一组用于软件开发的函数(子程序)集合。在库中的函数(子程序)都已经被编译完毕,直接供程序开发者使用。

显而易见,库函数能够减少重复劳动,提高工作效率。在真正开发软件的时候,尽可能利用已有的、成熟的、被实践证明是可靠的库,可以使开发者把精力集中在问题本身,而不是浪费精力去重复地解决琐碎的、已经很好地解决了的小问题上。业内的一句行话是:"不要重新发明轮子。"

在 C 标准之前,各个 C 编译器都有自己的库。C 标准规定了 C 语言编译器应该提供的库函数,换言之,C 标准对编译器提供的库函数进行了标准化。库函数的标准化增强了 C 程序的可移植性和可维护性。对于遵守标准的编译器,代码也很容易实现相互移植,甚至在不同类型的计算机之间也是如此。这和工业界普遍推广使用标准件的思想是一致的。

当然,除了标准要求提供的库函数,多数编译器还提供自己的库函数。所以如果涉及软件移植问题时,必须考虑到哪些内容是可以不变的,哪些内容是需要重写实现的。如果软件开发过程中存在反复使用的函数等,开发者也可以开发自己使用的库。此外市场上还存在着所谓第三方提供的库,这些库由第三方(非编译器厂家也非开发者自己)开发,作为商品出售,以便于软件开发者更方便地开发相关领域的软件。

本章主要对 C 语言提供的标准库及其使用作概要性地介绍。

14.1　使用标准库的一些常识

14.1.1　标准头与标准头文件

标准库中的子程序主要就是一些被编译好了的常用函数。标准库一般以库文件的形式存放在磁盘中特定的文件夹中。

仅有这些编译好的函数是不够的,因为源程序中不但要调用这些函数,还要写这些函数的声明或函数原型,可能还要用到一些特殊的常量及特殊的数据类型。为此,标准库除了提供编译好了的目标代码文件(一般是以扩展名为".lib"的文件的形式①),还需要提供库中所用到的宏定义、数据类型的定义以及函数原型,这些内容被分门别类地组织

---

① 这些文件和工程中由某个模块编译出的目标文件很相像,不同的是库里的函数不会被全部链接入可执行文件,只链接调用到的函数。

到所谓的标准头(Standard Header)中。

多数情况下,标准头被组织成源文件,即所谓的标准头文件(Standard Header File)[①](常规的是扩展名为".h"的文本文件)。本书后面均假设标准头是以标准头文件形式组织的。

通过♯include预处理命令可以很容易地达到写出相应函数原型、定义相关符号常量、定义相关新的数据类型等目的。

每一个库函数的函数原型都出现在某个标准头中。标准库通常包含了一组标准头文件和一个或几个库函数库文件。在调用某个库函数时,一般需要用♯include预处理命令引入相关的标准头。

C89标准中规定的标准头有:

assert. h	**ctype. h**	**errno. h**	**float. h**	**iso646. h**	**limits. h**
locale. h	**math. h**	**setjmp. h**	**signal. h**	**stdarg. h**	**stddef. h**
stdio. h	**stdlib. h**	**string. h**	**time. h**	**wchar. h**	**wctype. h**

C99标准对其中许多进行了扩充,并且另外增加了几个新的标准头:

complex. h	**fenv. h**	**inttypes. h**	**stdbool. h**	**stdint. h**	**tgmath. h**

下面首先介绍使用库的一些常识和禁忌,然后将分门别类地对这些标准头中所涉及的内容(数据类型的定义、宏的定义以及函数原型)作概括性介绍,希望读者通过这些介绍能大致了解标准库提供了哪些功能。详细的介绍是本书的篇幅所不容许的,真正应用这些库时应该查阅更详尽的相关手册、C语言标准或编译器提供的使用手册。

14.1.2　使用库的禁忌

使用标准库最大的禁忌就是重名。为此,C标准规定了一些保留的标识符。这些标识符有:

(1) **由下划线开头后面跟一大写字母或另一下划线的标识符**。这些标识符通常用于预定义的宏名或防止发生文件重叠包含的宏名。

(2) **由下划线开头的标识符**。但在函数内使用是可以的。

(3) **标准库用到的函数名或其他 extern 类别的外部变量名**。这里,"extern 类别的外部变量名"的说法不是很准确,有些标识符看起来与用起来和外部变量名一样,但其实不是变量名。

(4) **因为♯include 命令引入的宏名**。比如"♯include <stdio. h>"之后就不可以使用 NULL 作为其他意义的标识符。

(5) **因为♯include 命令引入的类型名称**。比如"♯include <stddef. h>"之后就不可以使用 size_t 作为其他意义的标识符。

一旦发生重名,从经验上来说是发生链接错误,但按照 C 标准的说法是后果是"未定义的"。

---

① 不是所有的编译器都提供这些头文件,有时这些文件的内容被内置于编译器。

14.1.3 并存的宏与函数

出于效率的缘故,在某种编译器中的库函数在另一种编译器中可能被定义为一种等效的宏,甚至理论上来说也存在同一个编译器存在同名的函数与宏的情形。

正因如此,通常声明库函数原型时应该使用♯include命令,而不是把头文件中的函数原型照抄在程序代码中进行显式地声明。

此外,有时可能出于某些特殊的原因,希望代码进行函数调用而不是进行宏展开,那又应该怎么办呢?

此时有一些办法可以避开宏展开。比如,假设某个编译器同时提供了x()函数和x()宏,如果希望调用函数,可以使用"(x)()"。如果理解函数名本身就是个表达式,那么可以看出这个表达式和x()函数调用表达式是完全等价的。但"(x)()"在形式上就绝对不可能是宏。因为类似函数的宏名后面总是紧跟"("。

把x的值赋值给某个同类型的变量,然后通过该指针变量进行函数调用是避开宏展开的另一种办法。

还有一种办法是通过如下预处理命令:

♯undef x

在这条命令后就可以安心地进行x()函数调用了。

14.1.4 函数定义域问题

调用库函数时应该特别注意实参的有效性。这包含两个方面:一是类型的有效性,二是值的有效性。

实参类型与函数原型中的不同时,编译器通常会给出警告。在有些情况下,虽然通过隐式类型转换程序可以正常运行,但就一般情况而言,这是鲁莽的行为。优秀的程序员不能容忍自己的代码中存在编译警告。

另一种情况的问题在程序运行时才会发现,比如对负数开平方,这类错误在编译时是发现不了的。

老生常谈的一个问题是,调用库函数时,代码编写者还必须为对象预备适当的存储空间。下面是一个反面的例子:

char * s;

gets(s);

对于这种情况以及实参值无效情况下的后果,C标准都规定是"未定义行为"。没有人知道会发生什么,哪怕引起地震也不应当觉得奇怪。

14.2 对语言的补充

不同的编译器提供的库函数的数量是不同的。程序运行环境不同所需要的库函数的数量也不同,在独立环境中运行的程序所需要的函数数量就比在宿主环境下所需要的函数数量要少得多。但有些库函数却是必需的。这些核心的库函数甚至可以被看成C语言的必要扩展和补充,它们提供标准化的定义和参数设定(Standard Definitions and Parameterization)以使得C语言更具有可移植性。即使独立实现也必须提供这些库。本小节介绍与这些库有关的头文件。

14.2.1 标准定义头文件 stddef. h

这个标准头文件中的内容提供了标准库的一些常用定义,这些定义使得 C 语言程序更加容易移植。

奇怪的是,在 Dev-C++中 stddef. h 的内容是:

♯ifndef RC_INVOKED
♯include_next＜stddef. h＞
♯endif

其中,"♯include_next＜stddef. h＞"实际上是♯include 的另一种形式的文件包含预处理命令;"_next＜stddef. h＞"是一个预处理单词,它指示真正的 stddef. h 在另一个位置。

在真正的 stddef. h 中定义了以下内容:

1. 宏

(1) **NULL**:这是表示空指针值的符号常量,通常就是((void ＊)0)。

(2) **offsetof(TYPE, MEMBER) ((size_t) &((TYPE ＊)0)−>MEMBER)**:这是一个计算关于结构体成员相对结构体起始处位置的类似函数的宏。其第一个参数应是一个结构体类型的名称,第二个参数应是结构成员名。例如:

```
strutc ex {
        int i;
        char c;
    }s_ex;
```

那么 offsetof(struct ex, c)得到的是(void ＊) & s_ex. c-(void ＊) & s_ex 的值。

这个例子告诉我们,结构体的成员在内存中并不一定是连续的。C 语言只保证(void ＊) & s_ex＝＝(void ＊) & s_ex. i。

换句话说,结构体的尺寸一般大于等于各个成员尺寸之和。

2. 数据类型

(1) **size_t**:做求长度运算的结果的类型,是某个 unsigned 整数类型。

(2) **ptrdiff_t**:两个指针做相减运算的结果的类型,是某个 signed 整数类型。

(3) **wchar_t**:宽字符类型。这种类型足以存放本系统所支持的所有本地环境中的字符集的编码值。这种类型后面还会谈到。

这里可以再次看到,C 语言对待各种基本数据类型的一种姿态。C 语言并不事前把自己固定得很死,相反它表现出了一种强大的灵活性和适应性。

14.2.2 iso646. h

这个头文件中规定了若干宏,这些宏使得可以用文字来替代某些运算符。比如:

♯define and   & &

这样(a ＜ 0 & & a ＞ 10) 可以用更文字化的方式写为(a ＜ 0 and a ＞ 10)。

这个头文件是 C89 标准在 1995 年进行技术修订时增补的①。其内容不长,下面是其

---

① 这个标准通常叫做"C89 增补 1"或"C95"。

完整的内容：
```
#define and          &&
#define and_eq        &=
#define bitand        &
#define bitor         |
#define compl         ~
#define not           !
#define not_eq        !=
#define or            ||
#define or_eq         |=
#define xor           ^
#define xor_eq        ^=
```

14.2.3　limits.h 和 float.h

C 标准并不包办代替一切，而是为各个编译器留下自己定义、自我发挥的自由空间。比如，int 数据类型占据的内存空间及表示方法（补码、反码还是源码）等。各个编译器需要给出自己所定义的数据类型的特征。

毫无疑问，这两个标准头文件对程序的可移植性具有特别重要的意义。

1. limits.h

limits.h 给出的是本编译器的各种整数类型的数据特征：最大值、最小值等。

例如，在 Dev-C++的 limits.h 中给出的 int 数据类型的最大值、最小值分别为：
```
#define INT_MAX         2147483647
#define INT_MIN         (-INT_MAX-1)
```

通常，C 语言只规定 INT_MAX 这样的值至少应该是多少，但究竟取值多少是由编译器自己决定的。

2. float.h

float.h 中给出的是描述浮点数类型特征的宏。这些宏描述了诸如浮点数的最大值、最小值、精度、计算时如何舍入、有效数字、最接近于 0 的值、浮点数差值等特征以及浮点数计算异常等等。

本书不打算在近似数值计算方面多费笔墨，那完全可以再写成一本书。在这里想说的只有一句，数值计算并非像市场同类教材所写的那么简单。

14.2.4　stdarg.h

这个标准头文件的意义在于为写参数数目不确定的函数提供一种标准方式。这可以保证代码具有很好的可移植性。

14.2.5　stdbool.h(C99)

这个标准头文件里的内容非常简单，不值得多说什么，其内容如下所示：
```
#define bool       _Bool
```

```
#define true       1
#define false      0
#define __bool_true_false_are_defined       1
```

14.2.6　stdint.h(C99)

这个标准头文件的意义在于对整数类型进行扩展。

C 语言的精神是让编译器自己最后确定数据类型的长度,比如 int 类型在不同的环境下就有不同的实现。

但是这会使得具有可移植性的代码更加难写。因此 C99 中提出了扩展整数类型的概念,其核心思想是直接规定确定长度的整数类型,例如 int16_t 就是一种长度为 16 位的 signed 整数类型。这种直截了当的方式无疑可以很好地解决可移植性问题——不必再烦恼此环境下的某种数据类型对应的是彼环境下的何种数据类型了。

这样的数据类型有很多种,除了长度不同,它们在本质上是极其相似的。所以这里只选择一种——64 位长度的整数类型进行介绍。

1. 全定义或全不定义

C99 并没有非常具体地规定都应该定义那些长度的扩展整数类型,但是一旦定义了某种长度的整数类型,就必须把这种长度的整数类型定义完整。比如编译器定义了 64 位的整数类型,那么相应的 signed 和 unsigned 类型都需要定义。此外还需要完整地定义所有关于这两种类型的宏。

2. 类型名称

这样的整数类型的名称都符合“intN_t”和“uintN_t”这样的格式,其中的“N”是一个十进制的正整数。

因此,64 位的 signed 和 unsigned 整数类型的类型名称分别为“int64_t”和“uint64_t”。

3. 关于值范围的宏

和 limits.h 类似,stdint.h 中也需要给出这两种类型的值的范围。不同的是 C99 规定 signed 扩展类型必须使用补码。这样这两种类型的值域很容易知道:$-2^{63} \sim 2^{63}-1$ 和 $0 \sim 2^{64}-1$。在 stdint.h 中给出了值等于 -2^{63} 的宏(INT64_MIN)、值等于 $2^{63}-1$ 的宏(INT64_MAX)以及值等于 $2^{64}-1$ 的宏(UINT64_MAX)。

可以用这种类型的名称定义变量,例如:

int64_t i64;

4. 常量的写法

写这种类型的常量是通过类似函数的宏完成的。不妨看一下 Dev-C++中这两种宏的定义:

```
#define INT64_C(val) val##LL
#define UINT64_C(val) val##ULL
```

显然这是通过加整数常量后缀实现的。

值得一看的还有 16 位整数类型常量宏的定义:

```
#define INT16_C(val) ((int16_t)+(val))
```

这是通过显式类型转换实现的。

解决了常量的写法问题和变量的定义问题,现在还剩下输入输出的问题没有解决。这个问题留在介绍 inttypes. h 文件的部分解决。

5. 最小长度类型和最快长度类型

前面的 int64_t 和 uint64_t 类型都属于精确长度类型(Exact-width Integer Type),意思是其类型的数据的长度恰好为 64 位,不多也不少。

C99 还有最小长度类型(Minimum-width Integer Types)和最快长度类型(Fastest Minimum-width Integer Types)。

前者的含义是不少于多少位,其 signed 和 unsigned 类型的名称分别为"int_least64_t"和"uint_least64_t"。其最大值与最小值和精确长度类型一样,不需要再定义另外的宏。这种类型常量的写法也和精确长度类型相同(事实上前面两个宏展开的结果其实应该是最小长度类型的)。

最快长度类型是保证最小长度前提下最快的一种类型,当然何种类型最快是由编译器判断选择的。最快长度类型的类型名称是"int_fastN"和"uint_fastN"。表示其最大值、最小值的宏的名称分别是"INT_FAST64_MIN"、"INT_FAST64_MAX"和""UINT_FAST64_MAX"。

6. 其他类型和其他的类型的范围

stdint. h 中还给出最大长度类型(Greatest-width Integer Type)的定义,有些编译器可能还会提供一种长度和指针相同的整数类型(Integer Types Capable of Holding Object Pointers)。表示这些类型的值的范围的宏定义将同时提供。

stdint. h 也提供一些在其他标准头文件中定义的数据类型的表示值的范围的宏,比如 ptrdiff_t、wchar_t、wint_t 、sig_atomic_t 和 size_t 等类型。

14.3 stdio. h

stdio. h 标准头文件中主要包括与程序输入输出有关的数据类型的定义、表示特定含义的一些符号常量(宏)以及相关的函数原型。

14.3.1 数据类型

stdio. h 定义了下面几种数据类型:
(1) **size_t**:和前面讨论过的一样。
(2) **FILE**:用于控制流的一种对象类型。
(3) **fpos_t**:用于描述大文件的访问位置。

14.3.2 宏

(1) **EOF**:当流中不再有数据时某些函数的返回值。
(2) **NULL**:这个在前面讲过了。
(3) **_IOFBF**、**_IOLBF**、**_IONBF**:用于设置 I/O 的缓冲模式,分别表示全缓冲、行缓冲和无缓冲。
(4) **BUFSIZ**:用于设置缓冲区的空间。

（5）**FOPEN_MAX**：容许程序打开文件的最大数目。标准规定这个数必须不小于 8。

（6）**FILENAME_MAX**：指示 fopen() 函数所容许的最长文件名。

（7）**L_tmpnam**：tmpnam() 函数中用于存储临时文件名的 char 数组的最小尺寸。

（8）**SEEK_CUR**、**SEEK_END**、**SEEK_SET**：这个在前面讲过了。

（9）**TMP_MAX**：tmpnam() 函数最多能生成多少个文件名。

此外，在 stdio. h 中还给出了三个类似对象的宏：

stderr   stdin   stdout

这三个宏都是 FILE ＊类型的，分别与标准错误流、标准输入流以及标准输出流相关联。

14.3.3　函数

大体上，stdio. h 中描述的函数有三类，其主要作用见表 14 - 1～14 - 3。

表 14 - 1　关于文件操作的函数

函数名	用　途
remove()	删除文件①
rename()	给文件改名
tmpfile()	建立关闭时自动被删除的临时文件
tmpnam()	生成一个唯一的临时文件名
fclose()	关闭文件
ftell()	获得文件当前操作位置
fopen()	打开文件
freopen()	重新定向流
fgetpos()	获得文件当前操作位置
fseek()	设置文件操作位置
fsetpos()	设置文件操作位置
rewind()	把文件操作位置设置为开头
clearerr()	清除错误指示
feof()	判断流是否结束
ferror()	判断流是否发生错误

① 实际上是使文件失去了名字，当然这样它也就不是文件了。

表 14 - 2　关于缓冲区的操作

函数名	用　途
fflush()	清空输出流
setvbuf()	设置缓冲区
setbuf()	setvbuf()的简化版本

表 14 - 3　关于输入输出的操作

函数名	用　途
fprintf()	向流格式化输出
printf()	fprintf()的 stdout 版本
vprintf()	与 printf()基本相同①
sprintf()	fprintf()面向字符数组的版本
vsprintf()	与 sprintf ()基本相同
snprintf()	sprintf()的另一种版本
vfprintf()	与 fprintf()基本相同
fscanf()	从流格式化输入
scanf()	fscanf()的 stdin 版本
vscanf()	与 scanf()基本相同
vsscanf()	与 sscanf ()基本相同
sscanf()	fscanf()面向字符数组的版本
vfscanf()	与 fscanf()基本相同
fgetc(),getc()	从流中读取一个字符,后者是宏
getchar()	fgetc()的 stdin 版本
fgets()	从流中读取若干字符
gets()	fgets()的 stdin 版本
fputc(),putc()	向流输出一个字符,后者是宏
putchar()	fputc()的 stdout 版本
fputs()	向流输出字符串
puts()	fputs()的 stdout 版本
ungetc()	向输入流退回一个字符
fread()	从输入流直接读取一块数据
fwrite()	向输出流直接写入一块数据
perror()	输出与 errno 值对应的错误信息

　　在 stdio. h 中还描述了宽字符的输入输出,这些在 wchar. h 文件中同样作了描述,本书将在后面讲述这些函数。

---

　　①　参数类型有点小差别,以下的"基本相同"皆此含义。

14.4　通用函数头文件:stdlib. h

stdlib. h 有点像个杂货铺,凡是不好归类的内容都被放到了这里,美其名曰:通用(General Utilities)。

正因为如此,stdlib. h 标准头文件里的功能又可以细分为若干类:数值转换、整数算术、内存管理、伪随机数序列生成、查找与排序、环境通信以及多字节、宽字节字符和字符串转换。

14.4.1　数值转换函数

所谓数值转换(Numeric Conversion)是指字符串形式的数值文字与内存中的二进制数值之间的相互转换。最常见的如:

fprintf("%d",123);

其中,"123"(内存中的 0000 0000 0000 0000 0000 0000 0111 1011)被转换成了连续的′1′、′2′、′3′三个字符就属于这种转换。正因为如此,实际上 fprintf()和 fscanf()函数的格式转换其实都是由这些数值转换函数完成的,许多格式转换说明也必须借助这些数值转换函数才能说清楚。表 14-4 列出了数值转换函数。

表 14-4　数值转换函数

函数名	用　途
atof()	将字符串转换为 double 类型的值
atoi()	将字符串转换为 int 类型的值
atol()	将字符串转换为 long 类型的值
atoll()	将字符串转换为 long long 类型的值
strtod()	将字符串转换为 double 类型的值
strtof()	将字符串转换为 float 类型的值
strtold()	将字符串转换为 long double 类型的值
strtol()	将字符串转换为 long int 类型的值
strtoll()	将字符串转换为 long long int 类型的值
strtoul()	将字符串转换为 unsigned long int 类型的值
strtoull()	将字符串转换为 unsigned long long int 类型的值

有些函数的功能非常相近,这其中隐约可以窥得 C 语言的发展过程。

以"a"开头的函数都是在 C 语言早期就出现的函数,这些函数在转换出错时(比如得到的值超出相应数据类型的取值范围)行为是未定义的。

以"str"开头的函数都是 C 标准补充的。这些函数的功能通常更强,而且在发生错误时会通过改变 errno(见"errno. h")的值来通知其调用者发生了错误。

详细地考察这些函数对字符串格式的要求是很费神的事情,那需要静下心来仔细琢磨,所以这里就不详细说明了。

14.4.2 伪随机数序列生成函数

stdlib. h 中该部分的内容包括一个宏和两个函数。

1. 宏

RAND_MAX：生成的伪随机数的最大值，用于描述下面的 rand()库函数的值域。标准要求这个值至少为 32767。

2. 函数

表 14-5 列出了伪随机数序列生成函数。

表 14-5 伪随机数函数

函数名	用　途
rand()	每次调用都返回一个值在[0,RAND_MAX]区间的伪随机数
srand()	设置伪随机数序列的种子数

rand()函数返回的并非真正的随机数，而是把一个数作为种子数乘以某一个确定的数得到的值，再把得到的值作为下次计算伪随机数的种子数。

显然，这并非真正的随机数而是一种伪随机数。如果不能随机地指定种子，那么每次从一个特定的种子数开始必然会得到相同的伪随机数序列。因而，为了更逼真地模拟随机数序列的产生，通常把程序运行当时的时间作为种子数。设定这个最初的种子数是 srand()函数的功能，其常见的语法格式是：

srand((unsigned int)time(NULL));

不难猜测到，种子数多半是一个 srand()和 rand()函数所在模块的 static 类别的外部变量。

这两个函数在许多模拟性的游戏程序中非常有用。但在测试这类程序时，种子数通常是固定的而不是随机的，其原因不难想到。

14.4.3 内存管理函数

这些函数在 11.3.3 节已经详细讨论过了，这里就不再重复了。

14.4.4 环境通信函数

stdlib. h 中该部分的内容包括两个宏和六个函数。

1. 宏

（1）**EXIT_SUCCESS**：这个宏实际上就是前面无数段程序中 main()函数里面的"return 0;"语句中的那个"0"。这个数会在程序退出后被传递给操作系统，从而在操作系统的层面上可以知道程序退出时的一些信息（比如程序是完成任务正常退出还是遇到意外无法继续工作而退出的）。

（2）**EXIT_FAILURE**：这个宏通常在程序无法继续工作时返回给操作系统以报告程序离开时的状态。

也可以向操作系统返回其他值，但其他的值都与具体的环境有关。C 语言不能保证除了以上两种以外的值在另外的环境下也有效。

2. 函数

表 14-6 列出了环境通信函数。

表 14-6　环境通信函数

函数名	用　途
abort()	多数情况下引起程序非正常（Abnormal）退出
atexit()	通知 exit()函数在正常退出时应执行哪个函数
exit()	引起程序正常退出
_Exit()	绕过 exit()函数退出
getenv()	获得环境变量的值
system()	执行操作系统的命令

这里有几个名词需要解释一下。

首先是所谓的"非正常退出"，它是与正常退出相对的。正常退出时一般会清空缓冲区、关闭打开的流以及处理临时文件等，而调用 abort()函数退出时则做不到这些。

调用 exit()函数退出时它可以返回给操作系统一个 mian()函数中"return 0;"语句中的那个"0"那样的状态值。显然这种值至少应该有两种：EXIT_FAILURE 和 EXIT_SUCCESS。在 mian()函数中 return 语句和 exit()函数都可以退出程序运行，但是在其他函数中退出 return 语句就无能为力了。

exit()函数还有另外一种玩法，退出前再另外做点什么事情，免得有权不用，过期作废。这要借助 atexit()函数在退出之前注册需要运行的函数来实现。下面是一个示意性的代码：

程序代码 14-1

```
# include <stdio.h>
# include <stdlib.h>

void f1(void);
void f2(void);

int main(void)
{
  atexit(f1);
  atexit(f2);
  exit(EXIT_SUCCESS);//现在应该这样用了
}

void f2(void)
{
  printf("执行第二个注册的函数\n");
}

void f1(void)
{
  printf("执行第一个注册的函数\n");
  system("PAUSE");
}
```

它的运行结果是：

> 执行第二个注册的函数
> 执行第一个注册的函数

可以看到被 atexit()函数注册的两个函数都被执行了，但次序是"后来者居上"。

如果在代码中某种可能的情况下不希望执行这些被注册过的函数，那么就需要调用 _Exit()函数。

getenv()函数用于从环境列表（Environment List）获得环境变量（List Member）的值。这里需要先解释一下什么叫"环境列表"。在 Windows 操作系统下运行一下下面的程序：

程序代码 14-2

```c
#include <stdio.h>
#include <stdlib.h>


int main(void)
{
    system("SET");
    system("PAUSE");
    return EXIT_SUCCESS;   //这是更规范的写法
}
```

运行的结果如图 14-1 所示。

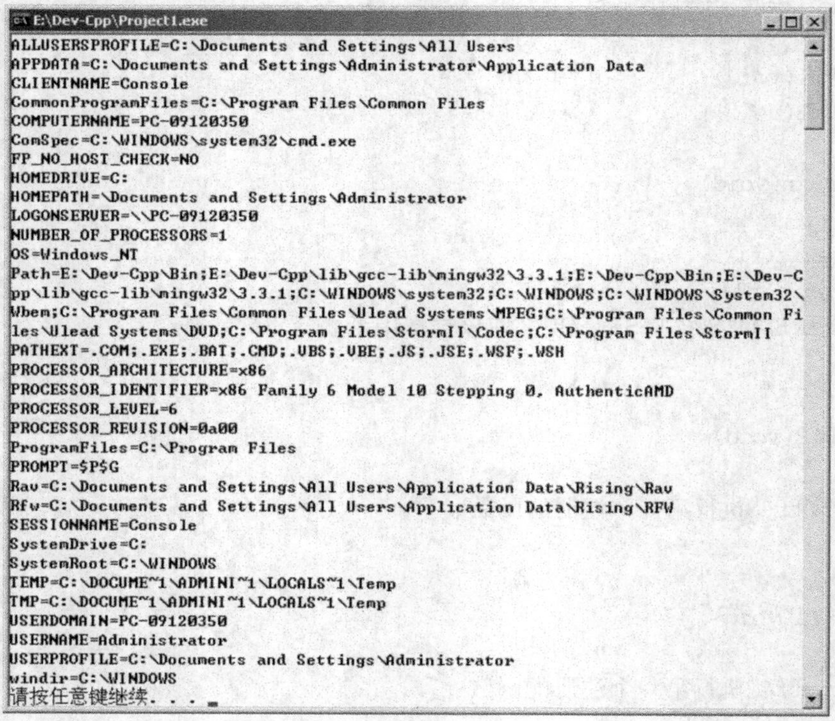

```
E:\Dev-Cpp\Project1.exe                                          _ □ x
ALLUSERSPROFILE=C:\Documents and Settings\All Users
APPDATA=C:\Documents and Settings\Administrator\Application Data
CLIENTNAME=Console
CommonProgramFiles=C:\Program Files\Common Files
COMPUTERNAME=PC-09120350
ComSpec=C:\WINDOWS\system32\cmd.exe
FP_NO_HOST_CHECK=NO
HOMEDRIVE=C:
HOMEPATH=\Documents and Settings\Administrator
LOGONSERVER=\\PC-09120350
NUMBER_OF_PROCESSORS=1
OS=Windows_NT
Path=E:\Dev-Cpp\Bin;E:\Dev-Cpp\lib\gcc-lib\mingw32\3.3.1;E:\Dev-Cpp\Bin;E:\Dev-C
pp\lib\gcc-lib\mingw32\3.3.1;C:\WINDOWS\system32;C:\WINDOWS;C:\WINDOWS\System32\
Wbem;C:\Program Files\Common Files\Ulead Systems\MPEG;C:\Program Files\Common Fi
les\Ulead Systems\DVD;C:\Program Files\StormII\Codec;C:\Program Files\StormII
PATHEXT=.COM;.EXE;.BAT;.CMD;.VBS;.VBE;.JS;.JSE;.WSF;.WSH
PROCESSOR_ARCHITECTURE=x86
PROCESSOR_IDENTIFIER=x86 Family 6 Model 10 Stepping 0, AuthenticAMD
PROCESSOR_LEVEL=6
PROCESSOR_REVISION=0a00
ProgramFiles=C:\Program Files
PROMPT=$P$G
Rav=C:\Documents and Settings\All Users\Application Data\Rising\Rav
Rfw=C:\Documents and Settings\All Users\Application Data\Rising\RFW
SESSIONNAME=Console
SystemDrive=C:
SystemRoot=C:\WINDOWS
TEMP=C:\DOCUME~1\ADMINI~1\LOCALS~1\Temp
TMP=C:\DOCUME~1\ADMINI~1\LOCALS~1\Temp
USERDOMAIN=PC-09120350
USERNAME=Administrator
USERPROFILE=C:\Documents and Settings\Administrator
windir=C:\WINDOWS
请按任意键继续. . . _
```

图 14-1　环境列表

　　这就是操作系统的环境列表,是为了运行操作系统所设置的参数,它可以让用户更方便地且以符合自己要求的方式使用操作系统,运行自己要运行的程序。你所运行的程序会得到这个列表的一个拷贝,其中的"ProgramFiles＝C:\Program Files"那种东西就是环境列表中的一项,那个"ProgramFiles"就叫做环境变量,"C:\Program Files"就是它的值。使用 getenv()函数可以得到这个值,如下所示:

程序代码 14 - 3

```
# include <stdio.h>
# include <stdlib.h>

int main(void)
{
  puts(getenv("ProgramFiles"));
  system("PAUSE");
  return EXIT_SUCCESS;
}
```

它的运行结果是:

```
C:\Program Files
请按任意键继续…
```

　　system()函数的作用是执行操作系统层面的某个命令。通过下面极其简短的代码你就能明白它的效用:

程序代码 14 - 4

```
# include <stdio.h>
# include <stdlib.h>

int main(void)
{
  system("mshearts.exe");        //mshearts.exe 是 Windows 中
  return EXIT_SUCCESS;           //所带的一个名叫"红心大战"的游戏
}
```

它的运行结果如图 14 - 2 所示。

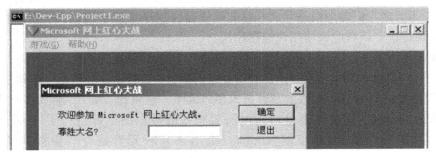

图 14 - 2　system()函数的作用

14.4.5 查找与排序函数

表 14-7 查找与排序函数

函数原型	用　途
void qsort(void ＊ base, size_t nmemb, size_t size, int (＊ compar)(const void ＊ , const void ＊));	排序
void ＊ bsearch(const void ＊ key, const void ＊ base, size_t nmemb, size_t size, int (＊ compar)(const void ＊ , const void ＊));	查找

如表 14-7 所示,这两个函数最有趣的就是它们的函数原型。

qsort()函数的前三个参数"void ＊ base, size_t nmemb, size_t size"实际上是在向函数传递一个数组。由于编写这个函数的人并不知道你要传递一个什么样的数组,所以没有办法把形参写成一个指向数组起始元素的指针类型以及数组元素个数这样的形式,他只能把你传过去的指向数组起始元素的指针作为 void ＊ 类型来接收。

这样,问题出现了:他不清楚数组元素的类型。因此他又补了一个"size_t size"来了解数组元素所占据的空间。

这个函数的编写者同样不清楚你要求他按照升序还是降序来对数组排序,所以他又增加了一个传递这种比较两个元素的大小或先后次序的比较准则的参数。这个参数是以指向函数的指针形式出现的。这很有趣,对于这个参数,从某种意义上来说,"哥传过去的不是数据,是动作"。

不仅如此,这个动作的定义也是由你指定的。很多情况下你需要亲自定义这个函数,哪怕你只是要求 qsort()函数做一个最简单的 int 类型元素数组的递增排序,你也得自己定义一个这样的函数:

```
int bidaxiao(const void ＊ p_zs1, const void ＊ p_zs2)
{
return ＊ (int ＊ ) p_zs1— ＊ (int ＊ ) p_zs2;
}
```

其中,"(int ＊)"表示你知道 p_zs1 和 p_zs2 其实是由两个指向 int 类型数据的指针转换来的。

这样,更有趣的事情出现了,qsort()函数必须借助你定义的函数才能完成工作。在你调用了它之后,它总是要回来调用你定义的函数。这就是所谓的回调(Call-Back)。

顺便说一下,很多书声称 qsort()函数使用的是"快速排序法"(一个很有名气的排序算法)。我不清楚它们的理由是什么? 除非编译器在使用手册中这么说。C 语言标准中并没有提到过这个函数应该使用快速排序法。

此外还要讲一下,qsort()函数的结果是根据"compar"降序排列的。

bsearch()函数的功能是在一个已经排好序的数组中查找指定的数据。了解了 qsort()函数,就没必要对 bsearch()函数的参数费太多口舌了。它只比 qsort()函数多一个参数,就是要查找的"key",这实际上是对指向所要查找的数据的指针进行了(void ＊)类型转换所得到的那个值,而这里的"compar"是用来判断元素是否与要查找的元素相等的。

14.4.6　整数算术函数

这部分专门定义了三种数据类型:div_t、ldiv_t、lldiv_t,它们是专门用来表示两个整数的商的数据类型。本质上它们都是一种结构体数据类型,这种结构体有两个成员(quot 和 rem)分别用来表示除法运算的商和余数。

stdlib.h 中所声明的关于整数算术运算的各个函数见表 14-8。

表 14-8　整数算术函数(C89)

函数名	用　途
abs()	求 int 类型数据的绝对值
labs()	求 long 类型数据的绝对值
div()	求两个 int 类型数据的商
ldiv()	求两个 long 类型数据的商

这种整数的除法和"/"、"%"运算符的定义并不一定相同。在 C89 标准的年代,两个相异符号整数的除法("/")、求余("%")运算实际上是编译器定义的行为。在 C99 标准中重新明确并统一了"/"、"%"运算符的定义。

表 14-9　整数算术函数(C99)

函数名	用　途
abs()	求 int 类型数据的绝对值
labs()	求 long 类型数据的绝对值
llabs()	求 long long 类型数据的绝对值
div()	求两个 int 类型数据的商
ldiv()	求两个 long 类型数据的商
lldiv()(C99)	求两个 long long 类型数据的商

14.4.7　多字节、宽字节字符和字符串转换函数

这方面的话题涉及其他一些标准头,请参考 C99 标准。

14.5　string.h

string.h 中同样给出了 size_t 和 NULL 的定义。string.h 中的绝大部分函数的功能和用法已经在 9.4 节中作了介绍,在此就不再重复了。

没有介绍过的函数有:strcoll()、strxfrm()和 strerror()。前两者的功能与 strcmp()函数基本一致,只是进行比较的准则和比较方式有些差异,而且通常 strxfrm()函数比 strcoll()函数要快些。strerror()函数通常用于返回 errno 错误号(参见"errno.h")对应的字符串。

14.6　数值计算

C 语言数值计算的标准头文件是 math.h。C89 和 C99 的 math.h 文件的差别比较

大,后者在数值计算方面增加了很多新的支持。但有一点两者是相同的,那就是它们都提供了许多数值计算函数的函数原型。

14.6.1 math.h(C89)

C89 的 math.h 中定义了一个宏:HUGE_VAL。这个值为 double 类型的宏一般用来表示很大的数甚至用来代表无穷大。此外 math.h 还给出了若干用于数值计算的函数原型,表 14-10 是对这些函数的简要描述。

表 14-10 math.h(C89)中的数学函数

函数原型	用 途
double acos(double x);	计算 x 的反余弦的主值
double asin(double x);	计算 x 的反正弦的主值
double atan(double x);	计算 x 的反正切的主值
double atan2(double y, double x);	计算 y/x 的反正切的主值
double cos(double x);	计算 x 的余弦
double sin(double x);	计算 x 的正弦
double tan(double x);	计算 x 的正切
double cosh(double x);	计算 x 的双曲余弦值
double sinh(double x);	计算 x 的双曲正弦值
double tanh(double x);	计算 x 的双曲正切值
double exp(double x);	计算 x 的指数函数
double frexp (double value, int * exp);	把 value 分解为规格化小数(Normalized Fraction)部分和 2 的整数次幂,将该整数存储在 exp 指向的 int 对象中,返回值在[1/2, 1)的小数部分。如果 value 为 0 则返回值和整数都为 0
double ldexp(double x, int exp);	计算 x 与 2 的 exp 次幂的值
double log(double x);	计算 x 的自然对数
double log10(double x);	返回以 10 为底的 x 的对数
double modf (double value, double * iptr);	把 value 分解为小数部分和整数部分,将整数部分存储在 iptr 指向的 double 对象中,返回值为小数部分
double fabs(double x);	计算 x 的绝对值
double pow(double x, double y);	计算 x 的 y 次幂
double sqrt(double x);	计算 x 的非负平方根
double ceil(double x);	返回不小于 x 的最小整数
double floor(double x);	返回不大于 x 的最大整数
double fmod(double x, double y);	计算 x/y 的浮点余数。所谓浮点余数是指符号与 x 相同、值为 x - i * y(i 为一整数)且值小于 y 的那个浮点数

这些函数在调用时可能发生两种错误:定义域错或值域错。此时将引起外部变量 errno 的值发生改变。更详细的说明参见标准中的"errno. h"部分。

14.6.2　math. h(C99)

1. 一般特点

C99 保留了 C89 中的全部数学函数。特别值得注意的是在 C99 中这些函数不但有 double 类型的版本,相应地还有 float 类型和 long double 类型的版本。float 类型和 long double 类型版本的函数名与 double 类型版本的函数名稍有区别。比如,对于求浮点数绝对值的函数,在 C99 标准中有三个版本,它们分别是:

double fabs(double x);

float fabsf(float x);

long double fabsl(long double x);

值得注意的是 C99 的 math. h 中定义了两种新的数据类型:float_t 和 double_t,在不同的实现或编译条件下它们可以落实为不同的浮点类型组合。这显然是为了增强可移植性,并且也符合 C 语言的一贯风格(比如 int 类型的不同实现,size_t 类型)。

对于 C89 中的 HUGE_VAL 宏,C99 增加了 float 类型和 long double 类型的版本: HUGE_VALF 和 HUGE_VALL。

2. 新增的宏

(1) **INFINITY, NAN**:这两个宏一般表示无穷大和非数值,实际上是两个特殊值的浮点数值。

(2) 类似函数的宏,用于对实浮点值分类:

int fpclassify(real—floating x);

int isfinite(real—floating x);

int isinf(real—floating x);

int isnan(real—floating x);

int isnormal(real—floating x);

int signbit(real—floating x);

(3) 类似对象的宏,用于描述前面各个类似函数宏的值的符号常量:

FP_INFINITE

FP_NAN

FP_NORMAL

FP_SUBNORMAL

FP_ZERO

(4) 类似函数的宏,用于比较实浮点值:

int isgreater(real—floating x, real—floating y);

int isgreaterequal(real—floating x, real—floating y);

int isless(real—floating x, real—floating y);

int islessequal(real—floating x, real—floating y);

int islessgreater(real—floating x, real—floating y);

int isunordered(real－floating x, real－floating y);

（5）**FP_FAST_FMA,FP_FAST_FMAF,FP_FAST_FMAL**：这些是可选的,不是必需的,是关于浮点数计算描述硬件特性的宏。

（6）**FP_ILOGB0,FP_ILOGBNAN**：用于表示 ilogb() 函数的返回值。

（7）**MATH_ERREXCEPT,MATH_ERRNO**：两个值分别为 1 和 2 的宏,用于描述另一个宏 **math_errhandling**,后者用于错误处理,其值要么等于前两个宏的值,要么是它们按位或的结果。

3. 新增的函数

C99 增加了大量新的数学计算函数,限于篇幅,下面只大致描述一下这些函数的功能。有兴趣的读者可查阅 C99 标准或所使用的编译器的参考手册。

表 14－11　math. h(C99)中增加的数学函数

函数名	用　途
acosh()	反双曲余弦函数
asinh()	反双曲正弦函数
atanh()	反双曲正切函数
exp2()	2 的幂函数
expm1()	指数函数
ilogb()	对数函数
log1p()	对数函数
log2()	对数函数
logb(double x)	对数函数
scalbn()	一种特定的快速乘法
scalbln()	一种特定的快速乘法
cbrt()	求立方根
hypot()	求直角三角形斜边长
erf()	误差函数
erfc()	补余误差函数
lgamma()	gamma 函数的自然对数
tgamma()	gamma 函数
nearbyint()	求浮点数最接近的整数
rint()	求浮点数最接近的整数,并可能产生异常
long int lrint()	求浮点数最接近的 long 类型的整数
long long int llrint(double x)	求浮点数最接近的 long long 类型的整数
round()	四舍五入求整数
long int lround()	四舍五入求 long 类型的整数

函数名	用　途
long long int llround()	四舍五入求 long long 类型的整数
trunc()	向 0 取整
remainder()	求浮点数的余数
remquo()	增强的 remainder()函数
copysign()	分别用两个浮点数的符号和绝对值合成一个值
nan()	返回 NaN
nextafter()	求下一个可表示的浮点数的值
nexttoward()	另一种 nextafter()函数
fdim()	求差的绝对值
fmax()	求最大值
fmin()	求最小值
fma()	求两数之积与另一个数的和,这个函数的精度可能更高

14.6.3　complex.h（C99）

complex.h 是关于复数运算的标准头文件,其中定义了两个宏以表示虚数单位,还定义了一个小写的 complex 宏来表示关键字_Complex。此外的内容就是一些关于复数的数学计算函数。

复数函数是很复杂的数学函数,运用复数函数需要很多数学知识。据我所知,复变函数大约是大学数学系二、三年级开设的令大多数学生叫苦不迭的一门课程。有鉴于此,本书不打算在此罗列 C99 中增加的那些复数运算函数的名称了,那没有多少意义。我们能够知道的只是 C99 在数值计算方面走出了多远。

此外稍微提一点数学知识,以复数为自变量也有许多和以实数为自变量同名的数学函数,但它们的意义并不尽相同。

14.6.4　tgmath.h（C99）

由于 C99 中的许多数学函数都至少有三套版本(float 类型、double 类型、long double 类型),甚至还有相应的复数类型版本。每一套版本都有自己的名字,这样使用起来非常不方便,而且缺乏可移植性。

为了解决这个问题,tgmath.h 中定义了许多通用的类似函数的宏,使用这些宏时,预处理器能够根据参数的类型把宏展开为应当使用的特定的库函数。这就是 tgmath.h 标准头文件的意义之所在。

那些具体的宏名在此就不一一列举了。说实话,我从来没有真正见过这个标准头文件,一次也没有。

14.6.5　fenv.h（C99）

浮点数运算是比整数运算复杂得多的运算。

整数可以直截了当地表示成一个完整的二进制数,而浮点数是被分成几段存储的(符号、阶数、尾数)。

整数运算遇到的困境通常只有两种:除以 0 和溢出。浮点数运算不但会遇到除以 0 的问题,还会遇到很大的数除以很小的数这样的问题,而且浮点数的溢出显然可能发生在表示它的尾数段和阶数段,即所谓上溢和下溢。

整数运算是精确的,而浮点数运算几乎总是不精确的,这就产生了如何舍入的问题。

这些都要求浮点运算要有一整套的策略来处理这些问题:除数为 0 时怎么办? 依据什么原则舍入? ……

C 语言把这些处理方法都分别表示成了"数",这样每一组完整的数就可以表示一个完整的处理策略。这就可以被抽象成一种结构体数据类型,C 语言把这种类型叫做"浮点环境类型"。

所以在 fenv. h 中,定义了:

fenv_t:表示环境的数据类型。

此外,还定义了用于记录表示浮点数状态的结构体类型:

fexcept_t:记录发生了怎样的异常情况。

C99 的另一个想法大概是想通过这样的数据在处理浮点数据的过程中还能够选择改变处理策略。这无疑是特别特别有远见的想法。之所以这样说,是因为目前好像至少没有证据表明这个想法得到了普遍充分的实现。所以 C99 给出的承诺还是非常保守的——它并没有承诺很多。

fenv. h 中的函数原型都是围绕着这些进行的:存储浮点环境、切换浮点环境、关闭异常处理、存储浮点数异常的状态、查询舍入方向、设置舍入方向……

看来,在不远的将来,在数值计算方面 C 语言和 FORTRAN 有得一拼。鹿死谁手,尚不可知。

附录 A   C 语言的关键字

C89 的关键字

auto	break	case	char	const
continue	default	do	double	else
enum	extern	float	for	goto
if	int	long	register	return
short	signed	sizeof	static	struct
switch	typedef	union	unsigned	void
volatile	while			

C99 的关键字

auto	break	case	char	const
continue	default	do	double	else
enum	extern	float	for	goto
if	inline	int	long	register
restrict	return	short	signed	sizeof
static	struct	switch	typedef	union
unsigned	void	volatile	while	_Bool
_Complex	_Imaginary			

附录 B　C 语言的数据类型

分类	类型名称	总称						
object types	enumerated type						integer types	
	char①	basic types	scalar types	arithmetic types	standard signed integer types			
	signed char							
	short					standard integer types		real types
	int							
	long							
	long long							
	_Bool				standard unsigned integer types			
	unsigned char							
	unsigned short							
	unsigned							
	unsigned long							
	unsigned long long							
	float				real floating types		floating types	
	double							
	long double							complex types
	float _Complex							
	double _Complex							
	long double _Complex							
	pointer type	derived types	aggregate types	derived declarator types				
	array type							
	structure type							
	union type							
function types	function type			derived declarator types				
incomplete type	void							
	尺寸不全的 object类型							

---

① char 与 signed char 或 unsigned char 等价，由实现定义。char、signed char 及 unsigned char 统称为 *character types*。

附录 C　ASCII 表

字符	编号	字符	编号	字符	编号	字符	编号
(nul)	0	(sp)	32	@	64	`	96
(soh)	1	!	33	A	65	a	97
(stx)	2	"	34	B	66	b	98
(etx)	3	♯	35	C	67	c	99
(eot)	4	$	36	D	68	d	100
(enq)	5	%	37	E	69	e	101
(ack)	6	&	38	F	70	f	102
(bel)	7	'	39	G	71	g	103
(bs)	8	(	40	H	72	h	104
(ht)	9	)	41	I	73	i	105
(nl)	10	*	42	J	74	j	106
(vt)	11	+	43	K	75	k	107
(np)	12	,	44	L	76	l	108
(cr)	13	—	45	M	77	m	109
(so)	14	.	46	N	78	n	110
(si)	15	/	47	O	79	o	111
(dle)	16	0	48	P	80	p	112
(dc1)	17	1	49	Q	81	q	113
(dc2)	18	2	50	R	82	r	114
(dc3)	19	3	51	S	83	s	115
(dc4)	20	4	52	T	84	t	116
(nak)	21	5	53	U	85	u	117
(syn)	22	6	54	V	86	v	118
(etb)	23	7	55	W	87	w	119
(can)	24	8	56	X	88	x	120
(em)	25	9	57	Y	89	y	121
(sub)	26	:	58	Z	90	z	122
(esc)	27	;	59	[	91	{	123
(fs)	28	<	60	\	92	|	124
(gs)	29	=	61	]	93	}	125
(rs)	30	>	62	^	94	~	126
(us)	31	?	63	_	95	(del)	127

附录 D C语言的运算符

运算符	含义	优先级	结合性	类别
[ ] ( ) . -> ++ -- (类型名){值列表}	数组下标 函数调用 成员(direct selection) 成员(indirect selection) (后)自增、(后)自减 (C99)复合字面量	16	从左到右	后缀
++ --	(前)自增、(前)自减	15	从右到左	前缀
& * + - ~ ! sizeof	求左值的指针 求指针的对象 求原值 求负值 求按位反值 逻辑非 求长度	15	从右到左	一元
(类型名)	转换值类型	14	从右到左	一元
* / %	乘、除、求余	13	从左到右	二元
+ -	加、减	12	从左到右	二元
<< >>	左移、右移	11	从左到右	二元
< <= > >=	小于、小于等于 大于、大于等于	10	从左到右	二元
== !=	等于、不等于	9	从左到右	二元
&	按位与	8	从左到右	二元
^	按位异或	7	从左到右	二元
|	按位或	6	从左到右	二元
&&	逻辑与	5	从左到右	二元
||	逻辑或	4	从左到右	二元
?:	条件运算	3	从右到左	三元
= += -= *= /= %= <<= >>= &= ^= |=	赋值	2	从右到左	二元
,	顺序求值	1	从左到右	二元

附录 E　Dev-C＋＋使用简介

Dev-C＋＋是一款功能全面的 C/C＋＋集成开发环境,使用 GCC 的 Mingw 作为编译器。值得一提的是,这是一款自由软件。

这款软件最初是由 Colin Laplace 及其公司 Bloodshed Software 开发的,叫做 Bloodshed Dev-C＋＋。

这款软件小巧、灵活,界面友好,开发方便。国内的很多程序设计比赛多指定用这款 IDE。最重要的一点是,它对 C99 标准几乎完全支持。如果要学习最新的 C 语言,选用这款 IDE 非常适合。

2005 年,Bloodshed Dev-C＋＋发布了 4.9.9.2 版,之后一直没有更新。其主要开发者 Colin Laplace 后来曾解释说:"因忙于现实生活的事务,没有时间继续 Dev-C＋＋的开发。"

后来,在 Bloodshed Dev-C＋＋4.9.9.2 的基础上,又衍生出了两款软件:Orwell Dev-C＋＋和 wxDev-C＋＋。目前 Orwell Dev-C＋＋的最新版本是 5.7.0,wxDev-C＋＋的稳定版本是 7.4.2。

下面以 Bloodshed Dev-C＋＋为例,简要介绍一下其使用方法。

Bloodshed Dev-C＋＋启动后的界面如图 E-1 所示。

图 E-1　Dev-C＋＋启动界面

在菜单栏选择"文件"→"新建"→"工程",如图 E-2 所示。

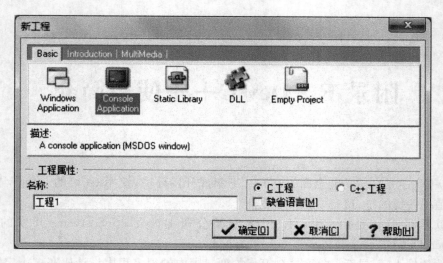

图 E-2　选择程序类型

　　之后 Dev-C++会提示选择源文件存储位置,选好之后就会进入代码编辑界面,如图 E-3 所示。

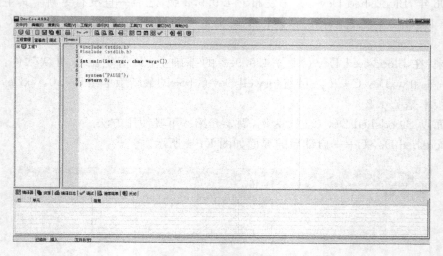

图 E-3　代码编辑界面

整个过程非常简单。代码编辑完成后,用 F9 快捷键(或通过菜单)编译运行。

这几种 IDE 的下载地址分别为:

http://bloodshed-dev-c. en. softonic. com/

http://sourceforge. net/projects/orwelldevcpp/? source=typ_redirect

http://wxdsgn. sourceforge. net/

附录 F　VC++6.0 的使用

Visual C++6.0 是微软的一款集成开发环境,下面介绍其使用方法。

首先选择菜单"开始"→"程序"→"Microsoft Visual Studio" → "Microsoft Visual C++6.0",如图 F-1 所示。

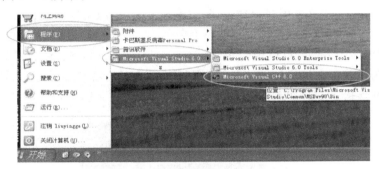

图 F-1　从"开始"菜单进入 VC

或者双击桌面上的 Visual C++6.0 程序的快捷图标,如图 F-2 所示。

图 F-2　Visual C++6.0 的快捷图标

VC6.0 的作业区分为两部分(图 F-3):左侧为项目作业区,右侧为程序编辑区。

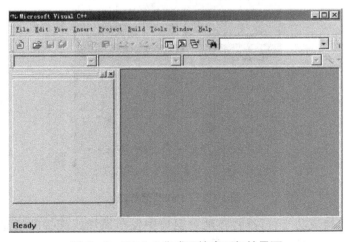

图 F-3　VC 6.0 集成环境窗口初始界面

开始建立 C 源代码分为以下几步：

（1）在"File"菜单中选择"New"命令。

（2）系统弹出"New"对话框，选择"Files"标签页。

（3）在项目作业区选择"C++Source File"，在对话框的右边填写：

①在"Location"选项框中指定路径；

②在"File"文本框中指定文件名。

注意，一定要写文件的后缀名".c"，这表示这是 C 源程序文件（否则就是 C++源程序文件）。这里指定的文件名为"c1_1.c"。

（4）开始在程序编辑窗口中进行源程序的编辑。

编译、连接在"Build"（编译，见图 F-4 和图 F-5）菜单中进行。分以下两种情形考虑：

①使用"Compile"菜单项时单纯编译，将"×××.c"源文件生成目标文件"×××.obj"。

②使用"Build"（构建）菜单项时将"×××.c"直接生成可执行文件"×××.exe"。缺省文件名为当前正在编辑的源文件；使用"Rebuild All"菜单项时，无条件地对程序项目重新编译并连接。

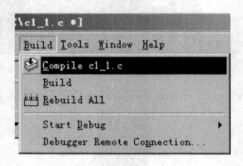

图 F-4 "Build"菜单(1)

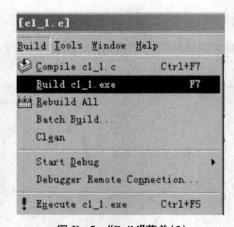

图 F-5 "Build"菜单(2)

不管编译/连接成功与否，都将在消息窗口中发布编译或连接的信息。VC++6.0的消息窗口在程序编辑区的下方，如图 F-6 所示。

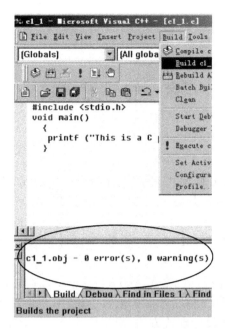

图 F-6　在消息窗口中显示编译/连接信息

执行程序可使用"Build"菜单中的"Execute"命令或按快捷键Ctrl＋F5。
如果代码没有错误,这时即可看到运行结果。

参 考 文 献

[1] Kernighan B W,Ritchie D M. C 程序设计语言[M]. 北京:清华大学出版社,1998

[2] Harbinson III S P,Steele Jr G L. C 语言参考手册[M]. 5 版. 英文版. 北京:人民邮电出版社,2003

[3] 国家技术监督局. GB/T 15272—1994 程序设计语言 C[S]. 北京:中国标准出版社,1994

[4] 键盘农夫. 狂人 C:程序员入门必备. [M]. 北京:人民邮电出版社,2010

[5] 裘宗燕. 从问题到程序:程序设计与 C 语言引论[M]. 北京:机械工业出版社,2005

[6] King K N. C 语言程序设计现代方法[M]. 吕秀锋,译. 北京:人民邮电出版社,2007

[7] Prinz P. C 语言核心技术[M]. O'Reilly TaiWan,译. 北京:机械工业出版社,2007

[8] 孟庆昌,孙玉方. C 语言及其应用[M]. 北京:宇航出版社,1988

[9] 姜沐. 误写 C 源文件扩展名为 CPP 的危害[J]. 南京工业职业技术学院学报,2014(4)

[10] Prata S. C Primer Plus. [M]. 5 版. 北京:人民邮电出版社,2005

[11] Kochan S G. C 语言编程[M]. 3 版. 张小潘,译. 北京:电子工业出版社,2006

[12] Feuer A R. C 语言解惑[M]. 杨涛,等,译. 北京:人民邮电出版社,2007.7

[13] 姜沐. 程序设计演示及代码自动生成系统的研究与实现[J]. 南京工业职业技术学院学报,2015(3)

[14] Jones D M. The New C Standard. [M]. New Jersey:Addison-Wesley Professional,2003

[15] 尹宝林. C 程序设计思想与方法[M]. 北京:机械工业出版社,2009

[16] International Organization for Standardization,ISO/IEC 9899:1999[S]